Géographie et territorialité en RD Congo

D/2017/4910/65   ISBN : 978-2-8061-0382-6

© **Academia – L'Harmattan s.a.**
Grand'Place, 29
B-1348 Louvain-la-Neuve

Tous droits de reproduction, d'adaptation ou de traduction, par quelque procédé que ce soit, réservés pour tous pays sans l'autorisation de l'éditeur ou de ses ayants droit.

www.editions-academia.be

Jean-Claude MASHINI D.M.
Centre d'Information et de Documentation
de la Géographie du Congo (CIDGC)

Géographie et territorialité en RD Congo
Réflexions sur une discipline en mutation

Préface de **C.E. Maboloko Ngulambangu**
Professeur ordinaire émérite

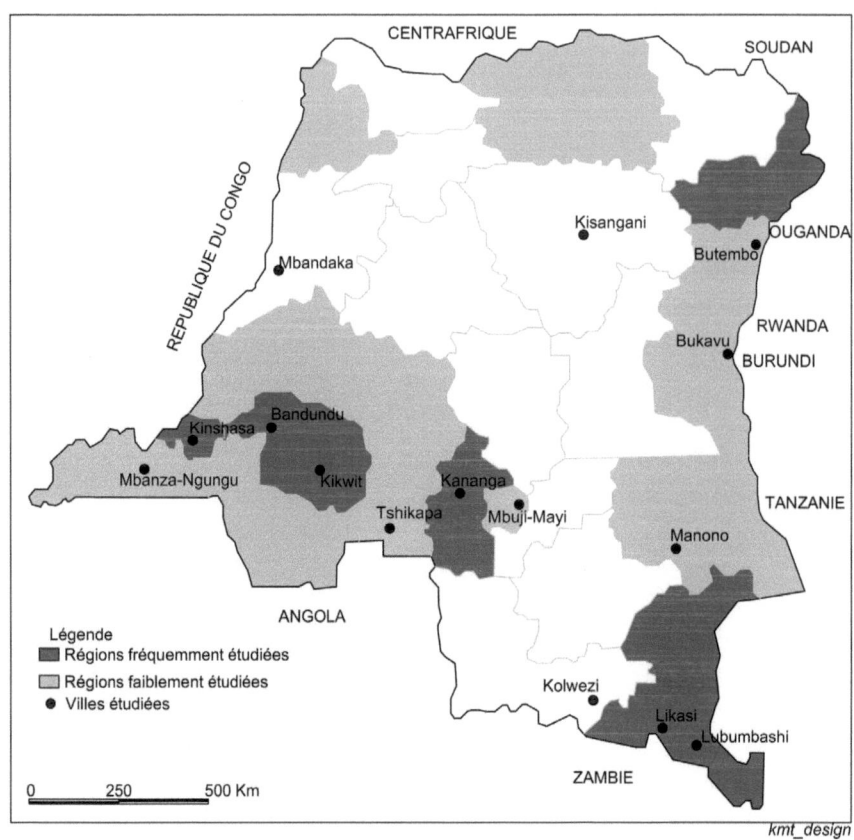

Carte de couverture
LES AIRES TERRITORIALES COUVERTES
PAR LES ÉTUDES GÉOGRAPHIQUES AU CONGO (RDC)

Crédits figures (cartes) et infographie

Roland KAKULE, Chef de travaux au Département de Géographie-Sciences de l'Environnement de l'Université pédagogique nationale (UPN) et chercheur au Centre de recherches géologiques et minières (CRGM) : mise à disposition du fond général de la carte du Congo (RDC) sur Qgis 2.18, Projection Wgs84 (Figures 6, 11, 24).

Keita MANGALA, Assistant à l'Institut Supérieur d'Architecture et d'Urbanisme (ISAU) : Carte de couverture et figure hors-texte, de même que les figures 3, 6, 23, 27.

Joël KYANA Basila et Joseph-Ledoux KASONGO Sabana : respectivement Assistant et finaliste de l'Institut Supérieur d'Architecture et d'Urbanisme (ISAU) : Esquisse du schéma d'aménagement du Kwango (figure 33).

La mise en page infographique du texte a été montée par Gina INDIANG Bilongo, du Centre d'Études pour l'Action Sociale (CEPAS), Kinshasa.

Nous remercions particulièrement l'ensemble de cette équipe technique pour sa disponibilité.

À la communauté des géographes congolais,
À mes étudiants, aux futurs géographes ;
Pour une géographie citoyenne,
Au service de la connaissance et de l'identité territoriales
de la RD Congo !

J.-C. M.

Point de vue 1

La géographie face à la recherche africaine.
Les termes d'un débat à revisiter pour le Congo (RDC)

« [...] Si nous prenons, à titre d'exemple, les études menées en géographie humaine – mais cela vaut largement aussi pour d'autres sciences humaines –, nous constatons que la deuxième tendance est la mieux représentée. Elle conduit les géographes à étudier les mêmes questions que celles qui sont posées dans les pays industrialisés, à utiliser le même vocabulaire, les mêmes mécanismes d'explication en se préoccupant simplement d'adapter les méthodes aux particularités africaines et en raisonnant comme si l'on avait affaire à des sociétés fonctionnant de la même façon. Certains travaux en tout cas n'expriment pas de spécificité africaine dans la façon d'aborder et de définir les problèmes. »

« Sans doute les progrès d'une 'africanisation' de la recherche (c'est-à-dire d'une participation accrue des Africains à sa conception et à sa réalisation) conduiront-ils nécessairement à prendre davantage en compte les contraintes de cet univers d'encadrements traditionnels dans lequel se meut encore largement aujourd'hui l'habitant de l'espace (congolais), dans les campagnes comme dans les villes [...] ».

NICOLAÏ, H., GOUROU, P., MASHINI, D.M.,
L'Espace zaïrois. Hommes et milieux.
Progrès de la connaissance de 1949 à 1992,
Institut Africain - CEDAF,
Collection « Zaïre – Histoire & Société »,
L'Harmattan, Paris, 1996.

Point de vue 2

**Propos liminaires sur la recherche géographique.
Les intuitions d'un géographe congolais**

*« Le territoire de la République démocratique du Congo (RDC ou RD Congo) est relativement bien connu tant par les géographes que par les autres spécialistes (historiens, ethnologues, sociologues, etc.). En effet, les travaux entamés avec notamment le concours des géographes ont permis de circonscrire le territoire, et plus tard, de fournir les premières bases des connaissances sur les hommes et les milieux qu'ils habitent [...]. Le présent (texte) s'interroge sur les débuts au Congo (RDC) de la géographie universitaire et l'influence de celle-ci dans l'évolution de la discipline sur le plan scientifique voire épistémologique. Il dégage en outre le rôle des études géographiques... dans la **territorialité de l'espace congolais** [...]. »*

« [...] Au Congo (RDC), l'éveil (de la recherche géographique) se marque par un nombre croissant de travaux scientifiques, notamment les thèses de doctorat. [...] La variabilité des thématiques d'étude montre une bonne progression de la recherche géographique. Cet éveil se marque également par la diversité des régions d'étude à l'intérieur de l'espace congolais [...]. L'effort de (re)dynamisation de la recherche géographique reste à engager [...]. »

Jean-Claude MASHINI D.M.,
« **La recherche géographique à travers les thèses de doctorat de 1956 à 2016** », *Revue Canadienne de Géographie Tropicale/ Canadian journal of tropical geography* [En ligne], Vol. (4) 1. En ligne le 15 avril 2017, pp. 69-88. URL : http://laurentienne.ca/rcgt

Avant-propos

Le présent ouvrage s'ouvre sur deux points de vue qui viennent d'être indiqués en préambule. Il s'agit là des points d'ancrage qui balisent la réflexion ici entreprise. Le premier s'interroge sur « l'africanisation de la recherche congolaise » (Nicolaï, Gourou et Mashini, 1996). Le second évoque l'éveil de la recherche géographique, au départ d'un regard sur la dynamique de la discipline en RD Congo (Mashini, 2017).

L'idée d'écrire ce livre sur la géographie congolaise – et non sur la géographie de la RD Congo – sous le titre « Géographie et territorialité… », est tirée de l'expérience acquise dans la pratique de l'enseignement universitaire et dans l'encadrement des formations scientifiques. Nous voulions, avec cet ouvrage, mettre un point d'honneur à réunir, dans une seule mouture, les éléments caractéristiques de la géographie scolaire, la géographie universitaire, la recherche scientifique et les dynamiques liées à l'évolution de la science géographique en RD Congo. Nos étudiants, mais aussi nos collègues et d'autres personnes intéressées par la géographie congolaise, trouveront ici bien des éléments dessinant les perspectives de la discipline, telles qu'elles se profilent dans ce vaste pays au cœur de l'Afrique tropicale.

Pour la préface du présent ouvrage, nous avions le choix de recourir à l'un ou l'autre parmi les géographes bien connus dans le monde universitaire. Nous avons porté le choix sur Cherry-Ernest Maboloko Ngulambangu, l'un des pionniers de la géographie au Congo (RDC), aujourd'hui professeur ordinaire émérite de l'Université pédagogique nationale (UPN). Celui-ci, après avoir parcouru de manière cursive l'ensemble de notre manuscrit, porte sur nos réflexions un éclairage susceptible d'orienter la lecture de notre ouvrage. Nous l'en remercions très sincèrement, d'autant que notre collaboration tient d'une longue filiation scientifique. D'ores et déjà, nous souhaitons à nos lecteurs une bonne pénétration des réflexions ici présentées.

** *
*

Au moment où ce livre est mis sous presses, nous sommes chef du département de l'Hôtellerie, Accueil et Tourisme à la faculté des Sciences de l'Université Pédagogique Nationale (UPN), à Kinshasa. Nous sommes en même temps professeur au département de Géographie-Sciences de l'Environnement au sein de la même Université. Nous assurons voici quelques années, des cours au niveau du graduat et de la licence. Outre des cours de géographie et ceux liés à la mondialisation des échanges, nous assurons aussi des cours portant sur l'économie du tourisme et la planification touristique. Nous sommes également en charge des cours d'aménagement du territoire et de planification régionale à l'Institut supérieur d'architecture et d'urbanisme (ISAU, Kinshasa). Nous participons enfin à d'autres types d'encadrement scientifique, y compris au niveau du troisième cycle.

Le présent ouvrage est le fruit des collaborations utiles tant en RD Congo que dans le monde universitaire à l'étranger.

Jean-Claude Mashini D.M.
Meise (Belgique), juillet-août 2017

Sommaire

Préface.
(par C.E. Maboloko Ngulambangu) 13
Prélude.
Parcours de géographe 19
Introduction.
Le monde de la géographie 29
Chapitre 1.
La géographie scolaire congolaise ou le B.A.-BA
pour la connaissance de l'espace national ? 57
Chapitre 2.
La géographie universitaire ou le monde reclus des initiés ? 83
Chapitre 3.
La recherche scientifique ou l'éveil de la science géographique ? 121
Chapitre 4.
Espaces géographiques.
Progrès ou déclin de la connaissance sur la RD Congo ? 167
Chapitre 5.
Les acteurs de la géographie congolaise. Profils et itinéraires 195
Chapitre 6.
La géographie congolaise : enjeux et perspectives.
Vers quelles dynamiques nouvelles ? 231
Conclusions générales.
À la recherche de nouvelles perspectives 249
Remerciements 261
Sélection bibliographique et sites internet 265
Appendices. Annexes 295
Table des matières 335

Préface

Par

(Cherry-Ernest MABOLOKO NGULAMBANGU,
Professeur ordinaire émérite,
Université Pédagogique Nationale, Kinshasa)

Le présent ouvrage nous paraît être d'un grand intérêt géographique et scientifique, tant du point de vue du fond que de la forme.

Le thème que l'auteur y développe, *Géographie et territorialité en RD Congo*, convient éminemment à éveiller (conscientiser) les géographes congolais, dans la double perspective de promouvoir la bonne connaissance de l'espace national et surtout de la constitution d'une société savante de géographie, autour du Centre d'Information et de Documentation de la Géographie du Congo (CIDGC).

M. **Mashini** traite ce thème d'une façon intelligente et pratique, à partir des données tirées de la réalité concrète du Congo (RDC). En effet, la rédaction de son ouvrage recouvre une période assez longue et se fonde sur des sources riches et variées[1] : de nombreux échanges avec les étudiants en Géographie-Sciences de l'Environnement dans le cadre du cours de « Géographie et Société », de l'enquête documentaire auprès des géographes congolais, des entretiens approfondis avec des professeurs de géographie du secondaire et des universités, de l'inventaire répété des données d'archives à Bruxelles comme à Kinshasa, et de la recension globale des nombreuses informations publiées sur la géographie et la *territorialité* de la RD Congo, etc.

---
[1] Signalons deux articles récents de l'auteur qui annonçaient déjà les couleurs du présent ouvrage : MASHINI, J.-C. (2017), « La recherche géographique à travers les thèses de doctorat en RD Congo de 1956 à 2016 », *Revue Canadienne de Géographie Tropicale* [En ligne], Vol. (4) 1, pp. 69-88. URL : http://laurentienne.ca/rcgt ; MASHINI, J.-C. (2017), « La géographie scolaire en RD Congo. Un pas lent vers la connaissance de l'espace national ? », *Congo-Afrique*, numéro 517, septembre, pp. 727-741.

Le résultat, c'est une analyse se situant relativement au complet chevauchement de la recherche géographique congolaise, de la géographie scolaire à la géographie universitaire, d'une part, et de la géographie coloniale à la géographie citoyenne, d'autre part. La documentation que l'auteur y inclut présente, à notre avis, une valeur scientifique exemplaire dans l'art d'emmener les étudiants et les géographes… à mieux comprendre les enjeux cruciaux de la *géographie congolaise*.

Dès ses premiers chapitres, l'ouvrage de M. **Mashini** est bien davantage qu'une géographie contée. Le siècle passé, fait des turbulences et utilisé par l'auteur comme cadre temporel de l'amorce de ses réflexions (l'époque coloniale, l'indépendance, les différentes étapes jusqu'à l'aube des années 2000), lui permet de se confronter à une vision interprétative. Celle-ci transcende les programmes scolaires ou la tendance des sciences sociales à privilégier le contemporain. En même temps, le large recours par l'auteur aux débats actuels qui s'élèvent dans le monde de la géographie universitaire et de la recherche géographique, ouvre la voie à une grande richesse analytique surpassant la « géographie historique événementielle » de l'État colonial et des premières décennies après l'indépendance. Dans ce sens également, l'étude des programmes géographiques abordée par l'auteur se démarque de la majorité des travaux effectués par les « experts » outre-Atlantique du monde de l'Assistance technique.

L'ouvrage de M. **Mashini** nous paraît, sur un autre plan, non moins remarquable par la méthodologie qu'il utilise. L'auteur aurait pu présenter le sujet de façon classique, sous forme d'un savant exposé magistral. Tenant compte de l'importance de la motivation et de l'intérêt de ses étudiants et des géographes congolais, il s'est au contraire efforcé de confronter le contenu de son ouvrage à une méthode scientifique de « participation observante » ou « field research », reconnue par son étonnante efficacité pratique. Cette méthode reste encore relativement peu répandue dans notre milieu scientifique à cause du travail énorme qu'elle impose au chercheur. Avec cette méthode axée sur la participation active de tous, associée à la technique documentaire, qui convient bien à l'étude d'activités sociales continues, l'auteur a pu décrire, comparer et analyser minutieusement les facettes de la géographie scolaire, de la géographie universitaire, de la recherche scientifique, des espaces géographiques, des acteurs de la *géographie congolaise*, etc. Il veut stimuler l'intérêt de tous, avant de les embarquer à l'épreuve de la *territorialité*… Quelle alchimie intéressante pour les géographes ?

Soucieux d'une issue heureuse pour la connaissance de la RD Congo, M. Mashini voudrait mettre en valeur les performances des étudiants et des enseignants en vue d'orienter leurs activités de futurs citoyens, conscients des problèmes géographico-socio-économiques de la Nation.

Le fil conducteur de l'ouvrage, c'est l'interrogation sur les enjeux de la *géographie congolaise*. L'auteur aborde des réflexions sur une science en mutation. Comment le sentiment d'une géographie nationale, sous l'interaction d'une multiplicité de géographies « localisées », enracinées dans la compréhension congolaise du soi collectif, à partir des matières types imposées par la métropole, l'État colonial et les missions religieuses, a-t-il ou pas contribué à la connaissance de l'espace national et à l'identité territoriale congolaise ? Le fond de réflexions amorcées par l'auteur touche – sans pour autant les mettre en exergue – aux processus politiques déchaînés par l'essor du nationalisme, à la fin des années 50 et 60, et au traumatisme des crises consécutives à l'indépendance, sans oublier l'apparition et puis le déclin de l'État post-colonial. Toutes ces dynamiques sociopolitiques ont quelque incidence sur l'histoire et la géographie de la RD Congo. En bon initié de la politique congolaise, M. Mashini se garde bien de les analyser ici, se rappelant, sans doute, qu'il avait déjà montré ses sensibilités dans un précédent ouvrage[2].

Dans la recherche d'une réponse à cette énigme, l'auteur adopte une perspective éminemment constructiviste, une orientation sans expression théorique donnée, à l'époque où débute son étude. Le monde de la *géographie congolaise* étant examiné, selon son propre cadrage, « dans la triple dimension de discipline scolaire, science universitaire et axe de recherche opérationnelle ».

---
[2] Voir MASHINI D.M., J.-C. (2014) *Gouvernance en RD Congo. Regard et témoignage*, Collection « Espace Afrique », Academia, Louvain-la-Neuve, 332 p.

Au terme de la lecture de cet ouvrage, on retiendra qu'un des plus célèbres des écrivains du monde de la géographie congolaise, **Jean-Claude Mashini**, qui surgit comme une figure lumineuse dans le carré des scientifiques congolais, a donné aux tenants de la discipline une visibilité disciplinaire renouvelée. Ainsi, le présent ouvrage a le mérite de venir combler le vide dans notre connaissance géographique de la société congolaise.

Les réflexions nouvelles que M. **Mashini** aborde dans cet ouvrage d'importance, nous paraissent dignes de l'intérêt qu'il ne manquera pas, assurément, de soulever dans le monde de la géographie en RD Congo, ce si vaste sous-continent au cœur de l'Afrique tropicale[3].

Kinshasa, septembre 2017

---

3 On relira avec intérêt un autre imposant ouvrage : NICOLAÏ, H., GOUROU, P., MASHINI, D.M. (1996), *L'espace zaïrois. Hommes et Milieux (Progrès de la connaissance de 1949 à 1992)*, Collection « Zaïre – Histoire & Société », L'Harmattan, Paris, Institut Africain – CEDAF, Bruxelles, 607 p.

Figure hors-texte
LA RD CONGO : UN ESPACE GÉOPOLITIQUE

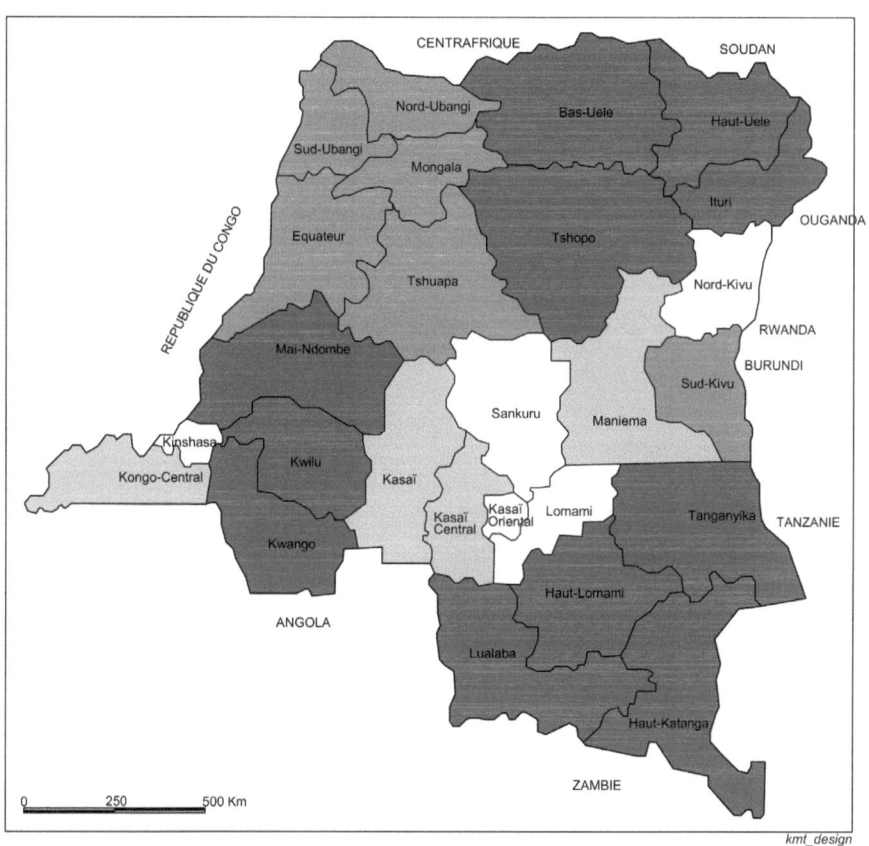

La RD CONGO est subdivisée de nos jours en 26 provinces, issues du démembrement des anciennes entités plus vastes. Les géographes disposent avec ce découpage des aires d'étude dont la connaissance reste à affiner.

Liste des provinces regroupées selon les anciennes subdivisions, ci-dessous soulignées

<u>Kinshasa</u>	Sud-Ubangi	Haut-Lomami
<u>Bandundu</u>	Tshuapa	Lualaba
Kwango	<u>Kasaï Occidental</u>	Tanganyika
Kwilu	Kasaï	<u>Maniema</u>
Mai-Ndombe	Kasaï Central	<u>Nord-Kivu</u>
<u>Bas-Congo</u>	<u>Kasaï Oriental</u>	<u>Sud-Kivu</u>
Kongo Central	Kasaï Oriental	<u>Province Orientale</u>
<u>Équateur</u>	Lomami	Bas-Uele
Équateur	Sankuru	Haut-Uele
Mongala	<u>Katanga</u>	Ituri
Nord-Ubangi	Haut-Katanga	Tshopo

Prélude

Parcours de géographe

> *[…] Malgré la quasi-instantanéité des communications et la refonte du rapport 'espace-temps', la mondialisation n'a pas signé 'la fin de la géographie'* (Virilio, 1997)[1]. *[…] Il y a la nécessité de transmettre une '**culture géographique**'. Celle-ci procède, évidemment, de nos pratiques et de nos perceptions du monde ; c'est la **géographie** comme état de la différenciation spatiale de la planète […]. Ces connaissances sont, en partie, construites par la **géographie savante**, celle des géographes. […].*
>
> Philippe Sierra (sous la direction de, 2017),
> *La géographie : concepts, savoirs et enseignements*, Collection U, Armand Colin

Qui est *géographe*, et qui ne l'est pas ? « Qu'est-ce que la géographie ? »[2]
On ne va pas d'emblée recourir ici à de savante définition, sauf à retenir celle-ci, formulée par nous-même : « *Un géographe est celui qui, ayant entrepris des études de niveau universitaire dans les matières liées aux sciences géographiques, s'est spécialisé dans un domaine spécifique de cette discipline…* ».
Sans être liée uniquement à la « description de la terre », il s'agit pour cette « science de l'espace » qu'est la géographie d'étudier les lieux et les hommes…
Et d'analyser leur *territorialité*[3], c'est-à-dire leur caractère spécifique et la relation des différents acteurs à l'espace, au territoire…

---

[1] « *La géographie n'est pas finie* » ; référence citée dans l'introduction de l'ouvrage écrit sous la direction de Sierra, Ph. (*op. cit.*, 2017), p. 7.
[2] Idem, voir le titre de la première partie de l'ouvrage cité de Sierra, Ph. (2017), pp. 11-81.
[3] Nous empruntons ce concept à un auteur qui en a notamment promu l'usage en géographie : Raffestin, C. (1977), (1982), (1986), etc. Voir aussi, entre autres géographes : Aldhuy, J. (2006), (2008).

Le lecteur découvrira, avec le prélude de cet ouvrage, les méandres qui nous ont conduit à embrasser la carrière de géographe, à la faveur de longues études universitaires. On verra que le monde des géographes n'est pas un monde reclus, ni celui des initiés, comme le penseraient d'aucuns. Pour décrire notre parcours de géographe, arrêtons-nous sur quelques moments, qui sont autant d'étapes socioprofessionnelles. « *Vive la géographie, vive les géographes* », avions-nous fait écrire sur le fronton du petit local réservé au Club Nyiragongo des étudiants de géographie de l'Institut pédagogique national (IPN). Nous étions devenus, dès le début de nos études supérieures à Kinshasa, le président de ce cercle d'étudiants. À l'image de nos collègues, notre ambition était de bouillonner, comme ce volcan actif de l'est de la RD Congo, en vue de faire éclore nos connaissances de géographie… Sommes-nous parvenus à atteindre cet objectif ? Voici en partie le récit d'un parcours riche en épisodes, dont on reprendra ici quelques péripéties.

Le hasard de métier
Pour un parcours infatigable de géographe

Notre cheminement vers la géographie débute en octobre 1977. Nous faisions partie de la centaine d'étudiants inscrits cette année-là dans la filière de géographie, à la Section des « Sciences exactes », partagée avec les étudiants en Biologie, Chimie, Mathématiques, Physique et Éducation physique. À cette époque, la filière était associée aux sciences naturelles. L'Institut pédagogique national (IPN) fut créé en 1961, sous l'impulsion de l'UNESCO, pour la formation des cadres moyens et supérieurs destinés à l'enseignement[4]. Il a longtemps fonctionné dans cette perspective, jusqu'à devenir Université pédagogique nationale (UPN), à la faveur d'un décret présidentiel de 2005. Cette institution, qui compte aujourd'hui plus de 10.000 étudiants, regroupe plusieurs facultés et centres de recherche, organisés en une vingtaine de départements.

Revenons à notre parcours. Ayant obtenu le diplôme de fin d'études secondaires avec grand fruit, nous étions éligibles pour des études à

---
4 Pour plus de détails au sujet de l'historique de cette institution universitaire, voir le site : www.upn-kin.cd, consulté le 12/12/2015.

l'Université nationale du Zaïre (UNAZA). Notre regretté père était bien fier de cette position et ne cessait de nous répéter : *Mon fils, tiens bon, tu iras loin dans tes études ! Proficiat !* Il nous destinait à entreprendre des études de médecine, mais hélas, les démarches menées dans ce sens ne portèrent guère des fruits. Plus tard, les portes de l'IPN à Kinshasa nous furent ouvertes pour des études de géographie.

Dans cette institution, après une quinzaine de jours, nous avons failli changer d'options d'étude. Nous étions entraînés dans cette démarche par un collègue qui arguait les difficultés liées à cette matière, en raison, disait-il, des exigences dans les travaux pratiques. Contre l'avis dudit collègue, notre décision de poursuivre en géographie demeura inchangée. Ainsi, nous poursuivîmes nos études sans désemparer, avec chaque fois beaucoup de succès. Plus que jamais, le goût de la géographie s'installait en nous. En avant vers un destin de géographe... Nous entreprîmes, en guise d'initiation à la recherche géographique, quelques travaux scientifiques qui, assurément, nous permirent de coller, très tôt déjà, aux réalités locales (Mashini, 1980, 1983).

À la fin de l'année 1980, alors que nous venions de réussir le concours nous autorisant à débuter le cycle de la licence, notre père mourut durant les vacances académiques de juillet à octobre. Nous devions nous déterminer, en choisissant de continuer les études ou de les interrompre en vue de supporter la famille (nous étions, en ce moment-là, au nombre de dix enfants). Le destin nous décida à poursuivre nos études, nous rappelant les conseils appuyés de notre père : *tu dois aller loin dans tes études... !* La voie de la géographie universitaire s'ouvrait encore davantage devant nous. Et nous réussîmes nos deux années de licence avec le même succès de départ.

Le destin de Géographe
Les méandres de la formation, de Kinshasa à Bruxelles...

Voilà une étape essentielle de notre parcours de géographe. Il convient d'indiquer que dans ce parcours, le destin nous aura souvent été souriant. Le département de géographie de l'IPN bénéficiait de l'appui technique de la coopération belge et puis française. Une aubaine pour nous, car nous pouvions disposer de possibilités pour des recherches de terrain. Nous apprîmes ainsi peu à peu le métier de géographe. Nous nous regardions désormais comme ce chercheur « infatigable », nous rappelant chaque fois l'histoire du rocher de Sisyphe, symbolisant une tâche interminable[5].

Devenu assistant pour l'enseignement et la recherche – et inscrit au même moment à un troisième cycle de diplôme d'études supérieures (DES) –, nous n'eûmes pas de peine à faire aboutir notre candidature pour des études doctorales en Belgique. Cette nouvelle perspective nous conduisit vers le Laboratoire de géographie humaine de l'Université Libre de Bruxelles (ULB). Après une année de maîtrise interuniversitaire en géographie appliquée, et un stage dans le cadre de la planification de localisation des bureaux dans la Région de Bruxelles-Capitale, nous nous engageâmes dans la recherche doctorale. En juin 1994, après des enquêtes documentaires et de terrain[6], nous obtînmes le grade de *docteur en sciences* (géographie). Ceci à la suite de la présentation d'une dissertation originale sur un thème qui nous introduisit de plein pied dans les questions du développement régional (Mashini, 1994, 2013).

À la suite de l'obtention du doctorat, il ne nous fallait pas arrêter en si bon chemin notre parcours de géographe. Nous nous devions d'affronter d'autres étapes, tant le métier de géographe est ardu et polyvalent, ainsi que le démontre un autre chercheur, notre prédécesseur dans la recherche géographique congolaise, qui a si bien décrit dans un article son parcours, « expression d'une géographie au service de la société » (Maboloko, 2014).

Et maintenant, et après... ?
En route vers l'application du savoir géographique

On reconnaît le forgeron à la forge ou devant le bûcher, dit un adage populaire. Un autre dans le même style renchérit : « c'est en forgeant que l'on devi-

---

5 Voici comment est présentée brièvement l'histoire du rocher de Sisyphe, empruntée à la mythologie grecque : « Ayant déclenché la colère des dieux de l'Olympe, en guise de châtiment, ces derniers le condamnèrent à grimper au sommet d'une montagne en faisant rouler un immense rocher. Cependant, une fois au sommet, Sisyphe n'avait pas assez de place pour y bloquer son rocher qui redescendait aussitôt, l'obligeant à le remonter sans cesse » (www.linternaute.com, consulté le 25/09/2017).
6 Voir détails des enquêtes régionales à l'occasion de nos recherches doctorales dans le Kwango-Kwilu (ouvrage *Le développement régional en République démocratique du Congo...*, pp. 15-32) (Mashini, 2013).

ent forgeron ! » On connaît le géographe à ses applications de la pratique du savoir géographique, à sa production du même savoir. Et pour paraphraser un auteur belge, spécialiste de la didactique de la discipline géographique, nous soulignons :

> *[Le géographe] doit savoir-penser-l'espace* (phrase empruntée à Y. Lacoste). [Il] analyse les trois dimensions de la discipline : savoir, savoir-faire et savoir-être et propose un recentrage de la géographie autour des concepts et des apprentissages fondamentaux, comme l'espace géographique, le raisonnement géographique et le savoir-penser l'espace (Mérenne-Schoumaker, 1985 ; voir aussi du même auteur, 2002).

À côté du parcours qui vient d'être esquissé, ce n'est pas ici le lieu pour nous d'exposer la vision que nous avons de la géographie en RD Congo. Nous aurons l'occasion de développer plus tard notre compréhension du rôle des géographes au sein de la société congolaise. Nous soutenons que la géographie telle qu'enseignée dans nos écoles, doit être réorientée vers une nette connaissance de l'espace national et des espaces géographiques infra nationaux. Cette perspective de formation va de la découverte du terroir natal par les apprenants à l'approfondissement des connaissances sur les espaces constituant le territoire national (carte hors-texte, p. 17).

Le défi est de permettre, entre autres, l'éclosion et l'affirmation de l'identité nationale, avec la formation des citoyens conscients des enjeux à venir pour un pays finalement, aujourd'hui, à la dérive. En dépit de la réforme des programmes, intervenue voici plus d'une dizaine d'années maintenant (2005), la géographie scolaire reste, à nos yeux, à court d'imagination en RD Congo. C'est là notre premier sentiment, qu'il importe d'affiner en mettant en lumière les éléments permettant à cette discipline de retrouver une voie efficiente dans la formation citoyenne. On développera cette perspective plus loin (Mashini, 2017)[7].

Et les géographes congolais, qu'ont-ils fait jusqu'ici de leur discipline scientifique, sur le plan scolaire et universitaire ? Quelles ont été l'évolution des programmes scolaires et les perspectives de formation offertes par les différentes institutions d'enseignement et de recherche ?

---

[7] Lire un de nos récents articles : J.-C. Mashini (2017), « La géographie scolaire en RD Congo. Un pas lent vers la connaissance de l'espace national ? », *Congo-Afrique*, numéro 517, septembre, pp. 727-741.

À l'Institut pédagogique national (devenu l'Université pédagogique nationale – UPN), le département de géographie a vacillé – tout en restant incorporé à la Faculté des Sciences – vers les sciences de l'environnement et vers l'aménagement du territoire. À l'Université de Kinshasa (UNIKIN), tout comme à celle de Lubumbashi (UNILU), les programmes de géographie ont toujours privilégié l'orientation vers les sciences de la terre. On parle depuis un certain temps, à l'Université de Kinshasa, de « Géosciences ». À l'heure de la multidisciplinarité, l'appariement de la géographie avec d'autres sciences, y compris avec l'urbanisme, le tourisme, etc., est de plus en plus présent dans les curricula scientifiques dans notre pays. Vers quels horizons la *géographie congolaise* met-elle le cap ?

Le deuxième sentiment qui est le nôtre est que malgré l'évolution de la géographie vers la diversification des curricula, les acteurs de la formation géographique ne se signalent point dans la perspective d'un enseignement de type nouveau. Sans préconiser une révolution dans la dispensation du savoir géographique, cela participe à notre conviction en attente d'un revirement de cap. En écho à la célèbre phrase de Yves Lacoste (1976), « *la géographie, ça sert, d'abord, à faire la guerre* », nous n'avons eu de cesse de clamerque « *la géographie..., ça sert, aussi, à faire la politique* » (Mashini, 2013). Un autre géographe a pu écrire dans la même veine : « *la géographie, ça sert, d'abord, à faire le Monde...* » (Breuer, 2009). Ces assertions peuvent paraître anecdotiques et ambitieuses, mais elles posent les jalons d'un engagement citoyen. La discipline géographique devrait contribuer à cette formation engagée.

Dans notre pays, la RD Congo, la géographie sera *citoyenne*[8] ou ne le sera pas. Vaste ambition, notamment pour un pays en mal de développement, qui a grandement besoin d'une nouvelle impulsion pour garantir une bonne gouvernance du territoire et des hommes. Vive le management territorial – la géographie active et appliquée – qui est celle de la gestion rationnelle des hommes et des cadres de vie qu'ils « habitent et colonisent ». L'espace territorial congolais mériterait une telle attention de la part des géographes (Nicolaï, Gourou, Mashini, 1996).

Le lecteur découvrira ici un panorama relativement complet de la recherche géographique congolaise, de la géographie scolaire à la géographie universitaire, d'une part, et de la géographie coloniale à la géographie citoyenne,

---
8 Une publication de géographes canadiens nous inspire dans cette voie. Voir Laurin, S. et al. (dir., 2001) ; voir aussi Masson-Vincent, M. (1998), etc.

d'autre part. L'ouvrage se fonde sur plusieurs préoccupations, à la fois d'ordre pédagogique, documentaire et scientifique. Il est destiné à faire connaître la géographie congolaise dans les différents cercles scientifiques et dans l'opinion des citoyens confrontés aux problèmes de connaissance de l'espace national voire de l'identité territoriale d'une nation en mutation. Ces derniers termes du débat mériteraient sans aucun doute d'autres réflexions que celles engagées dans cet ouvrage.

> Voilà les pistes de refondation que nous postulons pour la *géographie congolaise*. Puissions-nous y parvenir, dans le cadre des réflexions ici présentées sur les liens entre le savoir géographique et la connaissance de l'espace local, régional et national ? Nous évoquons dans le titre du présent ouvrage le concept de *territorialité*, ceci pour marquer la prise en compte du territoire dans la quête de connaissance des espaces géographiques. Il nous semble que c'est là l'objet essentiel des études de géographie. Les géographes congolais sont ainsi invités à promouvoir cette connaissance : « *La géographie en RD CONGO… est à l'épreuve de la territorialité* » (Mashini, 2017).

> **En guise de fil conducteur**
>
> Le présent ouvrage s'interroge sur les enjeux de la *géographie congolaise* et fait le point sur l'enseignement et la recherche de cette discipline scientifique. L'introduction explore *le monde de la géographie* et décrit les différents virages pris par cette science au fil des décennies. Les six chapitres développés ici sont autant des repères sur les réflexions se rapportant à la géographie en RD CONGO : (1) *La géographie scolaire ou le B.A.-BA pour la connaissance de l'espace national ?* (2) *La géographie universitaire ou le monde reclus des initiés ?* ; (3) *La recherche scientifique en géographie ou l'éveil de la science géographique ?* (4) *Étude des espaces géographiques, progrès ou déclin de connaissance sur la RD CONGO ?* (5) *Acteurs de la géographie congolaise, profils et itinéraires* ; (6) *La géographie congolaise : enjeux et perspectives, vers quelles dynamiques ?* Les conclusions générales sont à la recherche de nouvelles perspectives pour la *géographie congolaise*.

Textes de références[9]
Prélude

ALDHUY, J. (2006), *Identités, territorialités et recompositions territoriales : les Landes de Gascogne, la Chalosse et le département,* Thèse pour le doctorat en géographie et aménagement, Université de Pau et des Pays de l'Adour, 341 p.

ALDHUY, J. (2008), « Au-delà du territoire, la territorialité ? », *Géodoc*, pp. 35-42.

BREUER, Ch. (2009), « La géographie, ça sert, d'abord, à faire le Monde », *Bulletin de la Société Géographique de Liège*, n° 52, pp. 49-52.

LACOSTE, Y. (1976), *La géographie, ça sert d'abord à faire la guerre*, Maspero, Paris, rééd. (1988), La Découverte, Paris, 216 p.

LAURIN, S. et al. (dir., 2001), *Géographie et société. Vers une géographie citoyenne*, Presses Universitaires du Québec, Sainte-Foy, 320 p.

MABOLOKO NGULAMBANGU, C.E. (2014), « Kwilu : géoscopie d'une région congolaise. Expression de l'engagement d'un géographe dans la pratique de la géographie au service de la société », *Bulletin Géographique de Kinshasa – Géokin*, Volume spécial, « Cinquantenaire de la géographie du Kwilu 1964-2014 », Kinshasa, pp. 7-29.

MASHINI D.M. (1994) *Développement régional et stratégies spatiales dans le Kwango-Kwilu (Sud-Ouest du Zaïre)*, Thèse de doctorat en Sciences (géographie), Université Libre de Bruxelles, Laboratoire de Géographie humaine, 2 volumes, juin, 684 p.

MASHINI D.M., J.-C. (2013) *Le développement régional en République démocratique du Congo de 1960 à 1997. L'exemple du Kwango-Kwilu,* Collection « Études Africaines », L'Harmattan, Paris, 342 p.

MASHINI, J.C. (2017), « La recherche géographique à travers les thèses de doctorat en RD CONGO de 1956 à 2016 », *Revue Canadienne de Géographie Tropicale* [En ligne], Vol. (4) 1, pp. 69-88. URL : http://laurentienne.ca/rcgt.

MASHINI, J.-C. (2017), « La géographie scolaire en RD Congo. Un pas lent vers la connaissance de l'espace national ? », *Congo-Afrique*, numéro 517, septembre, pp. 727-741.

MASSON-VINCENT, M. (1998), « Citoyenneté et géographie, quels liens ? Exemple de la révision des documents d'urbanisme de la région grenobloise », *in Actes de Géopoint 1998 : Décision et Analyse spatiale.*

MÉRENNE-SCHOUMAKER, B. (1985), « Savoir penser l'espace. Pour un renouveau conceptuel et méthodologique de l'enseignement de la géographie dans le secondaire », *L'Information Géographique,* fascicule 49, Armand Colin, Paris, pp. 151-160.

MÉRENNE-SCHOUMAKER, B. (2002), *Analyser les territoires. Savoirs et outils*, Les Presses Universitaires de Rennes (PUR), 2ème édition, Didact Géographie, 166 p.

---

9 On retrouvera à la fin de chaque partie de l'ouvrage les principales références bibliographiques exploitées dans le texte. La sélection bibliographique en fin d'ouvrage ne reprendra que les principales sources sur la géographie de la RD Congo.

NICOLAÏ, H., GOUROU, P., MASHINI, D.M. (1996), *L'espace zaïrois. Hommes et Milieux (Progrès de la connaissance de 1949 à 1992)*, Collection « Zaïre – Histoire & Société », L'Harmattan, Paris, Institut Africain – CEDAF, Bruxelles, 607 p.

RAFFESTIN, C. (1977), « Paysage et territorialité », *Cahiers de géographie du Québec*, vol. 21, n°53-54, pp. 123-134.

RAFFESTIN, C. (1982), « Remarques sur les notions d'espace, de territoire et de territorialité », *Espaces et sociétés*, n°41, pp. 167-171.

RAFFESTIN, C. (1986) « Territorialité : Concept ou Paradigme de la géographie sociale ? », *Geographica Helvetica*, n°2, pp. 91-96.

SIERRA, Ph. (2017, sous la direction de), *La géographie : concepts, savoirs et enseignements*, Armand Colin, Collection U, 2ème édition, Paris, 366 p.

VIRILIO, P. (1997), « Fin de l'histoire ou fin de la géographie ? », *Le Monde diplomatique*, août, Paris.

Introduction

> *[...] (Les géographes) ont, en fait, des objets et des pratiques très diversifiés, qui s'expliquent par la spécialisation scientifique. [...] Cette **géographie savante** est plus ou moins appliquée pour préserver l'environnement, concevoir des aménagements urbains ou implanter des services.*
>
> Philippe Sierra (2017, *op. cit.*).

A. Le monde de la géographie : les faits spatiaux v/s faits sociaux
B. Le virage vers la diversification des champs de la géographie
C. Vers une géographie sociale et citoyenne, pistes applicables à la géographie congolaise

---

Le monde de la géographie peut être cerné au travers d'un certain nombre de pistes intéressant les différents savoirs géographiques, y compris pour la *géographie congolaise*. Cette dernière n'évolue pas en vase clos, étant donné l'universalité de la science. On explorera ces pistes dans cette partie liminaire de l'ouvrage, dans une démarche en trois facettes : l'évolution de la discipline dans ses multiples applications (A) ; le(s) virage(s) pris par la science géographique, au point que la connexion « géographie » et « société » est devenue sans cesse poignante (B) ; les aspects de géographie sociale, mais surtout ceux liés à la *géographie citoyenne*, comme perspectives principales de la discipline en RD Congo (C). L'évolution de la *géographie congolaise* sera confrontée face à cette dynamique, l'occasion étant offerte de replacer le pays dans la perspective de la mondialisation scientifique et culturelle.

A. Le monde de la géographie : les faits spatiaux versus faits sociaux

La géographie, en tant que discipline scientifique et universitaire, a connu de nos jours plusieurs évolutions. On peut le voir à travers la nature des études géographiques et les interrelations entre les faits spatiaux et les faits sociaux. Dans nos différents enseignements de géographie, nous avons toujours fait un point d'honneur à pousser les apprenants à assimiler quelques notions fondamentales liées à la *territorialité*, à la *spatialisation* et à la *socialisation* des faits géographiques.

La nature des études géographiques et les fondamentaux de la discipline

Dès l'entame de leurs études universitaires, les étudiants en géographie s'entendent décliner plusieurs réalités concernant leur discipline (Encadré 1.1.). On aboutit à l'idée que la géographie est une discipline-carrefour, à la croisée des chemins entre les différents savoirs scientifiques. Les différentes acceptions évoquées ici, méritent d'être rappelées car elles introduisent cette discipline vers des dynamiques nouvelles, mises en lumière par de nombreux chercheurs, la liste ci-après n'étant que très indicative : Brunet, Ferras et Thery (2006) ; Ciattoni et Veyret (2013) ; Levy et Lussault (2013) ; Sanguin (1981), etc. La géographie apparaît comme une science de synthèse, située à la croisée des chemins entre les sciences humaines et sociales, les sciences de la terre et l'environnement et/ou l'aménagement du territoire, etc. Entre autres évolutions connues par la discipline, notons que dans un ouvrage consacré à *l'épistemologie de la géographie,* un spécialiste de la discipline distingue « cinq géographies savantes ». On peut les rappeler ici, pour les besoins de l'actualisation des connaissances :

> (i) La première est celle de l'étude des rapports de l'homme à l'environnement, longtemps centrale, qui reste vivante (…) ; (ii) la deuxième est celle de l'analyse de situation ; il s'agit de comprendre la répartition des phénomènes terrestres et humains à partir des données absolues et relatives, c'est-à-dire les relations entre les lieux ; (iii) la troisième voie est celle de la géographie comme étude des combinaisons (spatiales) (…) que ce soit dans un paysage ou une région (…) ; (iv) la quatrième

voie est celle d'une géographie consacrée à l'étude de l'espace dans la vie des groupes humains (…) ; (v) la cinquième est celle de l'approche culturelle et somme toute de l'expérience humaine de la Terre, qui met au centre de la réflexion la question de la perception des lieux (Claval, 2007, cité dans un livre sous la direction de Sierra, 2017, pp. 33-34).

Par rapport à la *géographie congolaise*, on verra que ces différentes combinaisons de la discipline n'ont pas toujours eu la même importance sur le terrain de la recherche. Les aspects de géographie sociale et/ou de géographie culturelle, par exemple, ne sont pas suffisamment étudiés. Voici quelques années, nous avons encadré une étude de géographie ayant porté sur « *Le festival national de Gungu, une attraction touristique événementielle (Tourisme culturel et développement)* » (Lupangu, 2013, 110 p.). Des études de ce type méritent d'être promues pour la connaissance des différentes entités culturelles, en liens avec le développement endogène de la RD Congo. Au-delà de ces études, dans l'approche des relations entre la géographie et la société, deux dynamiques sont particulièrement envisagées[10] : (1) l'étude des phénomènes spatiaux, qui reste le fondement de la recherche géographique, d'autant que la géographie analyse dans cette perspective les mutations récentes des espaces, c'est-à-dire les *dynamiques spatiales* ; et (2) l'étude des dynamiques sociales, c'est-à-dire celle des changements induits dans la société par l'homme, sous l'influence des facteurs divers (encadré 1.1.). À côté des approches qui viennent d'être indiquées, voyons quelles sont les différentes acceptions qui s'appliquent à la géographie comme discipline scientifique.

Encadré 1.1.
Les différentes acceptions de la géographie
Les fondamentaux d'une discipline et l'espace des sociétés

> **1.1. *La géographie est la science de la description de la terre.*** Elle est la science de localisation des phénomènes géographiques, dont les caractéristiques touchent notamment à l'environnement naturel, aux populations humaines et leurs établissements, ainsi qu'aux infrastructures (Hangouet, 1999). À l'analyse, il convient pour toute étude géographique de déterminer ces phénomènes, lesquels sont issus de la conjonction des milieux naturels, humains et socioculturels.

---

10 Le cours « Géographie et Société », destiné aux étudiants en fin de premier cycle universitaire (Mashini, 2014), est pour nous l'occasion de les sortir des sentiers battus. Les enquêtes réalisées à travers des quartiers de Kinshasa permettent d'appréhender les réalités locales, sur les plans, par exemple, de la pauvreté urbaine, de la précarité des infrastructures socioéconomiques de base, de l'érosion urbaine et de son impact sur la vie urbaine, etc.

> **1.2. La géographie est la science de l'espace.** Il s'agit de l'espace terrestre ou de l'espace habité (œkoumène) et/ou humanisé. C'est en somme l'*espace géographique*, qui reste un espace hiérarchisé, mais aussi emboîté selon les échelles (espace local/régional/national/supranational, etc.). D'après cette perspective, le géographe ne peut réellement saisir la portée de l'espace géographique qu'en procédant par la « spatialisation » (organisation de l'espace) des phénomènes étudiés. Cette démarche, qui s'apparente à la modélisation, permet au géographe d'être en phase avec la réalité de son espace d'étude (Voiron et Chery, 2005). Un spécialiste de la discipline note avec pertinence : « *La notion de spatialisation et le concept d'espace sont d'une grande utilité pour comprendre et analyser les paysages ; ils mettent l'accent sur les éléments du paysage déterminés par les sociétés. Mais ces organisations socio-spatiales s'inscrivent dans des milieux naturels que la présence des hommes « anthropise » nécessairement. Nous arrivons alors au cœur de l'analyse géographique, à la problématique centrale de la géographie […]* » (Pinchemel, 2000).
>
> **1.3. « *La géographie est la science des lieux et non celle des hommes* »** (Paul Vidal de la Blache, géographe et épistémologue français, 1845-1918). Quelle serait pour les géographes la compréhension des activités humaines, sans les mettre en corrélation avec les lieux que les hommes habitent ? Ou que valent les lieux sans l'implication de l'action humaine ? L'étude des lieux serait éminemment géographique que celle de leurs connaissances biologiques, sociologiques, anthropologiques, etc. Ces derniers objets d'étude ne sont pas à proprement parler d'essence géographique. Ce qui importe dans la démarche géographique, c'est la connaissance des lieux où se localisent les phénomènes géographiques, leur toponymie, leur agencement par rapport aux activités humaines, etc. (Monnet, 1998).

Toutes ces acceptions renvoient à la même réalité de la géographie : l'espace, les lieux, les hommes. En RD Congo, comme ailleurs, cette réalité s'impose aux choix d'étude et à la démarche géographiques. Les géographes ont du pain sur la planche tant les préoccupations socio-spatiales à étudier sont immenses.

La géographie est aussi une science de la stratégie (Lacoste, 1976 ; Boulanger, 2015 ; Lasserre, Gonon et Mottet, 2016). Si la géographie politique concerne l'espace en tant que cadre, elle s'intéresse aux territoires et aux pôles politiques. Par contre, la géopolitique s'intéresse à l'espace en tant qu'enjeu, en analysant la dynamique des territoires, les acteurs et leurs jeux. D'où l'assertion suivante : « (…) La géographie a pour but d'expliquer certains phénomènes que l'histoire ou les sciences politiques n'ont pas mission de décrire (…) » (Rosière, 2001). Les autres acceptions suivantes donnent un éclairage un peu plus complet de la discipline. L'ensemble de définitions évoquées et des liens établis avec l'action géographique,permettent de retenir quelques interdépendances entre les faits géographiques (les faits spatiaux) et les faits sociaux. La compréhension de ces deux types de faits explique la complexité même des études de géographie.

Encadré 1.2.
L'essence première de la géographie comme discipline de terrain

1.4. « *La géographie, ça sert d'abord à faire la guerre* » (Lacoste, 1976, 1988). Cette diatribe lancée par un des pères de la géopolitique a hissé la géographie au rang de disciplines stratégiques. Les géographes ne devraient pas oublier que cette discipline a longtemps été liée aux états-majors. La géographie n'est pas seulement qu'une discipline scolaire ; elle est aussi et avant tout une science de la stratégie (militaire, économique, commerciale, etc.). De nombreuses études ont montré cette réalité stratégique de la géographie (Lacoste, 1993 ; Claval, 1994 ; Raffestin, 1995, etc.).

1.5. « *La géographie, ça sert, d'abord, à faire le Monde…* ». Les géographes ont souvent présentéleur discipline comme ils l'entendent. Voici un exemple : « *[…] L'analogie, certes bancale, avec la complexité du monde et les combats à y mener, m'avait sincèrement convaincu : j'entrepris des études en sciences géographiques avec l'ambition de mieux comprendre mon univers pour y agir avec pertinence. Le programme était tout aussi vaste.* » (Breuer, 2009, pp. 49-51). Nombre d'entre les géographes, y compris parmi les géographes congolais, vivent leur expérience de manière personnelle et passionnante (Maboloko, 2014).

1.6. « *La géographie ça sert, aussi, à faire de la politique…* » (Mashini, *op. cit.*, 2013). La discipline géographique conduit souvent à épouser le monde politique. Les géographes s'y sentent souvent à l'aise, tant et si bien que leur discipline-carrefour permet de faire face à toutes les problématiques de gestion des hommes et des espaces. Voici quelques années, nous avons personnellement été aux prises avec les questions politiques, diplomatiques et sociales, y compris les matières liées à la gouvernance, au niveau de la « primature » (le cabinet du Premier ministre en RD CONGO). Notre sensibilité de géographe, avec la connaissance des problématiques du développement local et régional, entre autres, nous a permis d'encadrer des dossiers politiques utiles voire sensibles (Mashini, 2014).

Les interdépendances relationnelles entre les faits spatiaux et les faits sociaux

L'extrait ci-après est digne d'intérêt en ce qu'il touche à l'essence même des études géographiques :

> [...] L'observation des faits révèle un parallélisme entre le fait spatial et le fait social. Si la géographie se propose de saisir non pas le fait spatial en soi, mais les rapports qui l'identifient et l'expliquent, alors elle doit viser à rechercher les régulations entre l'espace et la société [...]. Comme les faits sociaux, les faits spatiaux ne s'appréhendent pas séparément : on ne les atteint que dans leurs interdépendances par quoi se définit la logique interne de leur totalité. [...] Il appartient au géographe de découvrir l'agencement et le fonctionnement de l'espace qu'il analyse [...] (Isnard, 1981, « La problématique empiriste de la géographie », pp. 24 et 77).

On se rend compte que l'observation des faits devrait guider assurément le géographe, comme autant de poteaux indicateurs vers une connaissance intégrée de l'espace. Il faudrait de sa part un regard critique et attentif aux évolutions observées dans l'espace. Dans cette démarche, le géographe remplit plusieurs rôles, bien souvent au sein des équipes pluridisciplinaires. Quelle que soit cette perspective il importe de préciser le cadre conceptuel et opératoire des études géographiques, en fondant l'analyse sur certaines positions bien affirmées. La nature de la géographie est ainsi précisée :

> La géographie est, par excellence, la science des sociétés, parce que les sociétés sont intégrées d'une manière ou une autre à un espace qui exerce sur elles certaines contraintes, mais qui n'a de sens que dans la mesure où il est dominé et modulé par elles [...]. Et l'auteur de poursuivre : « L'espace géographique est en effet modelé en fonction des systèmes sociaux [...] » (George, 1978, Compte-rendu de l'ouvrage de Isnard, « *L'espace géographique* », in revue *Méditerranée*, N°3, pp. 75-76.

Au sujet du rôle du géographe dans l'étude des territoires, plusieurs approches existent, dont celle – plus ou moins classique – tendant à étudier dans leur globalité tous les faits géographiques : la nature physique (milieu naturel), le milieu humain, les activités territoriales, etc. Suivant cette logique, voici comment était structurée l'imposante

« *Étude géographique du Kwilu* », entreprise dans le cadre du Centre scientifique et médical de l'Université libre de Bruxelles en Afrique centrale (CEMUBAC) : (1) Le cadre physique : les formes du relief, les paysages végétaux ; (2) La répartition de la population : la localisation des hommes, facteurs d'explication ; (3) Les villages du Kwilu : le village cellule fondamentale du paysage, l'aspect des villages, aspect et vie de quelques villages, les activités villageoises ; (4) L'homme et la palmerie : la palmeraie, de l'économie du caoutchouc à l'économie huilière, l'exploitation actuelle de la palmeraie ; (5) Naissance de la vie urbaine : Kikwit. Conclusions : les problèmes et l'avenir du Kwilu (Nicolaï, 1963, pp. 465-469).

À une échelle plus réduite, nous avons étudié, dans le cadre d'un mémoire en géographie, « *Le paysage rural des localités périphériques au centre de Gungu (Haut-Kwilu)* » (Mashini, 1983, 200 p.). On y avait adopté le plan en vogue à l'époque dans les études de ce genre, tel qu'inspiré par le Précis de géographie rurale (George, P., 1967). Voici ce qu'était l'ossature de notre étude : (1) Première partie : Introduction à l'étude du paysage des localités : (i) Les cadres géopolitique et socioéconomique ; (ii) Les considérations démographiques ; (2) 2ème partie : Les paysans et l'occupation du sol : (iii) L'organisation de l'espace agricole et l'aménagement du sol ; (iv) L'organisation de l'habitat ; (3) 3ème partie : (v) L'économie rurale des localités ; (vi) L'organisation régionale et les problèmes du milieu rural ; (4) Conclusions générales : les perspectives d'avenir.

De nos jours, tout en gardant le même côté quasi encyclopédique de la plupart des études géographiques réalisées en RD CONGO, nous militons pour la diversification de la réflexion scientifique, en faisant emprunter aux chercheurs (étudiants) des voies quelque peu nouvelles. Voici comment deux des travaux de géographie régionale, réalisés sous notre encadrement, ont abordé les préoccupations actuelles de deux provinces du Kwilu et du Kwango, au Sud-Ouest du pays.

Encadré 1.3.
Vue comparative de quelques études géographiques actualisées sur des provinces de la RD Congo

Sujet. *La contribution des organismes internationaux dans le développement du secteur agricole au Kwilu* (KITAMBALA KAPATA, H., 2016, 122 p.)	Sujet. *La décentralisation face à l'aménagement de l'espace dans le Kwango (exemple du Territoire de Kenge)* (LUKISA MAYULA, G.-J., 2015, 98 p.)

Chapitre liminaire. État de la question et cadre conceptuel du développement agricole régional. Chapitre I. Le Kwilu comme région agricole à valoriser. Esquisse monographique et état de lieu des secteurs d'intervention économique. Chapitre II. Les principaux acteurs du développement agricole. Étude de cas représentatifs. Chapitre III. Secteurs d'intervention, production et commercialisation des produits agricoles. Vers une différenciation spatiale. Chapitre IV. La contribution des organismes internationaux pour le développement de l'agriculture. Enquêtes de terrain et résultats d'analyse. Conclusions générales.	Introduction 1ère partie. La décentralisation territoriale en RDC Chapitre I. Le processus de la décentralisation territoriale Chapitre II. Enjeux et défis de la décentralisation territoriale 2ème partie. L'aménagement territorial des milieux ruraux Chapitre III. Les conditions naturelles, humaines et économiques Chapitre IV. Facteurs de développement et pistes territoriales applicables au Kwango (exemple du Territoire de Kenge) Conclusions générales
Cadrage. La présente étude est l'occasion de s'interroger sur le rôle de principaux partenaires dans le secteur du développement agricole en vue de valoriser l'entité (provinciale) et d'assurer un équilibre régional…	**Cadrage.** Les problèmes de la décentralisation et d'aménagement du territoire préoccupent l'avenir des États africains en général et de la RD Congo en particulier. Ces problèmes sont essentiellement dominés par une absence totale d'une véritable planification d'aménagement dans toutes les entités territoriales…
Questions de problématique : (1) Quelles sont les aires d'occupation des organismes internationaux au Kwilu ? (2) Quels sont les secteurs d'intervention pour chacun dans le secteur agricole ? (3) Quelles sont les stratégies mises en œuvre pour concrétiser leurs objectifs de développement ? (4) Quels sont les résultats atteints dans le secteur agricole ?	**Questions de problématique :** (1) Comment la décentralisation peut-elle contribuer au développement territorial ? (2) Quels types de défis sont à relever par rapport à ce processus ? (3) La décentralisation a-t-elle des impacts d'ordre politique, économique et social ? Comment les définir et comment les interpréter par rapport au cadre territorial étudié ?

(Source : Synthèse personnelle des travaux cités).

La vue comparative des deux études telle qu'elle vient d'être esquissée est indicative de différentes façons d'aborder les problématiques du développement et d'aménagement d'un cadre géographique donné. On a épinglé ici deux angles d'approche : le développement agricole et la décentralisation territoriale, les deux thématiques conduisant à la question du développement territorial. D'un point de vue général, les affirmations suivantes sont utiles pour soutenir une vision opérationnelle de la discipline :

> Les géographes peuvent apporter une aide considérable parce que réaliste aux actions de développement. Leur première et décisive contribution devrait être la mise en valeur des originalités, des particularités locales [...]. Le rôle du géographe est, éminemment, de faire apparaître les traits originaux, physiques, humains, du territoire auquel on s'intéresse. Il faudra plus tard découvrir les facilités et les difficultés que le développement peut rencontrer dans les aspects originaux du territoire considéré [...] (Gourou, 1982, « Les géographes et le développement », *in Cahiers de Géographie de Rouen,* n° 17, pp. 5-7).

Les développements qui précèdent montrent que la connaissance géographique d'un espace donné est le fait de plusieurs éléments. Appliqués au territoire congolais, ces éléments permettent de comprendre les relations entre le milieu naturel et les sociétés humaines ainsi que la façon dont ces sociétés ont organisé leur espace (Nicolaï, Gourou, Mashini, 1996). Le monde de la géographie est sans cesse complexe que multivarié. Les études de géographie touchent aux divers champs qui se présentent à l'analyse et demeurent centrées sur les relations entre l'espace et les hommes, bref sur leur territorialité. La *géographie congolaise* ne devrait pas se soustraire à cette originalité.

À présent, analysons sommairement l'aspect de l'internationalisation de la recherche géographique. Il est utile d'aborder quelques questions essentielles touchant au monde contemporain de la géographie : Quelle est l'orientation des principales études géographiques menées à travers le monde ? Qui sont les acteurs « vedettes », notamment dans le monde géographique francophone ? Dans quelle(s) direction(s) note-t-on le plus d'émergence des études géographiques au service de la société ? Autant des questions permettant de faire le point sur les évolutions de la discipline, et de rechercher les connexions possibles à explorer par les géographes congolais.

B. Le virage vers la diversification des champs de la géographie

Les géographes constituent de nos jours une corporation au sens spécifique du terme. Ceci est particulièrement vrai dans le monde universitaire. D'aucuns ont toujours considéré les géographes comme « les aventuriers de l'espace », « les dévoreurs du monde » ou « les descripteurs infatigables de la nature ». Certains géographes ont été distingués par leurs paires, dans le cadre d'un prix illustre : *le prix Vautrin Lud,* considéré comme le « Nobel » de géographie.

Les géographes au service de la société contemporaine : les « Nobels » de la géographie

Les informations contenues dans les paragraphes qui suivent devraient intéresser les géographes congolais, d'autant que nombreux parmi eux ne disposent pas de sources documentaires utiles pour comprendre la dynamique de la discipline. Les thèmes développés dans les différentes rencontres géographiques internationales, dans le cadre du Festival International de Géographie, sont indiqués ci-dessous[11].

Le prix Vautrin, connu comme une distinction honorifique, couronne depuis le début des années 1990, la carrière de géographes impliqués dans leur temps, et qui auront de ce fait contribué au renouvellement de la discipline. Ce prix est décerné chaque automne à l'occasion du Festival

---

11 Les différents thèmes développés lors du *Festival international de Géographie* (FIG) sont les suivants : *1990* : Les découpages du monde ; *1991* : Mégalopoles et villes géantes : pour une écologie urbaine ; *1992* : Les nouveaux mondes ; *1993* : Monde rural, espaces, enjeux ; *1994* : Régions et mondialisation ; *1995* : Risques naturels, risques de société ; *1996* : Terres d'exclusions, terres d'espérances ; *1997* : La planète « nomade », les mobilités géographiques d'aujourd'hui ; *1998* : L'Europe, un continent à géométrie variable ; *1999* : Vous avez dit nature ? Géographie de la nature, nature de la géographie ; *2000* : La géographie et la santé ; *2001* : Géographie de l'innovation, de l'économique au technologique, du social au culturel ; *2002* : Géographie et religions, ces croyances, représentations et valeurs qui modèlent le monde ; *2003* : Eau et géographie, source de vie, source de conflits, trait d'union entre les hommes ; *2004* : Nourrir le monde, nourrir les hommes. Les géographes se mettent à table ; *2005* : Le monde en réseaux : lieux visibles, liens invisibles ; *2006* : Les géographes redécouvrent les Amériques ; *2007* : La planète en mal d'énergies ; *2008* : Entre guerres et conflits : la planète sous tension ; *2009* : Mers et océans : les géographes prennent le large ; *2010* : La forêt, or vert des Hommes ? Gestion – Protection – Exploitation durable ; *2011* : L'Afrique plurielle : paradoxes et ambitions ; *2012* : Les facettes du paysage : nature, culture, économie ; *2013* : La Chine, une puissance mondiale ? *2014* : Habiter la Terre ; *2015* : Les territoires de l'imaginaire. Utopie, représentation et prospective ; *2016* : Un monde qui va plus vite ? ; *2017* : Territoires humains, mondes animaux.

International de Géographie de Saint-Dié-des-Vosges (France). Voir le site https://www.fig.saint-die-des-voges.fr complété le 12/08/2017. On retrouve dans leurs travaux des problématiques diversifiées de la recherche géographique. Les géographes repris dans le tableau suivant ont chacun contribué à la vivacité de la recherche géographique.

Tableau 1
Les géographes contemporains célèbres. Les lauréats francophones du prix Vautrin Lud (1996-2011)

Année	Lauréat	Observations
1996	Roger Brunet et Paul Claval (France)	**Brunet** fut directeur de recherche au CNRS et directeur du laboratoire *Intergéo* (1976-1981). Il fut aussi chef du département des Sciences de l'homme et de la société au ministère de la Recherche. **Claval** est un des premiers géographes à mener une épistémologie *de la science géographique*. Par ses travaux, il a contribué au renouvellement de la discipline. Il est notamment l'un des principaux spécialistes et théoriciens de la géographie culturelle. Il a fondé la revue *Géographie et cultures* (1992).
1997	Jean-Bernard Racine (Suisse)	**Racine** est l'auteur d'un grand nombre de publications dans le domaine de la géographie quantitative, de l'épistémologie de la géographie et de la géographie sociale. Il est reconnu comme l'un des pionniers de la « Nouvelle géographie » dans le monde francophone. Il a également contribué au développement de l'épistémologie des sciences sociales. Son intérêt s'est également orienté vers les questions liées à la géographie sociale et culturelle.
2000	Yves Lacoste (France)	**Lacoste** a fondé le centre de recherche et d'analyse de géopolitique qui est devenu l'Institut français de géopolitique. Il dirige par ailleurs le séminaire *méthode d'analyse et représentations géopolitiques*. Ses expériences de terrain l'amènent à fonder, en 1976, la revue *Hérodote* dans un premier temps sous-titrée « *Stratégies, géographies, idéologies* » puis « *Revue de géographie et de géopolitique* ».

Année	Lauréat	Observations
		Il affirme que le savoir géographique peut servir à un État pour faire la guerre. Il distingue trois géographies : 1) la géographie « scolaire et universitaire » (celle des professeurs), 2) la « géographie spectacle » et 3) la géographie comme « instrument de pouvoir » (celle des états-majors). Il est l'un des rares auteurs francophones à s'intéresser aux approches politiques en géographie.
2004	Philippe Pinchemel (France)	**Pinchemel** s'attache à définir la géographie en analysant ses fondements, ses objets, ses méthodes et ses outils notamment pour l'étude des systèmes spatiaux. Face à l'évolution de la géographie contemporaine vers les sciences sociales, il a le souci de recentrer la géographie sur ce qu'il dénomme l'interface terrestre. Sur cette interface s'inscrivent deux processus : l'humanisation (ou transformation du milieu naturel) et la spatialisation (ou organisation spatiale par des pôles, des réseaux, des découpages administratifs ou politiques). Il développe une conception générale et ambitieuse pour la géographie : « accéder à l'intelligence de l'interface terrestre ». Pour lui, la discipline est à la fois savoir, action et pensée.
2010	Denise Pumain (France)	**Pumain** est spécialiste de l'urbanisation et de la modélisation en sciences sociales. Elle codirige la revue *L'Espace géographique*.
2011	Antoine Bailly (Suisse)	Acteur majeur du renouvellement de la géographie, **Bailly** revient sur les fondements de son approche. Tenant d'une science appliquée, il décrit les implications politiques de ses travaux tant sur la participation des populations que sur les politiques territoriales. Il oriente par la suite sa recherche sur la question du « bien-être » en développant une approche attentive aux représentations des populations. Il est aussi un géographe soucieux du rôle social et politique de la science.

Année	Lauréat	Observations
		Il défend une science ancrée dans le monde social, une science appliquée qui soit directement utile à l'aménagement du territoire et aux politiques régionales. Il est également le fervent promoteur d'une géographie « par le bas », qui prenne en compte les aspirations des populations locales dans les choix politiques d'aménagement.

N.B. Les autres lauréats non francophones sont, dans l'ordre : Peter Haggett, Royaume-Uni (1991) ; Torsten Hägerstrand et Gilbert Fowler White, Suède et États-Unis (1992) ; Peter Gould, États-Unis (1993) ; Milton Santos, Brésil (1994) ; David Harvey, Royaume-Uni (1995) ; Doreen Massey, Royaume-Uni (1998) ; Ron Johnston, Royaume-Uni (1999) ; Peter Hall, Royaume-Uni (2001) ; Bruno Messerli, Suisse (2002) ; Allen Scott, États-Unis (2003) ; Brian J.L. Berry, États-Unis (2005) ; Heinz Wanner, Suisse (2006) ; Michael Frank Goodchild, Royaume-Uni (2007) ; Horacio Capel Saëz, Espagne (2008) ; Terry McGee, Canada (2009) ; Yi-Fu Tuan, Chine/États-Unis (2012) ; Michael Batty, Royaume-Uni (2013) ; Anne Buttimer, Irlande (2014) ; Edward Soja, États-Unis (2015) ; Maria Dolors Garcia Ramon, Espagne (2016) ; Akin Mabogunje, Nigeria (2017) « Portail de la géographie », www.fr.wikipedia.org/wiki/Prix_Vau-trin_Lud consulté le 18/02/2016, complété le 25/08/2017).

Les informations contenues dans ce tableau donnent une perspective de la discipline du point de vue, notamment, de la recherche dans le monde géographique francophone. Les informations qui suivent sont fournies par le « Portail de la géographie ». Signalons que le dernier lauréat sur la liste (Akin Mabogunje, né le 18 octobre 1931), est le premier géographe africain à être distingué au niveau international. Ses recherches portent sur l'urbanisation dans les pays en développement. Il est l'un des spécialistes d'aménagement urbain de l'Université d'Ibadan (Nigeria) et de l'University College de Londres. Il fut également le premier géographe africain président de l'Union internationale de géographie (UIG). Au bas du tableau sont repris d'autres lauréats du prix Vautrin, ce qui indique leur forte prédominance par rapport aux géographes du monde francophone. Plusieurs pays tiennent la palme de lauréats (États-Unis, Royaume-Uni, etc.).

C. Vers une *géographie sociale et citoyenne*, pistes applicables à la géographie congolaise

Le bilan qui vient d'être établi par rapport à l'évolution de la géographie montre que le monde de la géographie connaît des problématiques d'étude sans cesse diversifiées, au point que des orientations nouvelles ont fait jour. La science géographique se diversifie, et des nouveaux champs d'action apparaissent pour les géographes. Sans vouloir nous y attarder, on peut indiquer à grands traits qu'il existe, de nos jours, deux grandes tendances dans la structuration interne de la discipline : d'une part, la géographie humaine et, d'autre part, la géographie physique, avec dans leur intersection les sous-divisions suivantes : (1) Écologie humaine, (2) Évaluation des ressources naturelles, (3) Études d'impact, (4) Aménagement du territoire, (5) Géographie régionale. Dans l'étude des aspects humains de l'espace, on retrouve : (6) Géographie économique, (7) Géographie historique, (8) Géographie politique, (9) Géographie sociale, (10) Géographie culturelle, (11) Géographie de la population. Dans l'étude des aspects physiques de l'espace, il faut ranger : (12) Géomorphologie, (13) Climatologie, (14) Biogéographie, (15) Hydrologie, etc.[12].

Au-delà de cette catégorisation, l'ouvrage sous la direction de Laurin et al. (2011), dégage les rôles sociaux des géographes (Encadré 2). La sensibilité d'une *géographie citoyenne* se manifeste un peu partout, dès lors que les populations se trouvent confrontées à une panoplie de problèmes d'ordre social, économique, culturel et autres. Dans certains secteurs liés à l'urbanisme, par exemple, les liens « citoyenneté et géographie » sont envisageables (Masson-Vincent, 1998). Il est important de signaler que cette sensibilité devrait plutôt être encouragée, particulièrement dans les pays qui sont en mal de gouvernance. Et l'on sait que nombre de pays en développement se retrouvent dans cette situation inconfortable. L'espace congolais n'échappe pas à cette fracture. On ne manquera pas de faire le lien entre le déficit de la gouvernance et la nécessité d'un engagement des habitants en faveur de leur développement économique et social. Il est question d'évoluer vers une gouvernance globale (Mashini, 2014). Oui, la géographie mène à tout, y compris à bousculer les acteurs dans leur gestion des territoires. C'est là le côté politique et stratégique de la discipline. Ceci indique que la géographie est une science dynamique, et

---
12 D'après plusieurs auteurs décrivant l'objet de la géographie.

que les aspects liés à l'évolution de la société constituent les fondements de ce que d'aucuns ont appelé la *géographie sociale* (Fremont, Chevalier et al., 1984).

Encadré 2
Géographie et société. Vers une géographie citoyenne

> **Réflexions sur les rôles sociaux de la géographie**
>
> Les observations faites à ce sujet par divers géographes ont soulevé un paradoxe important. Dans un contexte de mondialisation, où les questions spatiales et territoriales prennent de l'ampleur et où les technologies de diffusion de l'information et de télécommunication sont plus présentes que jamais, on assiste au déclin des connaissances géographiques dans l'ensemble de la société. Par ailleurs, on note une baisse significative de la présence des géographes lors de débats territoriaux qui devraient les interpeller directement. Cet ouvrage se veut un terrain d'échange pour exposer plusieurs enjeux reliés à la géographie et pour trouver des pistes de solutions aux difficultés soulevées par les auteurs. Ces derniers tentent particulièrement de résoudre la question suivante : « Comment faire pour que la connaissance produite par les géographes participe à la compréhension des grandes questions de l'heure ? ». […] (Laurin et al., 2011, *Géographie et société. Vers une géographie citoyenne*, Presses Universitaires du Québec).

Un des spécialistes en matière de géographie sociale, explicitant l'orientation de celle-ci, a pu écrire ce qui suit :

> La géographie sociale met l'accent sur les interactions de rapports sociaux et spatiaux. Elle accorde une place privilégiée aux acteurs, à leurs représentations, plus largement à l'action sociale et aux systèmes territorialisés qu'elle constitue. Sur la base d'une nouvelle définition des objets de la recherche (lieux, territoires, paysages, mais aussi effets socio-spatiaux de fragmentation, de ségrégation, d'inégalité et de distinction), elle a contribué au renouveau global de la géographie contemporaine, à son incontestable socialisation. Elle offre aussi un ensemble de problématiques et de méthodes utiles pour l'aménagement du territoire et le développement territorial (Di Méo, 2008).

Pour sa part, un géographe congolais, dans un ouvrage intitulé « *Introduction aux méthodes de recherche en Géographie humaine* », note bien à propos : « (…) Faire de la recherche en géographie humaine, c'est participer de manière élégante et déterminée au travail même du développement humain, social et économique » (Nshimba, 2014, p. 8).

Les sociétés traditionnelles, tout comme les sociétés contemporaines traversent une forme de crise identitaire. Avec les différents aspects de cette crise, il apparaît que l'approche sociale de la géographie est l'une de celles qui sont susceptibles d'ouvrir des horizons aux géographes, pour que ceux-ci restent attentifs aux évolutions du monde qui les entourent. En ce qui concerne la *géographie congolaise*, dans cette perspective, nous avons ouvert le cours de « Géographie et Société »[13], que nous dispensons voici plusieurs années, à l'étude des sociétés africaines et à leur ouverture vers la société internationale. À la fin du cours, nous nous sommes toujours faits fort d'organiser un débat sur le rôle de la géographie et des géographes au sein de la société. C'est en partie le terreau qui a préparé les fondements du présent ouvrage.

Les mutations dans la formation universitaire de géographie dans le monde francophone

On retiendra que l'évolution des études géographiques conduit de plus en plus à la multidisciplinarité. Les chercheurs universitaires touchent désormais aux champs de l'aménagement du territoire, de l'écologie et de l'environnement, de la sociologie urbaine, du tourisme, etc. Dans nombre de facultés universitaires, la formation est sans cesse élargie à ces champs. Pour marquer cette ouverture de la géographie, voici ce qu'on peut lire ici et là dans quelques catalogues présentant la formation universitaire de cette discipline. Une rapide sélection – circonscrite ici à quelques institutions de géographie du monde francophone – permet de noter des constances dans la formation géographique. On rapprochera utilement cette dynamique à celle observée en RD Congo. L'ordre de présentation des différents curricula sélectionnés ici n'induit pas, de notre part, une préférence particulière dans la formation préconisée. L'orientation adoptée dans les programmes des études de géographie tels que présentés ici montre la diversité des formations proposées. On a retenu dans cette sélection les pays ou régions du monde qui ont eu, jusqu'ici, à former des géographes congolais et avec lesquels des connexions scientifiques restent toujours possibles.

---

13 Pour mémoire, le cours « Géographie et Société » développe les articulations suivantes (Mashini, 2014) : Chapitre 1. Approche thématique liée à l'étude des sociétés par les géographes ; Chapitre 2. Un phénomène social : la pauvreté en RD Congo. Vue spatiale et liens avec le développement national ; Chapitre 3. Les sociétés africaines et les enjeux actuels. Les perspectives géopolitiques et internationales de l'Afrique. Conclusions : bilan et perspectives. Les géographes, la géographie et la société. Vers quel(s) rôle(s) ?

INTRODUCTION

Le monde occidental et la diversité des pistes de formation en géographie

On examinera sommairement la situation de la formation scientifique dans des pays occidentaux du monde francophone qui ont notamment un rapport de collaboration universitaire avec la RD CONGO : la Belgique, la France et accessoirement le Canada.

1. En Belgique, pays où on a formé un peu plus du tiers des géographes congolais au niveau du doctorat. La géographie sort des sentiers battus et les différentes institutions universitaires rivalisent d'ardeur pour présenter un programme de formation à la fois attrayant et innovant par rapport aux enjeux actuels de la mondialisation du savoir. Le Comité National belge de Géographie présente par ailleurs fort utilement « La géographie, (comme) une clé pour *(le) futur* »[14]. Cette affiche, qui fait la promotion des études en géographie, se retrouve référencée sur la plupart de sites universitaires organisant cette formation. Ceci est une forme originale d'assurer la promotion des études de géographie. Un opuscule avait, en son temps, présenté un bilan : « Les géographes au service de la société » (Comité National de Géographie, 1968, 82 p.). On note une situation de crise de la géographie comme discipline universitaire en Belgique. La problématique de son positionnement académique est posée par les chercheurs en ces termes :

> Le faible nombre de géographes produits par les universités belges est sans doute pour partie le résultat du positionnement, assez exceptionnel, de la géographie belge au sein des Facultés des Sciences. Celui-ci implique des exigences en sciences physiques, mathématiques et naturelles qui peuvent détourner du choix d'une formation en géographie des étudiants plus intéressés par les préoccupations sociales et politiques, voire historiques. [...] La cohabitation n'est donc pas facile et reflète aussi la difficulté à recréer l'unité de la géographie, chose par ailleurs fort débattue dans d'autres pays [...] (Vandermotten et Kesteloot, 2012).

Voici le profil des études universitaires de géographie telles qu'organisées au travers de quelques institutions belges francophones choisies. Au Laboratoire de géographie humaine (*LaboGéo*), une des unités d'ensei-

---

14 www.geographybelgium.be, consulté le 18/02/2017. L'affiche montre tous les défis et enjeux des sociétés contemporaines dans lesquels les géographes peuvent apporter des réponses spécifiques qui intègrent une perspective complète, autant sur le plan sociétal qu'environnemental. On découvre de manière imagée les axes actualisés des études en géographie.

gnement et de recherche de l'Université Libre de Bruxelles (ULB), il se ressent une forte affinité avec les autres unités de recherche telles Géographie appliquée et géomarketing et Analyse géospatiale. Tout en privilégiant la dimension humaine de la discipline, les fondamentaux de la formation se déclinent comme ci-après au sein de cette structure universitaire :

> La géographie analyse les territoires dans leurs dimensions physiques et sociales. Elle vise à décrire et comprendre leur organisation spatiale et à identifier les processus variés qui les façonnent et les transforment. En ce sens, elle constitue une charnière entre les sciences naturelles et les sciences sociales. Dans cette optique, les études en géographie fournissent les bases nécessaires à l'étude de l'environnement physique comme des sociétés, et permettent l'application des méthodes scientifiques à l'analyse des territoires. […] (Le Bac en Sciences Géographiques… Objectifs, http://labogeo.ulb.ac.be, consulté le 03/01/2016).

À l'Université de Liège, qui a longtemps réalisé une coopération universitaire agissante outre-mer, le département de géographie polarise désormais la formation autour de cinq axes majeurs : (i) le développement territorial, (ii) la géomatique et géométrologie, (iii) la climatologie, (iv) la géomorphologie et, (v) la didactique de la géographie. Au moment de décliner le cursus de chacune de ces filières, le portail d'information pose la question suivante : « *Vous avez dit Géographie ?* » (https://www.facebook.com/GeographieUlg). Et la réponse est présentée sous forme incitative :

> Vous avez la curiosité, la motivation, l'envie de comprendre l'organisation et l'évolution de l'espace mondial, vous avez le souhait d'acquérir des compétences transversales, vous avez le sens de l'analyse et de l'argumentation, vous vous intéressez aux outils statistiques, informatiques et cartographiques, … la géographie est pour vous ! Rejoignez notre page Facebook (…) [www.geographie.ulg.ac.be, consulté le 18/02/2017].

À l'Université catholique de Louvain (UCL), l'école de géographie se signale par cette entrée : « La science géographique vise à mieux comprendre le fonctionnement du système Terre, les interactions entre les activités humaines et leur environnement naturel, et les dynamiques spatiales des activités humaines » (www.uclouvain.be, consulté le 18/02/2017). En quelques mots se décline ainsi une ambition modernisée des études en géographie. À l'Université de Namur, le programme de rhétorique en géographie insiste sur quelques interrogations fondamentales, les mêmes qu'on retrouve dans toute démarche scientifique. On peut lire dans le prospect écrit pour les futurs étudiants en géographie appelés ce qui suit :

> Par le regard spécifique qu'il porte sur le monde, le géographe observe et analyse les relations entre l'homme et son milieu. C'est l'homme qui est au centre de ses préoccupations. En homme d'action, il ne se satisfait pas de la question « où ? » ni « sur quelle étendue ? » mais recherche le « pourquoi pas ? » et le « comment améliorer la gestion de l'organisation de l'espace ? » (Université de Namur, Programme de Rhétorique en Géographie, voir le site :www.unamur.be/etudes/rheto/catalogue/geog, consulté le 17/12/2015).

Au travers de ces différentes institutions sélectionnées, il se signale une présence significative de la géographie dans les universités belges francophones. Par rapport à la discipline, des revues spécialisées font l'état de la recherche géographique, avec de plus en plus une ouverture vers d'autres champs d'étude liés à la géographie. On peut citer parmi les principales revues : (i) Bulletin de la Société Belge d'Études Géographiques (SOBEG) ; (ii) Revue Belge de Géographie (Bulletin de la Société Royale Belge de Géographie – SRBG) puis Revue Belge de Géographie (*Belgeo*, depuis 2000) ; (iii) Bulletin de la Société Géographie de Liège (BSGL) ; (iv) Journal International de Géographie et d'Écologie Tropicales (*Geo-Eco-Trop*), etc.

2. En France, autre pays ayant formé également nombre des géographes congolais, la géographie est liée aux études en sciences sociales. Les unités de formation et de recherche (UFR) attachées aux différentes universités et centres de recherche intègrent cette discipline. Voyons l'orientation prise par la géographie à travers quelques institutions françaises. À l'Université de Paris-Sorbonne, la connexion « espace-nature-culture » est privilégiée. Dans la présentation de l'UFR de Géographie, on peut lire : « *Le but de la géographie est de comprendre le monde, de comprendre l'espace dans lequel nous vivons, dans toute sa complexité, dans toute sa diversité, c'est-à-dire à travers des approches multiples, à savoir physique, historique, politique, économique, sociale, culturelle, etc., mais aussi suivant une démarche transversale qui permet de comprendre les interactions de ces différentes approches. Cependant, le but de la géographie n'est*

pas simplement de comprendre, c'est aussi, grâce à cette compréhension, d'agir sur l'espace et sur notre société [...] » (Voir www.paris-sorbonne.fr, Présentation UFR Géographie et Aménagement, consulté le 18/02/2017). À ce jour, les études doctorales en géographie sur la RD CONGO présentées dans les universités de Paris sont en nombre relativement limité. On peut citer dans l'ordre chronologique de présentation : Denis (1958, Paris 1) ; de Maximy (1983, Paris 1) ; Usasa (1988, Paris 7) ; Piermay (1989, Paris 10) ; Kabu (1998, Paris 1).

À l'Université de Bordeaux-Montaigne – qui a vu passer différentes générations des géographes congolais et africains, c'est à travers l'Institut de Géographie Tropicale de Bordeaux, que les premiers géographes congolais furent formés. On peut citer, d'après l'ordre de présentation de leurs travaux : Nshimba (1973), Mbafumoja (1977), Bikoko (1979), Matezo et Mubalutila (1980), Ekombe et Mukendi (1981), Mukalayi (1984), Idring'i (1987), Baya (1988), Dheudjo et Ramazani (1990), Kabatusuila (1994), Mpuru (1998) et Katalayi (2014). La plupart de tous ces géographes ont regagné la RD CONGO depuis plusieurs années, où on les retrouve dans des institutions de formation en géographie. Dans le site consacré au département de géographie de l'Université de Bordeaux-Montaigne, on y lit la présentation suivante :

> Le département de géographie, science de l'espace et du territoire propose des formations universitaires préparant aux métiers de l'enseignement, de la recherche et aux professions du territoire. La licence permet d'acquérir les connaissances de base de la discipline et propose une pré-orientation vers des champs appliqués de la géographie. Les masters offrent des formations spécifiques destinées à des pratiques professionnelles dans les champs du développement durable (lien étroit entre environnement, développement et aménagement), de l'enseignement (préparation aux concours de l'enseignement) mais aussi de la recherche (préparation au doctorat) (…) [www.u-bordeaux-montaigne.fr, consulté le 18/02/2017].

À part la démarche classique des études liées à la discipline, une interrogation se fait de plus en plus pressante au sein de l'école française : « Géographie et développement durable à l'école : expertise ou citoyenneté scientifique ? » (Doussot, 2013) (URL : http://www.cairn.info/revue-l-information-geographique-2013-3-page-90.htm ; DOI : 10.3917/lig.773.0090). Le débat sur l'avenir de la géographie devient ici interpelant :

> On peut penser que la géographie scolaire est mise en danger par le poids grandissant en son sein de l'éducation au développement durable. Comme simple ressource, elle se retrouverait au « service » d'une éducation citoyenne dominante, à l'image des médias convoquant des experts pour éclairer une question politique. C'est ignorer une dimension essentielle du savoir géographique comme savoir scientifique : il est critique par rapport au monde qu'il prend pour objet et par là renvoie à l'institution de pratiques spécifiques qui le rendent autonome [...] (Doussot, *op. cit.*, 2013).

On verra un peu plus loin que la formation universitaire française de géographie a influencé les programmes dans nombre de pays d'Afrique francophone (Sénégal, Côte d'Ivoire, Congo-Brazzaville, etc.). Dans ces derniers pays, tant l'organisation des structures universitaires que les programmes ont une forte attache aux programmes français.

3. Au Canada, pays qui n'a formé jusqu'ici que très peu de géographes congolais (le seul cas connu est celui de Lelo Nzuzi, Université Laval, 1987), les universités organisent des programmes d'étude en deux cycles. Au premier cycle, elles attribuent le diplôme de baccalauréat *ès arts* en géographie et au second cycle, elles organisent des programmes d'études supérieures, avec l'attribution des diplômes de maîtrise et de doctorat (PhD). Dans l'une de ces universités, on note que « *le diplôme de baccalauréat en géographie est attribué aux étudiants qui démontrent de manière rigoureuse une compétence dans les trois paradigmes géographiques (physique, humain et des cours de technique) et leur capacité à effectuer une étude géographique avancée (...)* » (Université Laurentienne|Géographie : www.laurentienne.ca/programme/geographie, Programmes au premier cycle, site consulté le 18/02/2017)[15].

À l'Université du Québec à Montréal (UQAM), la formation en géographie se situe soit dans le domaine d'analyse et de planification territoriale soit dans celui du développement international. On privilégie ainsi une nouvelle piste d'action pour les géographes. Les orientations ci-après sont déclinées :

> [...] (Au cœur des enjeux contemporains, la formation en géographie) s'intéresse à la façon dont le territoire est modelé tant par des causes

---

[15] Cette université est connue avec l'édition de la Revue Canadienne de Géographie Tropicale (RCGT, en ligne), Sudbury, Ontario. Il s'agit d'une revue bilingue avec deux numéros par année, et un numéro thématique au besoin. Voir publication de notre article sur « La recherche géographique à travers les thèses de doctorat en RD Congo » (Mashini, 2017, *op. cit.*, Volume 4, n° 1, pp. 69-88).

anthropiques que naturelles et ce, à l'échelle locale, régionale, nationale et internationale. Ce programme vise l'acquisition de diverses compétences dont la créativité, la conscience citoyenne, la connaissance de son environnement immédiat, global et territorial, la maîtrise d'outils de traitement des données et d'intervention, la capacité de formuler une problématique et d'envisager des solutions ainsi que la capacité à planifier et à réaliser un projet de recherche sur un sujet donné en faisant appel à ses connaissances, à ses habiletés et à ses compétences en géographie. [...] (Université du Québec à Montréal (UQAM), Faculté des sciences humaines, Département de géographie. Volet Programmes, www.geo.uqam.ca, consulté le 03/01/2016).

Une autre institution canadienne, l'Université du Québec à Trois-Rivières, abrite au département des Sciences de l'Environnement un centre de recherche en limnologie et environnement aquatique, où évolue un géographe congolais, ancien des Universités de Lubumbashi et de Liège (Assani, 1997).

En Afrique noire francophone et en RD Congo : les nécessaires connexions…

La situation de la formation universitaire en géographie, décrite pour les pays du monde occidental (Belgique, France, Canada…), est différente de ce que l'on va découvrir ailleurs, dans quelques pays africains. Ici, c'est le mimétisme des programmes occidentaux qui a le plus joué dans la constitution des unités d'enseignement et de recherche. Dans les pays d'expression française de l'Afrique de l'Ouest, par exemple (Sénégal, Côte d'Ivoire…), les libellés des programmes et la détermination des curricula sont faits à l'image des universités de la France, « la mère patrie ». Il existe à Abidjan un Institut de Géographie Tropicale (IGT), monté à l'image de celui du même type à Bordeaux (le Centre d'études de géographie tropicale – CEGET). Sans avoir à donner un jugement de valeur, on a déjà formulé cette remarque dans les paragraphes qui précèdent.

4. En Afrique noire, les programmes de géographie sont donc souvent calqués sur ceux des pays métropoles avec lesquels les échanges techniques et scientifiques restent encore prédominants. Ainsi, par exemple, à l'Université Gaston Berger de Saint-Louis (Sénégal), la cartographie des formations universitaires est héritée de la France, même s'il est déclaré que « les programmes d'enseignement et de recherche de géographie

sont enracinés dans les milieux d'implantation de l'Université (…) ». Au sein de cette Université, l'UFR de géographie, implantée dans la Faculté des Lettres et Sciences humaines, comporte des modules suivants au niveau de la licence : (i) Espaces et sociétés rurales, (ii) Espaces et sociétés urbaines, (iii) Écosystèmes et environnement. Et en maîtrise : (iv) Aménagement rural, (v) Environnement et (vi) Urbanisme(www.ugb.sn/lsh/jndex.php, consulté le 18/02.2017). À l'Université Houphuet-Boigny en Côte d'Ivoire, la géographie occupe une place de choix, avec la présence de l'Institut de Géographie Tropicale d'Abidjan. Il s'agit d'une unité d'enseignement et de recherche, rattachée à l'UFR « Sciences de l'Homme et de la Société ».

5. En RD CONGO, qui a assuré la formation doctorale de près du tiers de ses géographes, on verra que les universités organisant les enseignements en la matière, ont connu des cheminements différents. Quid de la portée de ces programmes par rapport aux besoins spécifiques de formation géographique et de la connaissance du territoire national ou de l'identité territoriale du pays ? Il n'est pas aisé de répondre à cette interrogation, tant les programmes universitaires restent opaques voire muets par rapport à ces questions. À l'Université pédagogique nationale (UPN), la géographie – couplée aux sciences de l'environnement, après avoir été détachée du tourisme – développe également une composante pédagogique de la discipline. Le document des programmes ne décline pas les objectifs spécifiques de la filière. Toutefois, la Faculté des Sciences, qui comprend en son sein le département de géographie et sciences de l'environnement, présente les objectifs éducationnels comme ci-après :

> Former du personnel hautement qualifié, du personnel de conception dans les domaines des cinq sciences fondamentales de la faculté (Biologie, Chimie, Géographie, Mathématiques, Physique et Techniques appliquées) ; former des chercheurs de haut niveau dans les domaines précités ; former des formateurs des formateurs dans ces domaines des sciences ; former du personnel d'encadrement, créateur des unités de production dans les secteurs industriels [Université pédagogique nationale (UPN), Réorganisation des Programmes d'étude et de recherche. Voir Faculté des Sciences, partie Département de Géographie-Sciences de l'Environnement, Kinshasa, 2010].

Signalons qu'une relecture globale des programmes de l'Université pédagogique nationale (UPN) a été opérée depuis peu, dans le sens de les coller plus aux programmes récents adoptés dans les différentes universités.

On rendra compte ultérieurement des évolutions qui seront enregistrées en ce qui concerne la géographie et les sciences de l'environnement. À l'Université de Kinshasa (UNIKIN) et à celle de Lubumbashi (UNILU), la base de la formation géographique a été l'appariement aux sciences de la terre, qui restent une des composantes principales de la formation. Mais des orientations nouvelles se font jour, avec la diversification des champs d'étude vers les « Géosciences », dénomination prise désormais ici par l'ancien département des Sciences de la terre. On est loin toutefois des recherches sur la spatialisation et la modélisation en *Dynamique des Systèmes*, développées par des géographes sous d'autres cieux (Voiron et Chery, 2005). On reviendra plus loin sur l'évolution de la *géographie congolaise*. Les orientations dégagées par les différents programmes universitaires de formation sont riches d'intérêt. On a indiqué ici une variété de formations proposées dans différentes universités du monde francophone et en Afrique noire. On a donné quelques indications utiles sur la formation universitaire en géographie en RD Congo. Au-delà, on trouvera dans la suite de la présente étude un panorama relativement complet de la *géographie congolaise*.

La dynamique de cette discipline sera retracée, en liens avec les évolutions connues dans le cadre de la *territorialité*, c'est-à-dire des relations entre les études géographiques et la connaissance des territoires auscultés par les géographes. On replacera ces analyses dans le contexte de l'espace congolais.

En guise de conclusion

Le monde de la géographie est marqué par diverses dynamiques. On en a présenté ici un survol quelque peu rapide, attirant plutôt la géographie dans les méandres des sciences sociales, avec comme point d'encrage l'espace des sociétés et les rapports entre les faits spatiaux et les faits sociaux. On n'a pas toutefois manqué de souligner la forte diversité des sous-branches de la géographie, leur variation concernant aussi bien la géographie humaine que la géographie physique. Les sciences de la terre auront toujours leur place dans le monde de la géographie. On a également abordé le(s) virage(s) que prennent peu à peu les études géographiques, dans leur diversification et dans la quête des savoirs appliqués aux collectivités humaines. Les sciences géographiques s'ouvrent incontestablement vers de nouveaux horizons, y compris en RD Congo, quoique de manière timide.

La formation des géographes devra conséquemment suivre les mutations que connaissent les sociétés humaines. La géographie doit pour ainsi dire se refonder, se reformer et s'adapter aux exigences d'un monde sans cesse changeant.

> Malgré la diversité des écoles de formation en RD CONGO, les territoires et les espaces géographiques ne sont que très insuffisamment étudiés, en sorte qu'il paraît difficile de soutenir le renouveau géographique dans notre pays.

Textes de références
Introduction – Le monde de la géographie

BOULANGER, Ph. (2015), *Géographie militaire et géostratégie. Enjeux et crises du monde contemporain,* Collection U, Armand Colin, 2ème édition.

BREUER, Ch. (2009), « La géographie, ça sert, d'abord, à faire le Monde », *Bulletin de la Société Géographique de Liège,* n° 52, pp. 49-52.

BRUNET, R. ; FERRAS, R. et THERY, H. (dir., 2006), *Les mots de la géographie. Dictionnaire critique,* La Documentation Française, Collection « Dynamique du Territoire », Paris, 520 p.

CIATTONI, A., VEYRET, Y. (2013), *Les fondamentaux de la géographie,* Armand Colin, Collection « Cursus », Paris.

CLAVAL, P. (1973), *Principes de géographie sociale,* Genin et Litec ; (1978), *Espace et pouvoir,* PUF, Paris ; (1984), *Géographie humaine et contemporaine,* PUF (Fondamental), Paris ; (1994), *Géopolitique et géostratégie,* Nathan, Paris ; (2007), *Épistémologie de la géographie,* Armand Colin, Paris ; (2012), *Géographie culturelle. Une nouvelle approche des sociétés et des milieux,* A. Colin, Collection U, 2ème édition, Paris.

COMITÉ NATIONAL DE GÉOGRAPHIE, Royaume de Belgique (1968), *Les géographes au service de la société,* Bruxelles, 82 p.

DI MEO, G. (1991), *L'homme, la société, l'espace,* Paris, Anthropos/Economica ; (2008), « Une géographie sociale entre représentations et action », *Montagnes méditerranéennes et développement territorial,* pp. 13-21.

DOUSSOT, S. (2013), « Géographie et développement durable à l'école : expertise ou citoyenneté scientifique ? », *L'Information Géographique,* 3, vol. 77, pp. 90-117.

FREMONT, A., CHEVALIER, J., HERIN, R., RENARD, J. (1984), *La géographie sociale,* Paris, Masson.

GEORGE, P. (1967), *Précis de géographie rurale,* PUF, Paris, 360 p. ; (1978), Compte-rendu de l'ouvrage de H. ISNARD, *revue Méditerranée,* n°3, pp. 75-76.

GOUROU, P. (1982), « Les géographes et le développement », *in Cahiers de Géographie de Rouen,* n° 17, pp. 5-7.

HANGOUET, J.F. (1999), « Analyse spatiale et phénomènes géographiques », Quatrièmes rencontres de Théo Quant, Besançon (France), 11-12 février, *Revue européenne de géographie,* pp. 9-25.

ISNARD, H. (1978), *L'espace géographique,* Paris, PUF, Coll. « Sup » Le géographe, n° 25, 219 p ; (1981), « La problématique empiriste de la géographie » in RACINE, J.B., ISNARD, H., REYMOND, H., *Problématiques de la géographie,* Paris, PUF.

LACOSTE, Y. (1976), *La géographie, ça sert d'abord à faire la guerre,* Maspero, Paris, rééd. (1988), La Découverte, Paris, 216 p. ; (1993), *Dictionnaire de la Géopolitique,* Flammarion, Paris.

LASSERRE, F., GONON, E., MOTTET, E. (2016), *Manuel de géopolitique. Enjeux de pouvoir sur des territoires*, A. Colin, Collection U, 2ème édition.

LAURIN, S. et al. (dir., 2001), *Géographie et société. Vers une géographie citoyenne*, Presses Universitaires du Québec, Sainte-Foy, 320 p.

LEVY, J. (dir.), LUSSAULT, M. (2013), *Dictionnaire de la géographie et de l'espace des sociétés*, Belin, Paris.

MASSON-VINCENT, M. (1998), « Citoyenneté et géographie, quels liens ? Exemple de la révision des documents d'urbanisme de la région grenobloise », in *Actes de Géopoint 1998 : Décision et Analyse spatiale.*

MONNET, J. (1998), « La symbolique des lieux : pour une géographie des relations entre espace, pouvoir et identité », *Cybergéo : European Journal of Geography [en ligne]*, doc. 56.

NSHIMBA LUBILANJI, L. (2014), *Introduction aux méthodes de recherche en Géographie Humaine*, Édition Gravitas, Kinshasa, 181 p.

PINCHEMEL, Ph. (2000), « La géographie illustrée par ses concepts », *Bulletin de la Société géographique de Liège*, 39/2, pp. 5-19.

Portail de la géographie ; www.fr.wikipedia.org/wiki/Prix_Vau-trin_Lud

RACINE, J.B., ISNARD, H. et REYMOND, H. (1981), *Problématiques de la géographie*. Paris, PUF.

RAFFESTIN, C. (1980), *Pour une géographie du pouvoir*, Préface de R. Brunet, Paris, Librairie techniques, 249 p. ; (1995), *Géopolitique et histoire*, Payot, Paris, 335 p.

ROSIÈRE, S. (2001), « Géographie politique, géopolitique et géostratégie : distinctions opératoires », *L'Information Géographique*, volume 65, n° 1, pp. 33-42.

SANGUIN, A.L. (1981), « La géographie humaniste ou l'approche phénoménologique des lieux, des paysages et des espaces », *Annales de géographie*, volume 90, n° 501, pp. 560-587.

SIERRA, Ph. (2017, sous la direction de), *La géographie : concepts, savoirs et enseignements*, Armand Colin, Collection U, 2ème édition, Paris, 366 p.

VANDERMOTTEN, Ch., KESTELOOT, Ch. (2012), « Éditorial : Belgeo et les quatre crises de la géographie », *Revue Belge de Géographie*, Belgeo, 1-2, pp. 105-122.

VOIRON, Ch., CHERY, J.P. (2005), « Espace géographique, spatialisation et modélisation en Dynamique des Systèmes », 6ème Congrès Européen de Science des Systèmes, 19-22 septembre.

RAFFESTIN, C. (1980), *Pour une géographie du pouvoir*, Préface de R. Brunet, Paris, Librairie techniques, 249 p. ; (1995), *Géopolitique et histoire*, Payot, Paris, 335 p.

ROSIÈRE, S. (2001), « Géographie politique, géopolitique et géostratégie : distinctions opératoires », *L'Information Géographique*, volume 65, n° 1, pp. 33-42.

SANGUIN, A.L. (1981), « La géographie humaniste ou l'approche phénoménologique des lieux, des paysages et des espaces », *Annales de géographie*, volume 90, n° 501, pp. 560-587.

SIERRA, Ph. (2017, sous la direction de), *La géographie : concepts, savoirs et enseignements*, Armand Colin, Collection U, 2ème édition, Paris, 366 p.

VANDERMOTTEN, Ch., KESTELOOT, Ch. (2012), « Éditorial : Belgeo et les quatre crises de la géographie », *Revue Belge de Géographie*, Belgeo, 1-2, pp. 105-122.

VOIRON, Ch., CHERY, J.P. (2005), « Espace géographique, spatialisation et modélisation en Dynamique des Systèmes », 6ème Congrès Européen de Science des Systèmes, 19-22 septembre.

Sur quelques programmes d'études universitaires de géographie dans le monde francophone

Comité National de Géographie (Belgique), www.geographybelgium.be
Université Catholique de Louvain (UCL, Belgique), www.uclouvain.be
Université de Bordeaux-Montaigne (France) – Département de géographie, « sciences de l'espace et du territoire », www.u-bordeaux-montaigne.fr
Université de Kinshasa (UNIKIN, RD Congo) – Département des « Géosciences »
Université de Liège (ULg, Belgique), « Vous avez dit Géographie ? » https://www.facebook.com/GeographieUlg
Université de Liège (ULg, Belgique), www.geographie.ulg.ac.be
Université de Lubumbashi (UNILU, RD Congo), Faculté des Sciences, Département des « Sciences de la Terre »
Université de Namur (Belgique), Programme de Rhétorique en Géographie, www.unamur.be/etudes/rheto/catalogue/geog
Université de Paris-Sorbonne (France), UFR de Géographie, www.paris-sorbonne.fr
Université du Québec à Montréal (UQAM, Canada), Faculté des sciences humaines, Département de géographie. Programmes, www.geo.uqam.ca
Université Félix Houphouët-Boigny d'Abidjan – Institut de Géographie Tropicale, www.ufhb-igt.net
Université Gaston Berger de Saint-Louis (wwwSénégal), UFR de géographie, www.ugb.sn/lsh/jndex.php
Université Laurentienne (Ontario, Canada) | Géographie : www.laurentienne.ca/programme/geographie, Programmes du premier cycle.
Université Libre de Bruxelles (ULB, Belgique), LaboGéo, http://labogeo.ulb.ac.be
Université Pédagogique Nationale (UPN, RD Congo), Réorganisation des Programmes d'étude et de recherche. Voir Faculté des Sciences, partie Département de Géographie-Sciences de l'Environnement, Kinshasa, 2010.

Chapitre 1

La géographie scolaire

Le B.A.-BA pour la connaissance de l'espace national congolais ?

> *[...] Entre la "**géographie**" comme état et pratique du monde (...), et la géographie comme pratique scientifique plus ou moins appliquée, s'ajoute une troisième catégorie : la "**géographie scolaire**" (celle dispensée à travers les écoles comme discipline scolaire)[1]. Celle-ci s'est profondément transformée au cours des trente dernières années. Ses objectifs n'ont pas fondamentalement changé : il s'agit de faire comprendre le 'monde' [...].*
>
> Philippe Sierra (2017, *op. cit.*).

A. La formalisation des connaissances géographiques et la faiblesse des encadrements
B. L'évolution des programmes scolaires dans la formation géographique
C. Les bases actuelles de la formation en géographie, vers la globalisation des connaissances ?

Le but du premier chapitre de cet ouvrage est de déceler le faisceau de connaissances mis en branle pour permettre une meilleure connaissance de l'espace national. Plus qu'une analyse des programmes scolaires et de leurs contenus, on auscultera l'orientation donnée à l'enseignement de la discipline géographique, et on découvrira l'évolution vers la globalisation des connaissances. Les éléments d'analyse seront organisés ici autour de trois pistes principales : la formalisation des connaissances géographiques sur l'espace congolais (A) ; l'évolution des programmes

---
1 C'est nous qui ajoutons ce complément d'information, nécessaire à la compréhension de la différence entre géographie savante, géographie scolaire et géographie universitaire.

scolaires dans la formation géographique (B) ; les bases actuelles de la formation scolaire en géographie, pour quel objectif final de formation ? (C). En conclusion on évaluera la stratégie globale de la formation scolaire en RD Congo, tout en ayant à l'esprit les autres niveaux des études, pour lesquels les développements suivront plus loin.

A. La formalisation des connaissances géographiques et la faiblesse des encadrements

À la lumière de l'histoire coloniale, quelques dates marquent la formation de l'espace congolais, depuis la Conférence géographique de Bruxelles (1876), en passant par le Congrès de Berlin (1884-1885). L'historicité du territoire congolais est marquée par ces dernières dates (Ndaywel, 1997, 1998). L'ère du Congo belge (1908-1960) est marquée par la phase active de la colonisation. Un livre présenté de façon romancé évoque ces péripéties historiques avec forces détails (Van Reybrouck, 2012). On peut lire ci-dessous les commentaires utiles accompagnant chacune de ces grandes dates (Encadré 3). L'évolution des limites territoriales permet de noter que l'espace congolais ne s'est pas constitué en un clin d'œil (Figure 1). Le rôle de la géographie est, entre autres, de mettre en rapport la formation du territoire et sa mise en valeur progressive (Bruneau, 2009). Mais là ne sont pas les préoccupations du présent ouvrage, même si la dynamique territoriale est intéressante à analyser (Mashini, 2013).

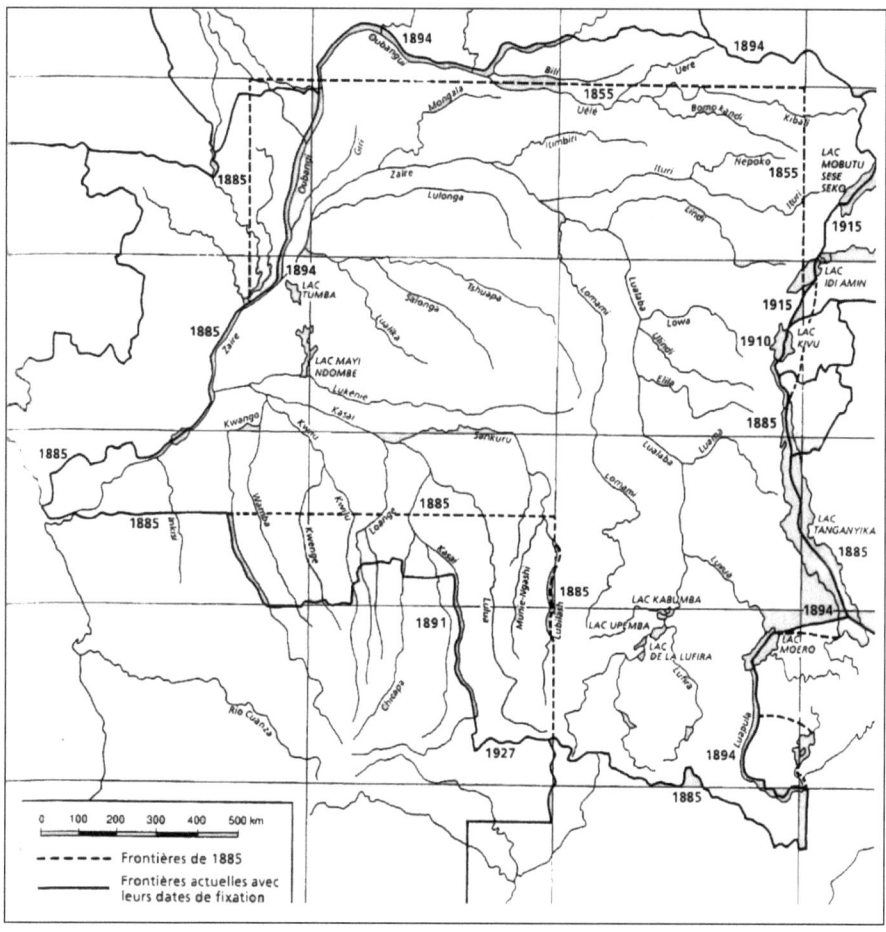

La carte originale est à retrouver dans P. Jentgen (1953), "Notice et Carte des frontières du Congo belge", *Atlas Général du Congo Belge*, 15.

Figure 1. Les principales étapes de la formation de l'espace congolais (de l'État Indépendant au Congo belge, 1885-1960)

Au sujet des frontières internationales, on peut aussi signaler d'autres références utiles (voir note en bas de page 61). Il existe d'autres cartes de type commercial, éditées en couleurs, et qui peuvent être commandées en ligne sur le site de Gallica : http://gallica.bnf.fr/ark:/12148/btv1b77591003 et http://gallica.bnf.fr/ark:/12148/btv1b53121524z consultés le 15/08/2017.

Sur la plupart de ces cartes, on y trouvera les subdivisions en districts, de l'État Indépendant du Congo ou du Congo belge, jusqu'à l'indépendance du pays.

Encadré 3
« Exploration et géographie coloniale : le Congo belge »

Quelques dates-clés :

- 1876 : Conférence géographique à Bruxelles, initiée par Léopold II, deuxième Roi des Belges dont l'incessante recherche d'une colonie (qu'il estime nécessaire au pays) se fixe sur l'Afrique centrale. Un petit noyau de proches du Roi est à la manœuvre et coopte quelques savants belges. Les étrangers sont des diplomates, des représentants des Sociétés de géographie européennes, etc. La Conférence met en place une Association Internationale du Congo, qui est en fait une couverture de Léopold II pour pénétrer dans le bassin du Congo sans évoquer une colonisation nationale.

- 1884-1885 : Congrès de Berlin. L'État indépendant du Congo est reconnu par 14 pays européens (dont la Belgique) et les États-Unis qui procèdent au partage de l'Afrique intertropicale. Le Congo, État « personnel », dispose de sa propre administration, étroitement contrôlée personnellement depuis Bruxelles par son souverain Léopold II qui n'y est jamais allé.

- 1890-1895 : la question coloniale se pose en Belgique. Léopold II demande de plus en plus d'argent, les atrocités commises au Congo commencent à être connues. À partir de 1900, la rupture s'opère peu à peu entre « Congolâtres » inconditionnels du Roi et des « Congophobes », parmi lesquels des représentants de sociétés d'exploitation du Congo qui entendent jouer au mieux de leurs intérêts. Une presse pro-coloniale apparaît soutenue par différents lobbies d'affaires ou religieux. Edmund Morel et Roger Casement sont les chevilles ouvrières de la première campagne humanitaire internationale de la *Congo Reform Association* visant la protection des indigènes congolais contre les méthodes brutales d'exploitation du caoutchouc. L'impact est énorme en Europe et aux USA.

- 1908 : le Congo belge est « annexé » comme colonie belge. Durant la première Guerre mondiale, les troupes de la métropole s'avancent en Afrique de l'Est jusqu'en Tanzanie et obtiennent seulement la tutelle du Rwanda et du Burundi. De fait, la colonisation proprement belge commence pratiquement sur le terrain vers 1920.

- 1960 : indépendance du Congo. La colonisation aura duré 40 seulement, à peine deux générations pendant lesquelles se forment les Sciences coloniales belges.

(PONCELET, M. (2011),
« *Explorer le monde : le rôle des Sociétés de géographie (1880-1960)* »,
Café géographique à Toulouse, le 27.11.2011.

Les propos ici ne consistent nullement à suivre les péripéties des encadrements territoriaux au Congo belge. On connaît bien la vigueur du système colonial, fondé sur la trilogie (certains auteurs, tels C. Young : 1968, parlent de « trinité ») : État colonial – Entreprises (sociétés capitalistes) – Église. Cette dernière étant ici représentée par les missions religieuses, qui ont toujours accompagné l'aventure coloniale dans le cadre de la trilogie évoquée ci-dessus. Les encadrements apportés par la colonisation ont souvent été remis en question : « *En effet, malgré tous les éléments matériels que la colonisation a pu objectivement apporter, notamment sur les plans de la santé et de l'éducation, elle a plutôt constitué un élément d'oppression pour la société congolaise* » (Compte-rendu de Diop, D., 2011, sur l'ouvrage de Braeckman, Gerard-Libois, Kestergat, Vanderlinden, Verhaegen et Willame, 2010), in Études internationales, pp. 135-136. Au rang de ces encadrements et face à la mise en valeur du territoire colonial, on peut citer les écoles, au départ gérées par les missions religieuses, les centres médicaux et hospitaliers organisés par l'État, les établissements commerciaux gérés par les sociétés privées. Sur le plan géographique, la conquête spatiale de ces différentes implantations se traduisait par l'émergence des agglomérations d'importance différenciée : les « postes » d'État (premières ébauches d'organismes administratifs) ; les missions religieuses (catholiques, protestantes) ; les centres industriels et/ou commerciaux, qui étaient de véritables noyaux de concentration des indigènes (Nicolaï, 1963). À l'intérieur comme à l'extérieur du territoire colonial, les frontières nationales et internationales prirent de plus en plus forme[2]. Il fallait donc une autre étape à franchir, celle de la mise en valeur de la colonie. L'entreprise capitaliste jouait à plein, avec des partenaires privés qui venaient accompagner l'action d'encadrement de l'État. L'Église n'était pas en reste, avec sa « mission civilisatrice ». C'est dans ce contexte que les programmes d'enseignement virent le jour, avec l'aide « salutaire » des missions religieuses. Voyons à présent quels sont les fondements de la géographie scolaire, dans ses débuts au Congo belge. Ces indications serviront à jeter les bases des premiers débuts de cette géographe scolaire.

---

[2] Sur l'évolution des frontières internationales de l'espace congolais, on trouvera plus loin des références utiles : Massart (1950), Nguya-Ndila (2006), Lubiku (2012), Kabatusuila (2013), etc.

B. L'évolution des programmes scolaires dans la formation géographique

On peut relever la part de la formation géographique dans le projet d'organisation de l'enseignement libre par type d'écoles et d'orientation. Ce programme décrivait, dès les premières décennies de la colonisation, les objectifs de la formation envisagée, ainsi que les pistes à explorer pour les différentes matières proposées.

Les différents niveaux de formation et l'enseignement de la géographie au Congo belge

Les débuts de la formation scolaire (1924-1929), notamment dans le réseau dit libre, comprenaient à l'époque trois niveaux qu'il importe de circonscrire :

> (1) *Écoles primaires du premier degré*, rurales ou urbaines où l'enseignement littéraire était réduit à un minimum ; la durée des cours pouvait être réduite à deux ans. Dans ces écoles, le travail (des populations rurales) devait être le pivot de toute l'activité scolaire. L'enseignement, pour porter des fruits, devait être intuitif.
>
> (2) *Écoles primaires du premier et du deuxième degré*, dans les centres européanisés ; l'enseignement littéraire y était plus développé, et comportait respectivement deux et trois ans de cours. Ces écoles regroupaient des élèves sélectionnés, recrutés parmi les meilleurs sujets sortant des écoles rurales et parmi ceux sortant des écoles urbaines du premier degré. Seuls les élèves qui manifestaient la volonté de s'instruire pouvaient être acceptés.
>
> (3) *Écoles spéciales* qui ont formé des commis et instituteurs et des artisans ; la durée des cours devait être en moyenne de trois ans (Organisation de l'Enseignement libre, au Congo Belge et au Ruanda-Urundi avec le concours des Sociétés de Missions nationales) [Texte communément appelé : « La Brochure jaune », http://www.aequatoria.be/04common/038manuels_pdf/Org.scol.1929.pdf, site consulté le 11/01/2016].

Les lignes de force du programme scolaire de géographie tournaient autour des aspects ci-après : (1) la région et ses phénomènes naturels au degré élémentaire ; (2) l'élargissement de la problématique par l'étude sommaire du territoire, avec la connaissance de l'histoire de l'occupation coloniale au deuxième degré ; (3) une diversification des connaissances dans les écoles spécialisées : la géographie politique de la colonie, les voies de communication, les différentes richesses de la colonie, etc. En bref, il s'agissait de « donner aux élèves un enseignement de type intuitif », les programmes se bornant à fournir un apprentissage moins approfondi et somme toute peu documenté. Faisant le prolongement de l'enseignement primaire, les cours dans ces matières liées à l'étude du milieu s'apparentaient bien à ce que l'on a nommé, dans l'enseignement fondamental, l'éveil géographique.

Les indications contenues dans le tableau 2 montrent les tendances dans la formation géographique à l'époque coloniale. À l'intérieur de la note pédagogique citée, une incise ne manque pas de retenir l'attention en ce qui concerne le programme colonial préconisé : « *Le cours de géographie, tout en visant à être complet et rationnellement ordonné, ne peut recevoir un développement excessif. Une heure de géographie par semaine suffira (...).* » (Organisation de l'Enseignement libre au Congo belge et au Ruanda-Urundi..., Document cité). À croire les spécialistes, le système scolaire congolais est demeuré fortement centralisé et bureautique (Bavuidinsi, 2012). Avec le temps, les réformes étaient de ce fait devenues nécessaires. Celles-ci vont être engagées dès les premiers moments qui suivent l'indépendance du pays[3]. Nous suivrons ici les péripéties de l'enseignement de la géographie à travers la réforme des structures scolaires. Leur évolution, ainsi que la refonte des programmes scolaires, permettent d'entreprendre une radioscopie de la discipline. Il convient toutefois de rester un peu prudent dans cette description, les documents en présence ne revêtant pas un cachet officiel. À la suite des mutations annoncées, la plus grande réforme scolaire fut la « *transformation de l'enseignement fondamental de base par l'enseignement primaire et le degré moyen en enseignement secondaire* » (d'après l'historique dressé sur le site du ministère de l'Enseignement primaire et secondaire).

---

[3] www.eduquepsp.cd consulté le 10/04/2016.

Tableau 2
La part de la formation géographique au Congo belge avec le concours des Sociétés de Missions nationales (1924-1929)

Types d'écoles et orientation	Objectifs de la Formation	Composante « géographie »
1° Écoles primaires du premier degré, rurales ou urbaines	Le programme de l'enseignement dans les écoles rurales doit se borner à des généralités, afin de ne pas en restreindre le champ d'application (…). Dans les écoles dites urbaines, la part à faire à l'enseignement littéraire devra être plus grande.	Entretiens sur les phénomènes naturels de la région, sa configuration, sa flore et sa faune.
2° Écoles primaires du deuxième degré dans les centres européanisés	En ordre principal, les enseignements dans ces établissements prépareront les élèves en vue de l'admission dans les écoles spéciales.	Révision des notions du premier degré. La carte de la région. Étude sommaire mais méthodique du territoire ; croquis et cartes. Histoire de l'occupation du Congo par la Belgique.
3° Écoles spéciales, qui forment des commis, des instituteurs et des artisans (3 ans)	Ne doivent être admis dans ces sections que les élèves qui ont suivi avec fruit l'enseignement primaire du deuxième degré et qui sont jugés aptes à poursuivre les études.	*Section des candidats commis.* Les voies de communications du Congo et des pays limitrophes. La géographie politique de la colonie. La carte de la Belgique. *Section normale.* Étude intuitive des éléments de géographie physique, économique et administrative de la colonie. La Belgique. Idée des cinq parties du monde. Les phénomènes célestes. *Sections professionnelles* (Récapitulation du programme de l'école primaire).

Notons qu'à l'indépendance, les structures scolaires évoluèrent peu à peu vers un enseignement de type national. Les observateurs notent que c'est depuis ce moment que le niveau de l'enseignement a commencé à baisser, les encadrements scolaires et pédagogiques n'étant pas à la hauteur des besoins du pays. On va pour ce faire recourir à une expertise officielle qui s'est focalisée, à l'époque, sur l'enseignement de la géographie.

La réforme des structures scolaires et les péripéties de l'enseignement de la géographie

Après l'indépendance du Congo (1960), un rapport d'inspection rendait bien compte des difficultés rencontrées sur le terrain de la réforme, particulièrement pour les cours de géographie. On peut relever quelques-unes : 1) Manque de véritables « professeurs » d'histoire et géographie : souvent ces matières sont données en annexe à un service axé sur les Lettres essentiellement pour l'histoire, ou les Sciences pour la géographie. On a même parfois l'impression qu'il s'est agi d'arriver au nombre légal d'heures de service sans se préoccuper de la capacité du professeur ; (…) 2) Problèmes des méthodes : il ne s'agit pas de doter le Congo de programmes novateurs ; il faut aussi veiller à l'usage de bonnes méthodes d'éducation ; 3) (Mauvaise) administration des établissements et mauvaise administration générale ; 4) (Problème) de l'équipement scolaire et problème de rendement (…) (Chillon, 1963). Des observations pertinentes peuvent être dégagées à la lecture du rapport précité, qui mettait ainsi l'accent sur l'évolution des discussions pour l'élaboration du programme de géographie. Force est de constater que les bases de l'enseignement de la géographie, telles qu'elles existent de nos jours, étaient déjà présentes dans les programmes scolaires dès l'indépendance du pays. Cette réalité laisse supposer les soucis exprimés d'avancer vers une bonne connaissance de l'espace national. Voyons à présent ce que fut, à cette époque, la situation de l'enseignement de la géographie au Congo-Léopoldville (Encadré 4).

Encadré 4
Observations formulées sur le programme de l'enseignement de la géographie par un expert pédagogique (1963)

> 1. (…) Il est grave que bien peu des maîtres recrutés aient reçu une formation spécialisée ; en géographie notamment on a affaire soit à des professeurs sortant de la branche scientifique et cantonnés dans la géographie physique, soit à des professeurs sortant de la branche sociale et cantonnés dans la géographie humaine et économique.

> Or la géographie est une science de synthèse du groupe des sciences humaines (…).
>
> 2. La révision des programmes du Cycle d'Orientation (les deux premières années du secondaire), jugés à juste titre trop chargés et de niveau trop élevé, m'ont paru lors de mes inspections être un des principaux facteurs de l'hostilité manifestée à la réforme (…). En géographie, il a fallu aussi rééquilibrer le contenu entre les deux années et alléger en profondeur le programme de 2ème année (celui de 1ère année ne donnant lieu qu'à quelques mises au point de détail). Ainsi la 1ère année est consacrée à l'acquisition du vocabulaire de base et à l'initiation aux phénomènes de la géographie générale physique et humaine, avec une présentation de l'Afrique permettant l'application concrète de ces notions à un milieu connu. En 2ème année on parcourt un panorama du monde mais en se limitant à une géographie essentiellement descriptive de tableaux très concrets visant à faire percevoir aux élèves les principaux paysages naturels et humains.
>
> 3. Le programme de géographie de troisième année comporte l'étude de l'Afrique État par État avec orientation sur l'économie, une étude détaillée de la géographie nationale et une présentation des principaux États non Africains en relations importantes et suivies avec le Congo. Le but est de donner, avant d'aborder en 4ème année les explications difficiles de la géographie générale, une base de connaissances solides sur un milieu familier, ce qui permettra de situer plus aisément les leçons de l'année suivante et aussi d'entraîner les esprits à percevoir les relations entre les faits géographiques au-delà de la simple observation pratiquée au Cycle d'Orientation.
>
> 4. La préparation du canevas général des programmes des trois dernières années (…) prévoit, en géographie, de consacrer la 4ème année à la géographie générale, base indispensable des études régionales ultérieures ; la 5ème année à des notions générales sur l'économie et les grands produits, notamment africains, aux problèmes du développement et à l'étude des principaux pays tropicaux en voie de développement ; la 6ème année aux grandes puissances et au commerce international en terminant par une synthèse des problèmes actuels du Congo (…).
>
> (Fait à Léopoldville, 13.09.1963, par Chillon)

Le parcours décrit sur base du rapport examiné dégage les grandes lignes du programme d'enseignement de la géographie. Les premières années de l'indépendance ont cristallisé les programmes en vigueur, et pour l'enseignement de la géographie, la tendance vers le séquencement des matières a continué jusqu'avant 2005. Comme on va le voir, la place réservée à la connaissance du milieu local, régional et puis national est toujours restée faible, en dépit des efforts notés après 2005. La réforme ultérieure des programmes de géographie, engagée depuis 2005, pourrait-t-elle combler cette lacune ?

C. Les bases de la formation en géographie, vers la globalisation des connaissances ?

Il est utile d'indiquer à présent les principales avancées dans la réforme du programme de géographie et de dégager les pistes pédagogiques et la stratégie de la formation préconisées pour la RD Congo. Les autorités ont entrepris, voici plus de dix ans, de revoir les programmes scolaires, notamment pour l'enseignement secondaire. En ce qui concerne la géographie, la reformulation des programmes semble s'être appesantie sur les réflexions menées par les géographes congolais lors de leur première (et unique rencontre à ce jour), au niveau national en 1977 à Kananga. L'objectif opérationnel édicté par les autorités scolaires étant ainsi décliné : « *Il est temps de bien apprendre à l'élève à découvrir d'abord son pays, à bien le connaître, (ainsi que) ses nombreuses richesses économiques, culturelles et touristiques. [...]* » (Ministère de l'Enseignement primaire, secondaire et professionnel, Direction des Programmes scolaires et Matériel didactique, *Programme National de Géographie*, Kinshasa, 2005, Note introductive, *op. cit.*). On va confronter cette vision à ce qui semblait être le souci des autorités coloniales, à savoir : « adapter l'enseignement au milieu familial de l'élève ». On interrogera la qualité et l'orientation de l'enseignement de géographie dispensé aux différents niveaux de formation scolaire.

La vision institutionnelle de l'enseignement de la géographie au niveau du secondaire

Voici, d'après les documents officiels, ce que les réformateurs du programme de géographie ont retenu comme orientation stratégique et pédagogique pour l'enseignement de cette discipline du point de vue national, en s'inspirant des recommandations des géographes aux assises de Kananga :

> La géographie en RDC vise la formation d'un futur citoyen conscient, responsable et capable de bien agir. En effet, l'enseignement de cette discipline apprend à ce dernier les éléments de nouveaux contextes du développement. Cela implique le principe de structuration du monde à partir d'un milieu connu. *Dans cette perspective, cet enseignement prend appui sur une meilleure connaissance de la République Démocratique du Congo dans le concert du monde.* Cette prise de conscience de l'espace aménagé du pays s'effectuera à partir d'une analyse des structures spatiales locales progressivement replacées dans un contexte plus global [...] (Colloque National de Géographie, Kananga, 1977).

À travers cet objectif éducationnel, force est de constater que les géographes congolais ont essayé de remettre au centre de la didactique de leur discipline, le point d'ancrage fondamental de cette science : « analyse des structures spatiales locales progressivement replacées dans un contexte plus global... ». Belle ambition, mais l'examen des différentes articulations du programme national permet-il de soutenir cette pertinente orientation ? Voyons ce qu'il en est des finalités, objectifs et buts de cet enseignement tels qu'envisagés par les autorités scolaires (Encadré 5). Ces indications ont le mérite de préciser les nouvelles orientations prises, la seule réserve étant que nous ne sommes pas certains que celles-ci aient été vulgarisées à travers les diverses structures d'enseignement devant les appliquer. En effet, le terrain de l'administration scolaire est différent de celui du réseau des écoles éparpillées à travers les différents coins du pays.

Encadré 5
Programme national de géographie en RD Congo (2005) :
Note introductive, finalités et objectifs éducationnels

Note introductive. Le programme actuellement en vigueur est extraverti en défaveur de la géographie nationale qui ne présente que 7% du volume total du cycle. Il est par ailleurs inadapté à la pédagogie moderne ainsi qu'aux nouvelles exigences didactiques. La finalité mal définie fait que l'enseignement de la géographie ne répond pas à la formation du citoyen congolais de sorte que cet enseignement reste considéré comme charge inutile. L'élève congolais non initié à l'étude du milieu ignore son environnement et sa patrie. On lui donne par contre un enseignement encyclopédique dénué d'intérêt. Il est temps de bien apprendre à l'élève à découvrir d'abord son pays, à bien le connaître, (ainsi que) ses nombreuses richesses économiques, culturelles et touristiques [...].
Finalités et objectifs éducationnels fondamentaux. L'enseignement a pour finalité la formation harmonieuse de l'homme congolais, citoyen responsable, utile à lui-même et à la société, capable de promouvoir le développement du pays et la culture nationale [...].

> **Objectif terminal d'intégration.** À la fin de l'étude de la géographie au cycle secondaire, l'élève devra être capable d'analyser les composantes d'une situation géographique en vue d'une prise de décision responsable (avis, propositions des solutions…).

(Source : Ministère de l'Enseignement Primaire, Secondaire et Professionnel, Direction des Programmes scolaires et Matériel didactique, *Programme National de Géographie*, Kinshasa, 2005, pp. 1-3).

Il est heureux de constater que la grille horaire en vigueur montre une variation moyenne de deux heures par semaine du cours de géographie dans l'enseignement secondaire (trois heures dans toutes les sections pour les 2èmes années et une heure seulement à partir de la 3ème pour la coupe et couture et les autres sections techniques) (tableau 3). Le sort de la géographie n'est pas isolé des autres matières dites générales (dont l'histoire). Ces matières se retrouvent dans les mêmes fourchettes par rapport à la grille horaire pratiquée. Il n'y a que les cours de premier ordre (français, mathématiques, anglais…) qui échappent à cette contrainte ; ces derniers atteignent jusqu'à cinq heures par semaine dans le cursus scolaire. Ce déséquilibre est-il favorable aux apprenants ? Comment ceux-ci le vivent-ils ? On ne saurait le dire, la seule réserve étant que le poids des variations horaires peut influencer la formation dispensée.

Tableau 3
Grille horaire de Géographie au cycle long du secondaire

Sections	1ère année	2ème année	3ème année	4ème année	5ème année	6ème année
Scientifique	2	3	2	2	2	2
Littéraire	2	3	2	2	2	2
Pédagogie	2	3	2	2	2	2
Commerciale, administrative	2	3	2	2	2	2
Sociale	2	3	2	2	2	2
Coupe et couture	2	3	1	1	1	1
Techniques	2	3	1	1	1	1

(Source : Ministère de l'Enseignement Primaire et Secondaire, Direction des Programmes scolaires et Matériel didactique, *op. cit.*, p. 4).

La ventilation des matières par année d'étude a bien évolué dans un sens quantitatif et qualitatif. Cette ventilation indiquait auparavant 26 heures consacrées à la connaissance de la RD Congo (sur un total de

337 heures de géographie), soit 7,8%. Alors que le programme adapté, réduit à 320 heures le total des matières de géographie et porte à 102 heures le nombre de celles-ci consacrées à la connaissance du pays (soit 31,8% de l'ensemble). Cela reste un effort louable. L'interrogation majeure est de voir toutefois si, malgré l'effort de recentrage des connaissances sur l'espace national, cette exclusivité conduit à l'affirmation de l'identité nationale. Cette problématique reste à creuser d'autant qu'elle soulève l'autre question de la connaissance des entités territoriales de la RD Congo.

D'après un géographe universitaire ayant pris part aux discussions sur la réforme des programmes, il est heureux de constater que cette grille horaire fait ressortir l'importance qu'attacheraient les autorités en introduisant la géographie comme matière obligatoire dans toutes les classes du secondaire[4]. Une analyse comparée suffit à montrer que les axes de formation ont changé car le nombre total d'heures de géographie a été augmenté au profit de l'étude de l'espace national (Figures 2.1, 2.2). À l'analyse de la grille horaire, on note qu'entre les deux périodes de mise en œuvre du programme, les orientations majeures par année d'étude devraient logiquement évoluer. On peut parcourir celles-ci pour s'en convaincre. Cette comparaison permet notamment d'évaluer la portée de la réforme par rapport à l'enseignement de la géographie.

Le recentrage des connaissances sur la RD Congo

Comme au Canada, en France, en Belgique et au Royaume-Uni, les informations disponibles auprès de notre interlocuteur ci-dessus cité montrent que la présentation du programme scolaire adapté pour la géographie a évolué, avec un recentrage vers la connaissance du milieu national pour quelques années d'études. En 1ère année du secondaire, l'initiation à la géographie par l'étude du milieu dégage un total de 20 heures sur 49 (soit 40,8%) pour les matières liées à la connaissance du milieu national. Au vu des éléments du programme, on a de la peine à déterminer ces dernières matières. Il s'agit sans doute d'appliquer les notions générales se rapportant à la thématique « Initiation à la géographie par l'étude du milieu », à la connaissance de l'espace national. En 2ème année, le programme adapté préconise un total de 42 heures sur les 75 heures prévues (soit 56%), consacrées à la connaissance de la RD Congo. Il s'agit en somme de fournir aux apprenants les bases

---
4 Propos du professeur C.E. Maboloko, exprimés lors de nos récentes discussions sur l'orientation prise par l'enseignement de la géographie nationale en RD Congo.

de la régionalisation sur le pays et sur l'Afrique. Mais de quels cadres territoriaux et régionaux les cours de géographie essayent-ils d'intéresser les apprenants ? S'agit-il des régions classiques – essentiellement les provinces politico-administratives – ou des ensembles régionaux plus vastes, offrant une perspective d'intégration du territoire national ? Sur le plan des connaissances à promouvoir, suite à la carence de manuels, voici comment un manuel scolaire consacré à la 2ème année de formation présente les ambitions de la formation dispensée :

> Les objectifs poursuivis visent la formation complète des élèves dans leur connaissance de la RDC et de l'Afrique en vue de consolider leur culture générale, et leur permettre d'être capables d'observer, de découvrir, d'expliquer, de comparer et de localiser. Ainsi, l'élève aura acquis des capacités lui permettant de décrire son pays et son continent, ainsi que leurs caractéristiques géographiques. Il sera aussi (en) mesure de déceler les différents problèmes qui handicapent notre développement et tenter de réfléchir pour y suggérer quelques solutions (Mokengo, Mumuntu et Tamangani, 2011, réimpression 2015).

Aux yeux de certains formateurs, il y a lieu de rendre hommage à ces vaillants enseignants du secondaire qui se sont débrouillés dans la production de rares manuels scolaires qui existent en géographie. En ce qui nous concerne, notre plaidoyer reste toutefois qu'il faudrait resserrer les conditions de production de ces manuels et être regardant au regard de leurs contenus, quitte à ne laisser l'accès sur le marché de l'édition qu'à ceux qui le mériteraient vraiment.

Les trois années de formation qui suivent ne consacrent qu'indirectement au programme de géographie des heures sur la connaissance de la RD CONGO. En 3ème année, il s'agit de l'étude régionale des pays en développement, d'une part, et celle des pays développés, d'autre part. En 4ème année, le programme de géographie est destiné aux matières générales. L'enseignement de la géographie devrait appliquer les notions générales sur la connaissance de la RD CONGO. Il consacre une heure pour le milieu national (soit 2% de l'ensemble des matières).

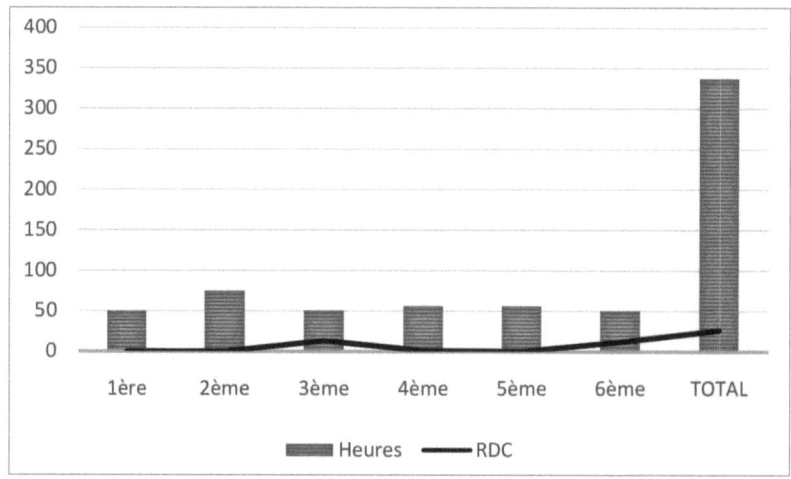

Figure 2.1. Nombre d'heures totales de géographie comparées à celles consacrées à la RDC - Situation avant adaptation des programmes

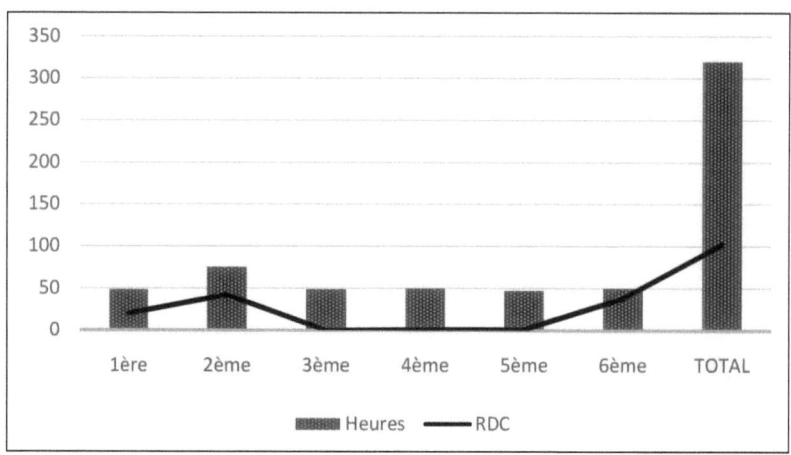

Figure 2.2. Situation après adaptation des programmes (à compter de 2005)

La tendance est la même pour la 5ème année, où une heure également (soit 2,1% du total) est consacrée à cette comparaison des faits.

Tableau 4.1.
Ventilation comparée du programme de géographie (avant 2005)[5]

Année d'études	Programme en vigueur	Nbre d'heures Total	RDC
1ère Année	Géographie générale physique, humaine et économique appliquée à l'Afrique	50	-
2ème Année	Géographie des continents (Amérique, Europe, Asie, Océanie)	75	-
3ème Année	Géographie générale et régionale de l'Afrique	50	13
4ème Année	Géographie générale physique et humaine	56	1
5ème Année	Géographie économique et du monde contemporain (Amérique, Asie)	56	-
6ème Année	Géographie du monde contemporain : Océanie, Europe, Afrique et les problèmes de développement	50	12
Total		337	26 (7,8%)

Tableau 4.2.
Ventilation comparée du programme de géographie (après 2005)

Année d'études	Programme adapté	Nbre d'heures Total	RDC
1ère année	Initiation à la géographie par l'étude du milieu	49	20
2ème Année	La République Démocratique du Congo et l'Afrique	75	42
3ème Année	Les autres pays en développement et les pays développés	49	-
4ème Année	Géographie générale physique et humaine	50	1
5ème Année	Géographie économique (organisation de l'économie mondiale)	47	1
6ème Année	La RDC et l'Afrique dans le monde contemporain	50	38
Total		320	102 (31,8%)

(Source : Ministère de l'Enseignement Primaire, Secondaire et Professionnel, 2005, *op. cit.*, p. 1).

5 Le nombre d'heures impaires étonne car les modules prévus dans la grille horaire officielle sont de deux heures chaque fois par cours. Et pourtant ces indications sont reprises en tant que telles dans les documents officiels du programme de 2005.

En 6ème année, le paquet est mis au profit de la connaissance des différentes facettes de l'espace national : 38 heures y sont réservées sur un total de 50 heures, soit 76% de la tranche globale du programme de cette année terminale du secondaire. À regarder de près les articulations du programme, dont le thème est « La République Démocratique du Congo et l'Afrique dans le monde contemporain », il s'agit de faire le point sur les matières suivantes : (i) la nature et les hommes ; (ii) les services ; (iii) les aspects économiques ; (iv) l'étude régionale ; (v) les perspectives d'avenir. Le développement de ces matières, loin de ne se contenter que de la partie descriptive des aspects régionaux, devrait s'accoler à l'objectif terminal d'intégration tel que clairement stipulé dans le programme national en vigueur : « *Au terme de la 6ème année, l'élève devra être capable de déterminer les indices et les facteurs de développement ainsi que les solutions appropriées au sous-développement de la RDC et de l'Afrique* » (Programme National de Géographie, Kinshasa, 2005, *Document cité*, p. 63). Le tableau suivant permet de préciser les objectifs du programme de géographie par année d'études. L'analyse de ces objectifs est à mettre en rapport avec les commentaires qui précèdent se rapportant au volume horaire et au profil des matières pour les différentes années d'études.

Les manuels scolaires en présence permettent-ils d'atteindre l'objectif de recentrage des connaissances sur la RD Congo ? On est en droit d'en douter. Les matières développées poussent rarement à la réflexion et à la mise en perspective des éléments pertinents de l'espace national. Ces questions devraient pouvoir orienter la commission ministérielle pour délivrer les autorisations de publication des manuels scolaires, la plupart de ceux mis sur le marché paraissant fort décalés par rapport aux réalités nationales et à l'évolution de la discipline géographique. Notons néanmoins que cette tâche de mettre sur le marché de l'édition des documents de qualité, réactualisés chaque fois que de besoin, revient aux services pédagogiques du ministère de l'Enseignement primaire et secondaire, où existe la direction de production des manuels et autres outils pédagogiques.

Tableau 5

Articulations et objectifs du programme de géographie au cycle long du secondaire par année d'études

Année d'études	Thématiques et articulations du programme	Objectif terminal d'intégration
1ère Année	Initiation à la géographie par l'étude du milieu.	Au terme de la 1ère année de l'enseignement secondaire, l'élève devra être capable de déterminer les caractéristiques géographiques d'un milieu.
2ème Année	La République Démocratique du Congo et l'Afrique.	Au terme de la 2ème année, l'élève devra être capable d'expliquer les atouts et les contraintes naturels et humains de la RDC et de l'Afrique et de dégager les voies de leur mise en valeur.
3ème Année	Étude régionale des pays en développement et des pays développés. Les inégalités de développement.	Au terme de la 3ème année, l'élève devra être capable de comparer les caractéristiques des pays en développement aux facteurs de développement observés auprès des pays développés.
4ème Année	Géographie générale physique et humaine.	Au terme de la 4ème année, l'élève devra être capable d'expliquer l'impact des phénomènes naturels et humains dans la transformation du monde et dans le développement des pays.
5ème Année	Géographie économique. Organisation de l'économie mondiale. Introduction à la gestion économique.	Au terme de la 5ème année, l'élève devra être capable d'expliquer les mécanismes économiques et commerciaux d'un pays à partir des potentialités du sol, du sous-sol et des facteurs humains.

Année d'études	Thématiques et articulations du programme	Objectif terminal d'intégration
6ème Année	La République Démocratique du Congo et l'Afrique dans le monde contemporain	Au terme de la 6ème année de l'enseignement secondaire, l'élève devra être capable de déterminer les indices et les facteurs de développement ainsi que les solutions appropriées au sous-développement de la RDC et de l'Afrique.

(Source : Ministère de l'Enseignement Primaire, Secondaire et Professionnel, Direction des Programmes scolaires et Matériel didactique, *Programme National de Géographie*, Kinshasa, 2005, pp. 5-79).

Les manuels scolaires sur la RD Congo : vers l'actualisation des connaissances en géographie ?

On entreprendra ici une comparaison de deux manuels scolaires adoptés par le programme officiel en vigueur. Le choix de cette sélection est dicté par le hasard de disponibilité des sources bibliographiques. De toute évidence, il nous est apparu que la plupart de manuels utilisés ne reflètent pas le fruit d'une composition rigoureuse[6]. Les matières sont alignées en suivant quelque peu servilement les articulations des programmes scolaires, sans faire l'objet d'une sélection pédagogique digne d'intérêt pour un pays aux multiples facettes. Voici ci-après une esquisse comparative pour les deux manuels sélectionnés, sans que ceux-ci ne soient pris comme modèle.

Le premier manuel de Kitengie et Mayele (2013) paraît original, tant dans sa construction que dans l'étude de matériaux mis à la disposition des enseignants et des apprenants. Il sort des sentiers battus d'une démarche classique dans la présentation des faits géographiques, les auteurs eux-mêmes insistant sur les éléments suivants :

> [...] Dans les manuels déjà parus, la géographie de notre pays est toujours présentée dans une perspective disciplinaire, c'est-à-dire celle de la science géographique pure. Ils ont tous une structure commune. Ils commencent par le relief et se terminent par l'économie en passant par l'hydrographie, les climats, la végétation, la

---

[6] Sans être limitatif, on peut citer une série de manuels utilisés dans l'enseignement secondaire pour la géographie : Kama (1971, 1983) ; Laclavère (1978) ; Siradiou (1979 ; Kitengie et al. (1988, 2013) ; Nshiya (2006) ; Kabeya et al. (2007) ; Mokengo et al. (2008, 2011, 2015), etc.

population et l'urbanisation. L'économie y est souvent fractionnée en agriculture, mines, énergie, industries, transports, communications et commerce. Le présent ouvrage y va différemment. Il ose une autre entrée, une autre logique. Les données statistiques se trouvent au cœur de l'ouvrage. […]. Ces données ont permis de reconstituer le contenu concret de la géographie scolaire de la RDC. […] (Kitengie et Mayele, 2013, *op. cit.*, p. 4).

Tableau 6
La géographie en 6ème année du secondaire :
La RD Congo et l'Afrique dans le monde contemporain

Manuel 1. KITENGIE et MAYELE (2013)	Manuel 2. NSHIYA (2006)
La République Démocratique du Congo en Afrique et dans le monde	*La RDC et l'Afrique dans le monde contemporain*
1ère partie. Généralités	1ère partie. La République Démocratique du Congo
Chapitre 1. RDC : un pays aux dimensions remarquables	Chapitre 1. La nature et les hommes
Chapitre 2. Quelques longueurs et hauteurs	Chapitre 2. Aspects économiques
Chapitre 3. Puissance du débit fluvial, des gisements et des centrales hydroélectriques	Chapitre 3. Les services Chapitre 4. Étude régionale. 1. Notion des régions géographiques ; 2. Les régions de la RDC Chapitre 5. Les perspectives d'avenir. 1. Découpage et décentralisation ; 2. Situation économique
2ème partie. Population et mise en valeur des ressources du sol et du sous-sol	2ème partie. L'Afrique contemporaine
Chapitre 4. La RDC démographique	Chapitre 1. Généralités Chapitre 2. Étude de quelques pays émergeants Chapitre 3. Les perspectives de développement
Chapitre 5. Productions végétales, animales et boisées	Chapitre 4. La culture de la paix Chapitre 5. Les partenaires de l'Afrique et les échanges internationaux

Manuel 1. KITENGIE et MAYELE (2013)	Manuel 2. NSHIYA (2006)
Chapitre 6. Les productions du sous-sol	
3ème partie. Niveau de développement actuel et perspectives d'avenir	
Chapitre 7. La RDC, quel niveau de développement économique ?	
Chapitre 8. La RDC tarde à promouvoir un véritable développement social	
Annexes (palmarès et statistiques dégageant les différents rangs de la RDC pour quelques indicateurs)	Annexes : (1) Quelques exercices d'auto-évaluation (200 au total) + grille de réponses ; (2) Statistiques Afrique, Europe et monde – 2005

(1) Kitengie Luband, J.B. et Mayele N'Sien Bey, E. (2013)
(2) Nshiya K. Ben (2006).

Du point de vue de la stratégie pédagogique, les auteurs de ce manuel notent que « connaître la mère-patrie dans ses faits saillants, c'est savoir décrire ces faits, soulever des problèmes concrets de vie, proposer des solutions de ces derniers et éveiller une culture patriotique ». Les trois parties du manuel sont composées de la même manière, les textes étant accompagnés d'abondantes illustrations. Avec cet ouvrage, les classes terminales de géographie disposent d'une source permettant d'approfondir les aspects géographiques et stratégiques de l'espace national, même si, à certains égards, les observateurs notent que ce manuel n'est pas tout à fait conforme au programme en vigueur. Il déborde sur des matières non prévues au programme. La connaissance géographique de l'espace national s'en trouve toutefois améliorée. Le document souligne pour divers secteurs, les atouts, les forces mais aussi les faiblesses de la RD Congo. Au total, un panorama riche et varié sur la connaissance du pays, complété par des annexes utiles.

Dans un autre registre, le second manuel de Nshiya (2006), que l'auteur présente comme étant un document de « *Géographie actualisée* », est de facture toute différente. Il se propose d'être une réponse aux attentes du programme national de géographie, ainsi (qu') une contribution à la formation des finalistes de l'école secondaire, même si le manuel revient à la forme classique d'alignement des matières déjà indexées. En dépit de quelques faiblesses, il faut souligner la célérité de cet auteur qui, à peine un an après l'adaptation des programmes, a mis sur le marché un manuel d'initiation à la formation géographique. À bien des égards, la réflexion géographique reste à approfondir.

La formation en géographie et les « socles de compétence », une stratégie valide ?

Un autre intérêt des programmes en géographie est une indication des « socles de compétence » mis en exergue dans la formation scolaire liée à cette discipline. Les renseignements ci-dessous ne concernent que les deux années d'études (la deuxième et la sixième) où la connaissance de l'espace national est particulièrement mise en avant. Comme on peut le voir, un effort de structuration des connaissances a été opéré, dans la perspective d'une mobilisation en faveur de la valorisation de l'espace national (tableau 7). Il y a toutefois fort à parier que cet effort ne soit pas suffisant à ce jour, étant donné diverses pesanteurs en matière de formation. Les adaptations de programme restent toujours à recommander dans le sens de la recherche de leur efficacité, malgré les contingences matérielles et logistiques en présence. On ne dira jamais assez que parmi les secteurs en déliquescence, ceux de l'enseignement primaire et secondaire voire universitaire sont à épingler.

La synthèse des compétences de base déterminées dans le programme national de géographie indique que celles-ci sont variables d'une année de formation à une autre. En ce qui concerne la connaissance du territoire national, seules les deux années d'études signalées ont été retenues. La deuxième année et la sixième année du secondaire, avec des niveaux de compétences variables, sont censées parfaire les connaissances des apprenants congolais sur leur pays. Est-ce une ambition suffisante pour un pays mal connu ? Il reste toutefois à s'interroger sur l'applicabilité de cette pédagogie par compétences dans des écoles où les enseignants brillent par un réel manque de motivation. Tout en encourageant la démarche, nous restons réservés quant à la collaboration des enseignants par rapport à cette démarche de ciblage des compétences de base.

Tableau 7
Synthèse des compétences de base pour les classes ayant pour mission en géographie la connaissance de la RDC

Année d'études	N° CB	Articulations des Compétences de Base
2ème Année	CB1	En rapport avec les éléments de la géographie, l'élève devra être capable de montrer l'importance de la République Démocratique du Congo en Afrique sur le plan humain et économique.
	CB2	Dans toute situation relative à la géographie de la RDC, l'élève devra être capable de décrire les éléments naturels, les atouts socio-économiques et les contraintes qui jouent sur le développement du pays
	CB3	Face à une situation relative à la géographie africaine, l'élève devra être capable d'expliquer les potentialités de chaque sous-région en rapport avec le développement continental
6ème Année	CB1	Dans toute situation de vie relative à la géographie de la République Démocratique du Congo, l'élève devra être capable de réaliser des cartes thématiques à partir des données géographiques recueillies
	CB2	À partir d'une situation en rapport avec la géographie de la RDC, l'élève devra être capable d'expliquer l'impact économique de chaque secteur de la vie nationale
	CB3	Dans toute situation de vie relative à la géographie de la RDC, l'élève devra être capable de déterminer les caractéristiques de chaque région géographique
	CB4	Dans toute situation de vie relative à la géographie d'Afrique, l'élève devra être capable de déterminer les caractéristiques de chaque région géographique
	CB5	À partir des atouts et contraintes en rapport avec le développement de la RDC, l'élève devra être capable de proposer les voies de développement face aux enjeux mondiaux.

(Source : Ministère de l'Enseignement Primaire et Secondaire, Programme National de Géographie, 2005, *op. cit.*).CB = Compétences de base. Références au Programme National de Géographie (2005).

À l'analyse, il reste vrai que les performances attendues des apprenants congolais sont théoriques, les enseignants ayant de la peine à les préparer pour conduire progressivement à une « parfaite » connaissance du territoire national. Il existe bien de raisons pouvant expliquer cette situation d'ambiguïté dans laquelle se trouve la géographie scolaire en RD CONGO. La place des contingences matérielles est grande dans le secteur de l'enseignement, au point que le pays est loin de sortir de sa torpeur en la matière.

> **En guise de conclusion**
>
> Le chapitre sur la géographie scolaire vient d'examiner les différentes articulations ainsi que les fondements de la discipline pour la RD CONGO. Au départ de certains éléments historiques ayant constitué le projet de l'enseignement colonial, accompagnant en cela la dynamique de l'encadrement territorial du Congo belge, on a décrit la genèse de l'enseignement de la géographie. On a découvert l'orientation affichée par l'autorité coloniale, visant à réserver l'essentiel des matières de géographie en axant celles-ci sur le milieu local de l'élève. Un enseignement de géographie à portée limitée, a-t-on pu lire dans une note circulaire de l'époque. Jusqu'à l'édification d'un système d'enseignement national, les programmes de géographie sont restés sommaires. On a vu se développer, par la suite, un programme un peu plus ambitieux, même si l'on manque les outils d'accompagnement.
>
> La stratégie globale de la formation scolaire de géographie se fonde sur « une meilleure connaissance de la République Démocratique du Congo dans le concert des nations ». L'enseignement est passé d'une pédagogie intuitive à une formation voulue intégrée, les différents aspects de connaissance étant pris en compte dans les cours de géographie. On dispose ainsi d'un fil conducteur susceptible de permettre aux enseignants de se fonder sur une stratégie pédagogique claire en vue d'une transmission efficace des connaissances. Toutefois, on a indiqué que des pesanteurs de divers ordres limitent, dans leur élan, les bonnes intentions stratégiques visant à promouvoir une bonne connaissance de la RD CONGO par le biais de la géographie scolaire.

Textes de références
Chapitre 1 – La géographie scolaire et le système éducatif

BAVUIDINSI MATONDO, A. (2012), *Le système scolaire au Congo-Kinshasa : de la centralisation bureautique à l'autonomie des services*, L'Harmattan, Collection « Études Africaines », Paris, 314 p.

BANQUE MONDIALE (2005), *Le système éducatif de la République démocratique du Congo : Priorités et alternatives*, Département du développement humain, Région Afrique, Document de travail, janvier, 164 p.

BUREAU INTERNATIONAL DE L'ÉDUCATION (2001), *Le développement de l'éducation. Rapport national de la République Démocratique du Congo*, Secrétariat permanent de la Commission Nationale pour l'UNESCO, Kinshasa, avril.

EKWA BIS ISAL, M. (2006), « Le système éducatif de la République Démocratique du Congo : défis et enjeux » (pp. 123-136), in MABIALA MANTUBA-NGOMA, P., HANF, T. et SCHLEE, B., *La République Démocratique du Congo : une démocratie au bout du fusil,* Publication de la Fondation Konrad Adenauer, Kinshasa, 253 p.

MASHINI, J.-C. (2017), « La géographie scolaire en RD Congo. Un pas lent vers la connaissance de l'espace national ? », *Congo-Afrique,* n° 517, septembre, pp. 727-741.

SIERRA, Ph. (2017, sous la direction de), *La géographie : concepts, savoirs et enseignements,* Armand Colin, Collection U, 2ème édition, Paris, 366 p.

Sur quelques documents se rapportant au territoire congolais

BRAECKMAN, C., GERARD-LIBOIS, J., KESTERGAT, J., VANDERLINDEN, J., VERHAEGEN, B. et WILLAME, J.-Cl. (2010), *Congo 1960. Échec d'une décolonisation,* Bruxelles, GRIP, André Versailles éditeur, 160 p.

BRUNEAU, J.-C. (2009), « Les nouvelles provinces de la République Démocratique du Congo : construction territoriale et ethnicités », *L'Espace Politique* [En ligne], 7 | 1, mis en ligne le 30 juin 2009, consulté le 04 mars 2017. URL : http://espacepolitique.revues.org/1296 ; DOI : 10.4000/espacepolitique.1296.

JENTGEN, P. (1953), « Notice et Carte des frontières du Congo belge », *Atlas général du Congo,* Institut Royal Colonial Belge, Notice 15, Bruxelles.

KABATUSUILA, P. (2013), *Les frontières internationales de la République démocratique du Congo : impacts écologiques, économiques et stratégiques en Afrique centrale,* EdiLivre, Collection Universitaire, Paris, 372 p.

LUBIKU LUSIENSE, Roger-Nestor (2012), *Les frontières internationales de la RDC : état des lieux et enjeux géostratégiques,* Kinshasa, 151 p.

MASSART, A. (1950), « Notice et Carte des subdivisions administratives du Congo belge et du Ruanda-Urundi », in *Atlas général du Congo,* Index n° 61, Institut Royal Colonial Belge, Bruxelles.

NDAYWEL è NZIEM, I. (1997), *Histoire du Zaïre. De l'héritage ancien à l'âge contemporain,* Duculot, Louvain-la-Neuve, Afrique Éditions, 918 p.

NDAYWEL è NZIEM, I. (1998), *Histoire du Congo. De l'héritage ancien à la République Démocratique,* Duculot, Louvain-la-Neuve, Afrique Éditions, 955 p.

NGUYA-NDILA MALENGANA, C. (2006), *Frontières et voisinages en RDC,* Édition CEDI, Kinshasa.

NICOLAÏ, H. (1963), *Le Kwilu. Étude géographique d'une région congolaise,* CEMUBAC, LXIX, Bruxelles, 472 p.

PONCELET, M. (2011), « Explorer le monde : les Sociétés de géographie (1880-1960) », *Café géographique,* 29.11.11, Toulouse.

VAN REYBROUCK, D. (2012), *Congo. Une histoire,* Actes Sud, Paris.

YOUNG, C. (1968), *Introduction à la politique congolaise,* Éditions Universitaires du Congo, Kinshasa. Kisangani. Lubumbashi, CRISP – Centre de recherche et d'information socio-politiques, Bruxelles, 391 p.

Chapitre 2

La géographie universitaire

Le monde reclus des initiés en RD Congo ?

*La **géographie universitaire** est pour l'essentiel dite la « **géographie des professeurs** » (d'après une expression de Yves Lacoste, auteur du célèbre livre La géographie, ça sert, d'abord, à faire la guerre, 1976, réed. 1988). Une géographe belge a écrit : « De la géographie des professeurs à la géographie de l'action : une place nouvelle dans l'enseignement secondaire »* (Bernadette Mérenne-Schoumaker).

Belgéo, 2003 | 2

A. Les fondements de la géographie universitaire congolaise
B. Unité et diversité de la formation universitaire : la place de la filière de géographie
C. Les perspectives de formation en géographie et les limites de l'encadrement scientifique

---

Dans ce deuxième chapitre, il nous semble utile d'interroger les fondements de la géographie comme discipline universitaire en RD CONGO, en partant des traces marquées par la *géographie coloniale* (A). On dégagera le rôle des études de géographie dans la connaissance progressive de l'espace congolais et on fera le point sur la formation universitaire, en montrant les concordances mais aussi des divergences éventuelles dans les programmes (B). On soulignera la faible part de la filière de géographie dans les statistiques de l'Enseignement supérieur et universitaire telles que publiées par les services officiels. On examinera les perspectives ouvertes par la formation de géographie par rapport aux besoins scientifiques et les possibilités, mais aussi les limites de l'encadrement scientifique (C). On verra ici que la géographie universitaire se structure autour de certains noyaux bien identifiés.

A. Les fondements de la géographie universitaire et la place de la géographie coloniale

Le fait colonial est un élément déterminant dans la compréhension de l'évolution de la discipline. Les géographes se sont déjà interrogés sur les liens entre savoirs géographiques et colonisation[1]. Certains insistent sur la pertinence de recherches géographiques sur les espaces coloniaux. Il faut raison gardée, car les faits historiques sont là pour rappeler l'importance de la colonisation par rapport à la connaissance des espaces jadis colonisés.

> Il nous semble que l'examen des savoirs géographiques sur les espaces coloniaux mérite une analyse soutenue des conditions concrètes de leur production et des pratiques de leurs producteurs, analyse qui seul permet de comprendre et de mesurer les enjeux et les conséquences de cette production du savoir. [...] D'un point de vue historiographique, des travaux importants sur les liens entre géographie et colonisation ont été conduits dans des pays anglo-saxons, principalement sur l'empire britannique, alors que le cas français reste peu exploré (Blais et Deprest, 2008).

Au Congo, les premières recherches universitaires en géographie remontent à l'époque coloniale. Les Sociétés de géographie ont joué un rôle prépondérant dans les différentes phases de la mise en valeur de la colonie. Cette situation a provoqué un large débat dans l'opinion, au point qu'un auteur a pu stigmatiser une « opportunité » pour la géographie :

> Parmi [les] sciences coloniales, la géographie belge a trouvé au Congo une opportunité extraordinaire de se constituer. La géographie n'était pas enseignée à l'Université à cette époque. Les premières « Sociétés de géographie » étaient des sociétés d'intérêts, constituées d'hommes d'affaire, de représentants des compagnies, d'aventuriers, d'autodi-

---

[1] Voir la revue Mappemonde, n° 91, 2008. Dans ce numéro spécial, les auteurs citent un livre de Singaravelou, P. (2008). Voir aussi, en ce qui concerne la géographie allemande, un intéressant regard critique (Grinsburger, 2011).

dactes sans formation géographique. Quelques personnalités, parmi lesquelles Alphonse-Jules Wauters, produisent des livres, des collections, des journaux, des cartes et sont à l'origine de la création du futur Institut géographique national belge. Wauters publie pendant 36 ans un journal illustré, *Le Mouvement géographique*, qui paraît deux fois par mois ; Wauters est un autodidacte proche de Léopold II avant de rompre et de se mettre au service d'une importante compagnie (Poncelet, 2011)[2].

On est loin de penser à une sorte d'assujettissement de la pensée géographique « à l'œuvre civilisatrice de la colonisation » (Vandermotten, 2008). Nous ne développerons pas ici les péripéties de cet assujettissement supposé et qui, à proprement parler, ne pourrait concerner la *géographie congolaise*. La jeunesse de cette discipline dans notre pays milite pour cette réserve. On y reviendra un peu plus loin.

Le rôle de la géographie coloniale belge : vers un procès d'intention du monde scientifique ?

Voici ce qui apparaît comme le procès de la géographie coloniale belge (Poncelet, 2008, 2011). Avec cet auteur, sociologue de l'Université de Liège (Belgique), on peut épingler la dynamique de la géographie coloniale qui, pour lui, serait en lien avec la géographie universitaire belge. On retrouvera des détails dans le document ci-après (Encadré 6), avec la remarque que l'auteur ici cité n'est pas géographe.

Encadré 6
Procès de la géographie coloniale belge

La géographie coloniale belge. La géographie coloniale belge est au cœur d'une triple conquête : le territoire africain, l'opinion belge et le statut de discipline universitaire. Il est nécessaire de représenter le territoire pour le conquérir militairement (…). La géographie est reconnue par Léopold II, qui est à l'origine d'un projet d'école d'ethnologie et de colonisation, le futur musée Tervuren. (…) À partir de la Conférence géographique de 1876 se constitue le monde colonial belge, un monde à part, mais qui subsistera en Belgique après la mort du roi (1909). Plusieurs centaines de personnes (…) qui « belgicisent » le Congo, des Sociétés géographiques (qui comptent 1500 membres), et des géographes, amateurs géniaux et idéologues, qui construisent la vocation coloniale et produisent à la fois la géographie universitaire et la science coloniale nationale.

2 http://www.bibliotheque.toulouse.fr/accueil_perigord.html, consulté le 12/01/2016.

> Les Sociétés géographiques belges s'inscrivent dans une prolifération européenne (…). Ces sociétés ne sont pas des laboratoires scientifiques, mais de hauts lieux de débat et d'affrontement. Il faut convaincre les Belges, majoritairement anticoloniaux : les tenants du libre-échange, les économistes pour des raisons doctrinales. À l'inverse, les partisans de l'expansion coloniale ont souvent un penchant géographique. Ils construisent un discours moral expansionniste, moderne et nationaliste, faisant appel à l'élitisme, au devoir de civilisation, à la virilité et à la conquête expansionniste nécessaire pour écouler les produits de l'industrie belge.
>
> **La géographie universitaire belge au Congo.** Les géographes universitaires s'inscrivent dans une science coloniale déjà existante, ils ne cherchent pas à inventer, mais à se situer, se positionner comme dépositaires d'une masse de connaissances accumulées dont ils seraient capables de faire la synthèse. Ils produisent des cartes dès 1870, mais c'est Wauters, qui n'a jamais mis les pieds au Congo, qui en réalise la première carte complète. Les géographes font aussi beaucoup d'ethnologie et rapportent des milliers d'objets et de photos présentés ou entreposés à Tervuren. La géographie belge a réussi dit-on à vaincre le dernier « blanc » sur la carte d'Afrique et à prendre sa place dans les Congrès et les revues d'Europe. Dans la constitution de la géographie et des sciences coloniales plus généralement, on est frappé par une sorte d'obsession encyclopédique : produire périodiquement des bibliographies, avec des milliers de titres et de cartes (…).
>
> Après 1905, la géographie belge devient une discipline universitaire, qui prend peu à peu ses distances avec l'ethnologie et les sciences coloniales. L'ethnologie, et avec elle l'aspect humain, échappe aux géographes au profit des missionnaires savants, des linguistes, des juristes et des médecins. Les géographes pionniers cèdent le pas aux héros en chambre, la recherche géographique cède le pas à la pédagogie scolaire en métropole, à la vulgarisation, à la mise en scène de la discipline dans les expositions universelles (1,6 million de visiteurs en 1897). Une évolution défavorable à la géographie qui fait partie aujourd'hui des Faculté des Sciences (…) : elle perd quelque peu sa dimension de science humaine. Néanmoins la géographie de l'Afrique centrale est restée proéminente en Belgique, en outre autour de P. Gourou et H. Nicolaï, mais aussi de chercheurs, belges ou congolais, ayant beaucoup travaillé sur le terrain après 1960. (…).
>
> (Poncelet, 2011)

Sans vouloir entrer dans les détails de la polémique engagée, le procès de la géographie belge ainsi mentionné a toujours été rejeté par les géographes eux-mêmes. Un géographe africaniste, ayant pris connaissance du débat qui s'est produit sur la question, écrira la mise au point suivante dans un article en ligne :

> Les sociétés de géographie naissent en 1876, au moment où Léopold II réunit à Bruxelles une Conférence Géographique, qui sera l'amorce de son entreprise africaine. Elles ont contribué à familiariser à l'idée coloniale une partie de l'opinion publique belge, jusqu'alors très réticente devant toute aventure de ce type. Cependant leurs membres fondateurs avaient mis quelque temps à retenir officiellement la promotion de l'idée coloniale parmi leurs préoccupations. [...] Mais Léopold II ayant couvert ses activités africaines d'un manteau humanitaire et scientifique, les sociétés de géographie n'hésitent pas à lui apporter leur appui. [...] Les sociétés de géographie ont donc rendu compte fidèlement de l'activité de l'Association Internationale Africaine puis rapporté soigneusement les progrès de l'État Indépendant du Congo mais elles ne feront pas, de l'action coloniale, leur matière spécifique. Au contraire, le *Mouvement Géographique* aura comme activité essentielle la promotion de l'action coloniale belge en Afrique. [...] (Nicolaï, 1993).

Le débat est-il clos sur la question, malgré cette réplique en demi-teinte d'un géographe qui reconnaît la duplicité de l'œuvre de Léopold II au Congo, mais la justifie en même temps car couverte par « un manteau humanitaire et scientifique ». Toutefois, M. Poncelet, sociologue de son état, est-il fondé à remettre en cause la justesse des analyses géographiques sur les espaces coloniaux, au même moment qu'il reconnaît le rôle « proéminent » des géographes belges (il cite P. Gourou et H. Nicolaï) ou congolais dans les études sur l'Afrique centrale). On ne saurait quant à nous accepter une remise à plat des connaissances exposées par des géographes sur des espaces qu'ils auraient eu le temps de soumettre à l'analyse. Notre conviction personnelle est que la géographie comme discipline scientifique n'est pas expansionniste, encore moins dans le cas du Congo belge où n'ont pas émergé, à notre connaissance, des figures de proue belges qui auraient pu accompagner l'aventure coloniale. Sauf à nous tromper – et sans chercher à prendre parti – nous restons dubitatifs par rapport au procès engagé contre la géographie universitaire. Un autre géographe universitaire belge avait entrepris une importante recension des biographies nationales (Vandermotten, 2008), mais l'on ne trouve nulle part une trace visible d'accointances avec la vague coloniale au Congo belge.

La géographie universitaire belge a connu pour sa part sa propre évolution, malgré ses différentes « crises » (Vandermotten et Kesteloot, 2012). Il est bien évident que les géographes universitaires belges ont pris le parti d'étudier les régions qui s'affirmaient à l'intérieur du territoire de la colonie, montrant l'émergence d'une discipline nouvelle. Les géographes sont, après les ethnologues et autres spécialistes coloniaux, parmi les premiers scientifiques à aller à la découverte des régions congolaises. Ils ont été à la base d'imposantes études pour les principales régions géographiques. Les différentes régions n'ont pas connu la même intensité d'études. Au moins deux pôles de recherche s'individualisent : Léopoldville et ses régions voisines (Gourou, 1958 ; Kirsch, 1959 et Nicolaï, 1961, 1963). L'autre noyau particulièrement bien étudié a été le Katanga (Robert, 1954, Wilmet, 1961), mais également l'Est montagneux (Raucq, 1952 ; Weiss, 1959, Choprix, 1961, etc.). Tout compte fait, il y a bien lieu de remarquer le rôle éminent des géographes dans la connaissance de l'espace congolais. Un livre de synthèse a déjà rendu compte de cette richesse documentaire (Nicolaï, Gourou, Mashini, 1996), de même que les « Progrès de connaissance sur le Congo, le Rwanda et le Burundi » établis périodiquement par un de ces auteurs (Nicolaï, 2009).

B. Unité et diversité de la formation universitaire congolaise : la place de la filière de géographie

L'appariement entre la géographie et d'autres spécialités universitaires est de plus en plus d'application en RD CONGO. Les situations de formation sont relativement différentes, en fonction des orientations retenues. À l'Université de Kinshasa (UNIKIN) tout comme à celle de Lubumbashi (UNILU), le département de géographie est allié aux « sciences de la terre ». À l'Université pédagogique nationale à Kinshasa (UPN), on retrouve la géographie avec les sciences de l'environnement, alors qu'auparavant s'y trouvait également l'hôtellerie et le tourisme[3]. La plupart des institutions d'enseignement supérieur ont abandonné la spécialisation de Géographie-Sciences naturelles au profit de la gestion de l'environnement.

---

3 Le rectorat de l'Université pédagogique nationale (UPN) a opéré, dès janvier 2014, une scission de la géographie avec ce dernier département intitulé Hôtellerie, Accueil et Tourisme (HAT). Nous sommes le responsable académique et scientifique depuis cette scission, en qualité de chef de département.

Les statistiques universitaires face à de nouvelles dynamiques de redéploiement

Il est utile de présenter les statistiques universitaires en vue d'en évaluer la portée sur l'encadrement scientifique. Aujourd'hui, le nombre des universités et des instituts supérieurs a volé en éclat, du fait de la libéralisation du secteur de l'Enseignement supérieur et universitaire (situation statistique en 2012-2013, tableau 8). Les statistiques disponibles en la matière permettent de dégager les grandes tendances des effectifs universitaires.

Tableau 8

Statistiques des effectifs de l'Enseignement supérieur et universitaire par type d'enseignement et qualité du personnel (2012-2013)

Tableau 8.1. Effectifs totaux

Types d'enseignement (1)	Effectifs totaux (Secteurs public et privé)			
	Établissements	Étudiants	Enseignants	PATO (2)
ISP	118	48 959	4 767	5 888
IST	390	175 547	11 840	12 652
Universités-IFAC	183	213 022	12 270	10 191
Total	**691**	**437 528**	**28 877**	**28 731**

Tableau 8.2. Part des effectifs féminins par type de personnel

Type d'enseignement (1)	Part des effectifs de sexe féminin		
	Étudiants	Enseignants	PATO (2)
ISP	13 356	317	1 588
IST	68 577	1 237	3 347
Universités-IFAC	55 295	993	2 555
Total	**137 228**	**2 547**	**7 490**

(1) ISP : Instituts Supérieurs Pédagogiques ; IST : Instituts Supérieurs Techniques ; IFAC : Instituts Facultaires, généralement appariés aux Universités. (2) PATO : Personnel administratif, technique et ouvrier.

On note que sur les 691 établissements recensés, plus de la moitié (390 établissements, soit 56,4%) appartiennent à la catégorie des Instituts supérieurs techniques (IST) ; 183 établissements sont de la catégorie Universités/Instituts facultaires (soit 26,5%), le reste étant de la catégorie des Instituts supérieurs pédagogiques (ISP) : 118 établissements, soit 17,1%. Au sujet des effectifs des étudiants dans les différents types d'enseignement, sur les 437 528 inscrits, la tendance s'inverse au profit des Universités/Instituts facultaires (213 022 inscrits, soit 48,7%). Viennent ensuite les Instituts supérieurs techniques, avec 175 547 inscrits (soit 40,1%) et, enfin, les Instituts supérieurs pédagogiques (48 959 inscrits, soit 11,2%). Cette répartition peut être visualisée ci-après, en tenant compte de la variation des chiffres disponibles.

La part du personnel enseignant suit le même classement : Universités/Instituts facultaires (12 270 enseignants, soit 42,5%), Instituts supérieurs techniques (11 840 enseignants, soit 41%) et Instituts supérieurs pédagogiques (4 767 enseignants, soit 16,5%). Le personnel enseignant et le personnel administratif, technique et ouvrier ont quasiment les effectifs de même ordre (respectivement 28 877 et 28 731 membres du personnel recensés). Dans l'ensemble, la part des effectifs féminins est variable : 31,1% des femmes dans le total des effectifs des étudiants, 8,8% dans le personnel enseignant et 26,1% dans le personnel administratif, technique et ouvrier. On peut suivre la situation générale des effectifs de l'enseignement supérieur et universitaire (ESU), de même que la situation particulière de la filière de formation concernant la géographie. Celle-ci semble se structurer autour de certains pôles universitaires. On ne manquera pas, toutefois, de souligner les limites de ces statistiques, qui sont par moment lacunaires pour certaines thématiques. Bien souvent en effet, les totaux publiés, par exemple sur le nombre des établissements recensés, sont différents d'un tableau à l'autre.

Le pôle universitaire de Kinshasa face à l'émergence de nouveaux noyaux

Un examen rapide des statistiques montre que le pôle universitaire de Kinshasa, avec au total 73 établissements (soit 9,5% du total national), est supplanté par d'autres noyaux émergents (Nord-Kivu 17%, ancien Katanga 12,2%, ancien Bandundu 10,6%) (tableau 9, figure 3). Là où Kinshasa compte 21,9% d'établissements du secteur public, le Nord-Kivu en comptait 40,7%, le Katanga 41,9% et le Bandundu 64,2%. Le boom du nombre d'établissements du secteur privé est surtout perceptible dans la même ancienne province du Katanga (58,1%) et le Nord-Kivu (59,2%). Nous avons stigmatisé voici plusieurs années une dérive régionaliste dans le redéploiement des universités et instituts supérieurs (Mashini, 1994). En effet, depuis le moment où les autorités ont commencé à vouloir renforcer la politique de décentralisation territoriale, les divers acteurs agissant sur le terrain, à travers les différentes provinces et territoires du pays, ont poussé à la démultiplication des institutions d'enseignement supérieur et universitaire. Chacune des entités administratives rivalisait d'ardeur pour acquérir, en son sein, qui un institut supérieur (pédagogique et/ou technique), qui une université, etc. Les plus ambitieux ont même poussé à la création des institutions privées, érigées souvent sans commune mesure avec les besoins locaux en matière de formation, et, bien souvent, au mépris des normes communément admises. Il n'est pas surprenant de constater un foisonnement des institutions d'enseignement, dont beaucoup ne sont pas du tout viables, ni du point de vue de la logistique en présence, ni du point de vue des qualifications requises de la part du personnel enseignant et d'encadrement scientifique. Depuis lors, la carte universitaire en RD CONGO a été complètement brouillée par des créations *ex nihilo*.

Tableau 9
Distribution des établissements de l'Enseignement Supérieur
et Universitaire par ancienne province (2012-2013)

Anciennes provinces	Établissements de niveau supérieur et universitaire			Part %
	Public	Privé	Total	
Kinshasa	16	57	73	9,5%
Bas-Congo	22	31	53	6,9%
Bandundu	52	29	81	10,6%
Équateur	34	14	48	6,3%
Province Orientale	37	25	62	8,1%
Nord-Kivu	53	77	130	17,0%
Sud-Kivu	30	38	68	8,9%
Maniema	21	14	35	4,6%
Kasaï Oriental	34	23	57	7,5%
Kasaï Occidental	41	23	64	8,4%
Katanga	39	54	93	12,2%
Total RDC	**379**	**385**	**764**	**100,0%**

Source : *Annuaire statistique de l'Enseignement Supérieur, Universitaire et Recherche Scientifique...*, Document cité.

On n'est pas loin de parler des « universités sous le manguier » pour la plupart de ces créations à la va-vite, nombre d'entre elles n'ayant en propre ni locaux appropriés, ni personnel d'encadrement qualifié en nombre suffisant, ni structure adéquate de gestion scientifique. Laxisme, complicité ou négligence dans le chef des autorités nationales appelées à gérer le secteur de l'Enseignement supérieur et universitaire ?

La variation du nombre des établissements visualisée sur la carte suivante montre les disparités dont on a fait état dans les lignes précédentes (voir aussi figure 4.1). À part le Maniema qui semblait moins favorisé (moins de 5% des effectifs nationaux), les autres provinces sont dans la moyenne nationale, en dehors du Nord-Kivu qui, lui, semble avoir été favorisé par la création des établissements aussi bien publics que privés (17% des effectifs nationaux).

Il ne nous a pas été possible de réaliser une carte des établissements publics et privés relevant du secteur de l'Enseignement supérieur et universitaire (ESU). Sur la page de couverture du « Vade-mecum du gestionnaire d'une institution d'enseignement supérieur et universitaire » (3ème édition, 2014), publié par la Commission Permanente des Études (CPE), une telle carte existe, indiquant la localisation des institutions supérieures et universitaires par territoire. De même, dans une publication antérieure du ministère de l'Enseignement supérieur et universitaire (PADEM, 2003), il existe une carte universitaire qui, à l'époque, préconisait la répartition en onze académies (pp. 59-60). L'examen des deux documents laisse une impression de saupoudrage des institutions d'enseignement supérieur et universitaire à travers le territoire national.

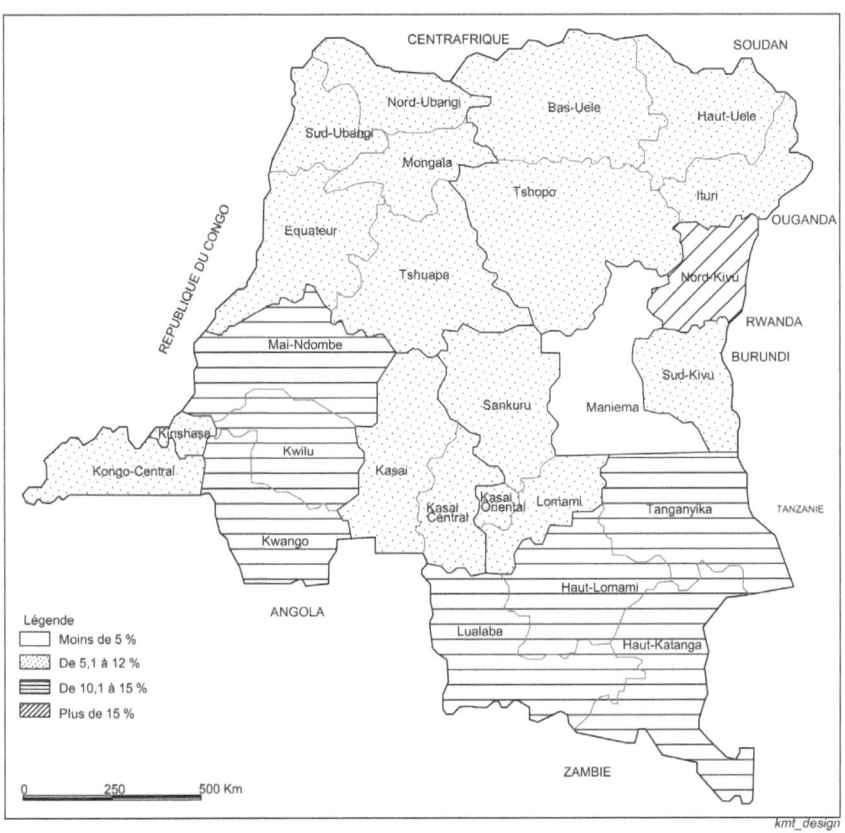

Figure 3. Répartition en pourcentage du nombre des établissements de l'Enseignement supérieur et universitaire selon les anciennes provinces (2013)

La distribution du nombre d'étudiants inscrits ne suit pas la logique d'éclatement qui vient d'être signalée. On note une concentration à Kinshasa et dans l'ancien Katanga (tableau 10, figure 4.2). Si la majeure partie des étudiants se retrouvent dans le secteur public (71,8% contre 21,2% pour le secteur privé), la situation est différente à Kinshasa que dans les provinces.

Tableau 10

Distribution du nombre d'étudiants de l'Enseignement supérieur et universitaire par ancienne province (2012-2013)

Anciennes provinces de la RDC	Étudiants			Part %
	Public	Privé	Total	
Kinshasa	103 482	46 483	149 965	34,3%
Bas-Congo	8 573	9 524	18 097	4,1%
Bandundu	24 402	4 444	28 846	6,6%
Équateur	11 191	1 598	12 789	2,9%
Province Orientale	23 733	4 363	28 096	6,4%
Nord-Kivu	19 662	21 550	41 212	9,4%
Sud-Kivu	18 232	15 606	33 838	7,7%
Maniema	6 097	4 412	10 509	2,4%
Kasaï Oriental	16 449	2 358	18 807	4,3%
Kasaï Occidental	13 376	850	14 226	3,3%
Katanga	69 069	12 079	81 148	18,5%
Total RDC	**314 266**	**123 267**	**437 533**	**100,0%**

Source : *Annuaire statistique de l'Enseignement Supérieur, Universitaire et Recherche Scientifique...*, op. cit.

La proportion des étudiants inscrits est fort variable tant dans le public que dans le privé. Faut-il s'étonner de cette forte variation, alors même que l'on connaît les disparités assez manifestes notées à travers les diverses structures universitaires du pays. Cette situation n'est pas récente pour le secteur éducatif en RD Congo. À regarder de près la carte universitaire du pays, les déséquilibres sautent aux yeux, ce qui ne manque pas d'interpeller les consciences par rapport à la politique d'intégration nationale.

Au sein de ces structures de l'Enseignement supérieur et universitaire, quelle est la part des institutions qui se consacrent à la formation scientifique en géographie ? On verra que le déséquilibre est réel, en défaveur de la discipline. La situation est différente selon qu'il s'agit des Instituts supérieurs pédagogiques (ISP) ou des universités. On ne trouve pas la filière d'étude de géographie ni celle de gestion de l'environnement dans les institutions d'enseignement privées qui prolifèrent aujourd'hui en RD Congo.

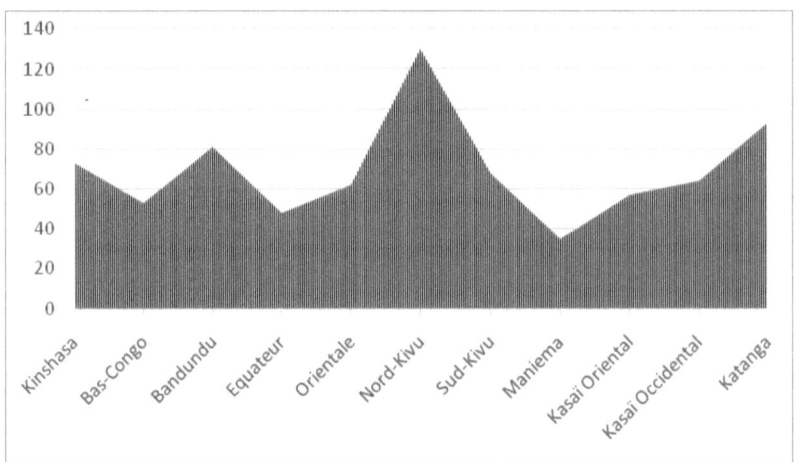

Figure 4.1. Répartition du nombre total des établissements de l'Enseignement supérieur et universitaire par ancienne province (2012-2013)

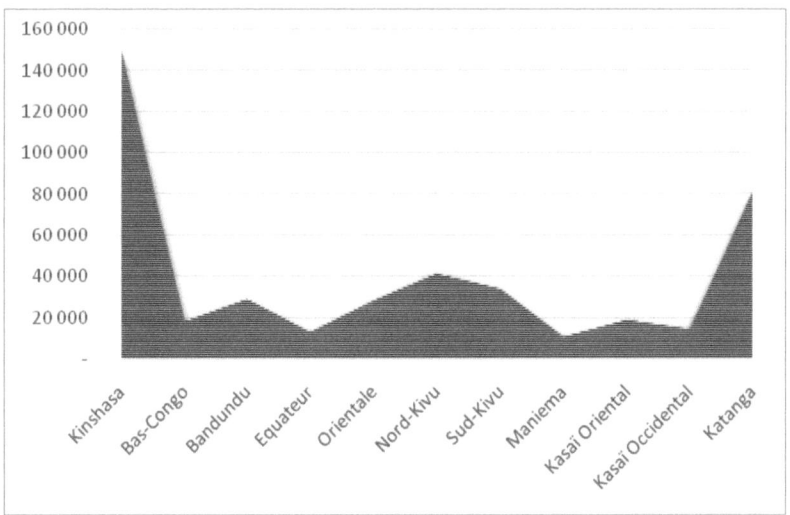

Figure 4.2. Répartition du nombre total des étudiants de l'Enseignement supérieur et universitaire par ancienne province (2012-2013)

Au sein de ces structures de l'Enseignement supérieur et universitaire, quelle est la part des institutions qui se consacrent à la formation scientifique en géographie ? On verra que le déséquilibre est réel, en défaveur de la discipline. On ne trouve pas la filière de géographie ni celle de gestion de l'environnement dans les institutions d'enseignement privées qui prolifèrent aujourd'hui en RD Congo.

La place marginale de la formation en géographie comparée à d'autres filières scientifiques

Dans les instituts supérieurs, la géographie est reliée à la gestion de l'environnement, classée dans la catégorie des sciences exactes (avec la chimie, la biologie, les mathématiques, la physique, etc.) (tableau 11, figure 5.1). Au sein des Universités, les étudiants suivant la filière de géographie (à l'UNIKIN, UPN, UNILU) sont repris dans le groupe des sciences (tableau 12).

Tableau 11

Effectifs des étudiants inscrits dans la filière géographie-gestion de l'environnement dans les ISP (2012-2013)

Provinces	Graduat	Licence	Total	%
Kinshasa	169	30	199	12,2
Bas-Congo	0	0	0	-
Bandundu	435	44	479	29,4
Équateur	9	0	9	0,6
Province Orientale	232	18	250	15,3
Maniema	26	0	26	1,6
Nord-Kivu	148	7	155	9,5
Sud-Kivu	70	19	89	5,5
Katanga	38	3	41	2,5
Kasaï Oriental	233	5	238	14,6
Kasaï Occidental	129	15	144	8,8
Total RDC	1 489	141	1 630	100,0
Sciences naturelles et exactes	9 144	888	10 032	-

Sur base des indications fournies, on a pu extrapoler la part de la filière de géographie et gestion de l'environnement dans le secteur à la fois des sciences exactes (ISP) et des sciences (Universités). Il apparaît que sur près de 1 630 étudiants inscrits dans les ISP dans la filière géographie et gestion de l'environnement, ceux-ci sont très inégalement répartis entre les cycles de graduat (1 489 inscrits, soit 91,4%) et de licence (141 inscrits, soit 8,6%). Quelques provinces se distinguent dans cette formation en géographie, à savoir, les anciennes provinces de Bandundu (29,4%), de la Province Orientale (15,3%), du Kasaï Oriental (14,6%) et Kinshasa (12,2%). Si trois autres provinces ont une part faible (Nord-Kivu 9,5%, l'ancien Kasaï Occidental 8,8% et Sud-Kivu 5,5%), les autres ont une part fortement négligente (l'ancien Katanga 2,5%, Maniema 1,6%, l'ancien Équateur 0,6%), le Bas-Congo ne formant aucun étudiant dans cette filière(figure 5.2).

Tableau 12
Effectifs des étudiants en géographie et gestion de l'environnement par rapport au total de la branche « Sciences » (2012-2013)

	Sciences	GGE	Total	%
Kinshasa	7 108	449	7 557	5,9
Bas-Congo	351	-	351	0,0
Bandundu	4 279	479	4 758	10,1
Équateur	773	9	782	1,2
Province Orientale	1 505	250	1 755	14,2
Maniema	80	26	106	24,5
Nord-Kivu	1 356	155	1 511	10,3
Sud-Kivu	1 571	89	1 660	5,4
Katanga	7 205	191	7 396	2,6
Kasaï Oriental	1 156	238	1 394	17,1
Kasaï Occidental	1 091	144	1 235	11,7
Total RDC	26 475	2 030	28 505	7,1

GGE : Géographie et gestion de l'environnement

Source : *Annuaire statistique de l'Enseignement Supérieur, Universitaire et Recherche Scientifique*, Document cité.

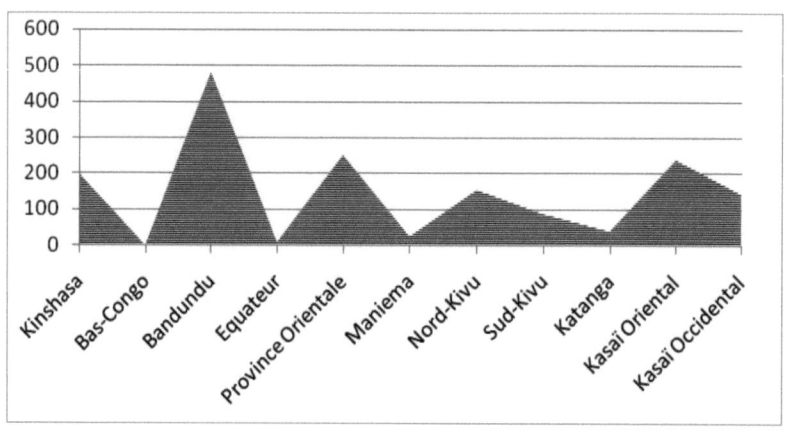

Figure 5.1. Effectifs des étudiants en Géographie et gestion de l'Environnement (GGE) dans les Instituts Supérieurs Pédagogiques - ISP (2012-2013)

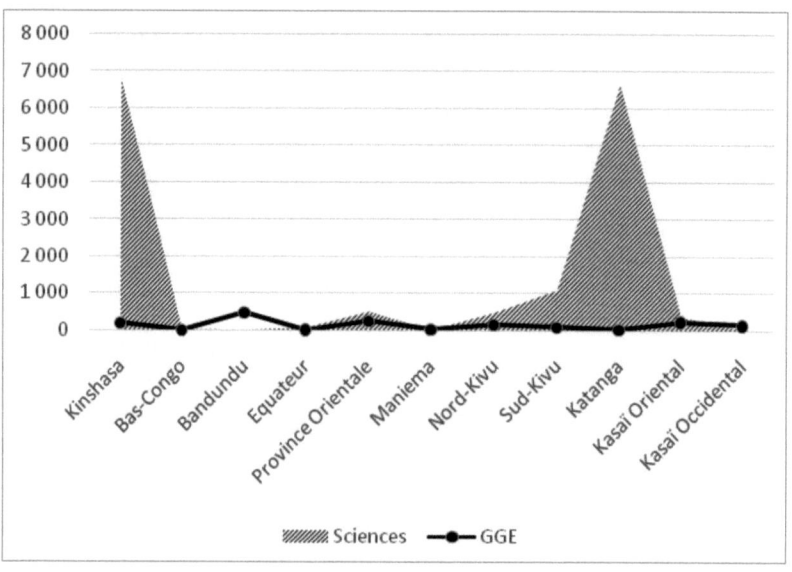

Figure 5.2. Effectifs des étudiants en Géographie et gestion de l'Environnement par rapport au total de la branche Sciences dans les Universités (2012-2013)

Figure 6. Variation du pourcentage des effectifs des étudiants en Géographie et gestion de l'Environnement par rapport à la branche des « Sciences » à travers les anciennes provinces (2012-2013)

Liste indicative des institutions de formation en géographie (la liste n'est pas exhaustive). KINSHASA : Université de Kinshasa (UNIKIN), Université pédagogique nationale (UPN), Institut Supérieur Pédagogique – ISP/Gombe ; BAS-CONGO : Néant ; BANDUNDU : ISP/Kikwit et ses extensions, ISP/Bulungu, ISP/Gungu, ISP/Yumbi (...) ; ÉQUATEUR : ISP/Mbandaka, ISP/Bumba(...) ; KASAÏ OCCIDENTAL : ISP/Kananga, ISP/Tshikapa (...) ; KASAÏ ORIENTAL : ISP/Mbuji-Mayi, ISP/Kabinda (...) ; KATANGA : Université de Lubumbashi (UNILU), ISP/Lubumbashi (...) ; MANIEMA : ISP/Kindu (...) ; NORD-KIVU : ISP/Goma (...) ; SUD-KIVU : ISP/Bukavu (...) ; PROVINCE ORIENTALE : ISP/Kisangani, ISP/Bunia, ISP/Buta (...).Comme on le voit, le Congo (RDC) compte un nombre important d'Instituts Supérieurs qui assurent la formation en Géographie et gestion de l'Environnement.

À la base de la variation des chiffres mentionnée, se trouve l'inégale répartition des institutions de formation en géographie (liste indicative au bas de la figure 6). Il faut aussi compter avec la concurrence des autres filières d'étude. Au niveau des Universités, le nombre d'inscrits en Sciences (soit un total de 26 481 étudiants), montre une très forte concentration dans deux provinces : Kinshasa 26,8% et l'ancien Katanga 27,2%, et relativement importante dans l'ancien Bandundu avec 16,2%. Ailleurs les effectifs sont faibles : Sud-Kivu 5,9%, ancienne Province Orientale 5,7%, Nord-Kivu 5,1%, anciens Kasaï Oriental et Occidental entre 4,4% et 4,1% ; ancienne province de l'Équateur 2,9% ; Maniema 1,3% et Bas-Congo 0,3%. La présence à Kinshasa de deux universités publiques (UNIKIN et UPN) renforce les inscriptions en Sciences, de même que l'Université de Lubumbashi dans le Katanga. Les universités du secteur privé semblent donner priorité, dans la création des filières d'étude, à des orientations nouvelles (informatique de gestion, management, etc.). Ces dernières universités arrivent même à dédoubler, dans les mêmes villes, les filières de formation déjà présentes dans les universités publiques.

La comparaison entre les effectifs des inscrits en sciences et ceux dans la filière géographie et gestion de l'environnement, montre une situation paradoxale où le Maniema (24,5%), l'ancienne province du Kasaï Oriental (17,1%), la Province Orientale (14,2%), etc. apparaissent comme des pôles de formation de géographie (Figure 7). Il s'agit dans ce cas de la forte influence des institutions de formation pédagogique, qui dans certains cas rehaussent les effectifs de la filière de géographie. Pour le Maniema, les effectifs sont numériquement faibles (26 étudiants en géographie et gestion de l'environnement), mais leur part est proportionnellement importante. La carte y relative dégage les inégalités entre les anciennes provinces, la situation étant surtout liée à la variation des chiffres fournis par les institutions d'enseignement. Il n'y a pas d'explications particulières à cette variation des effectifs d'une province à l'autre. Les choix des études sont, comme on le sait, le plus souvent aléatoires et ne répondent pas à des stratégies préétablies de la part des étudiants. Cela n'empêche que l'on puisse visualiser la concentration que les chiffres dégagent, cette situation étant une photographie du secteur.

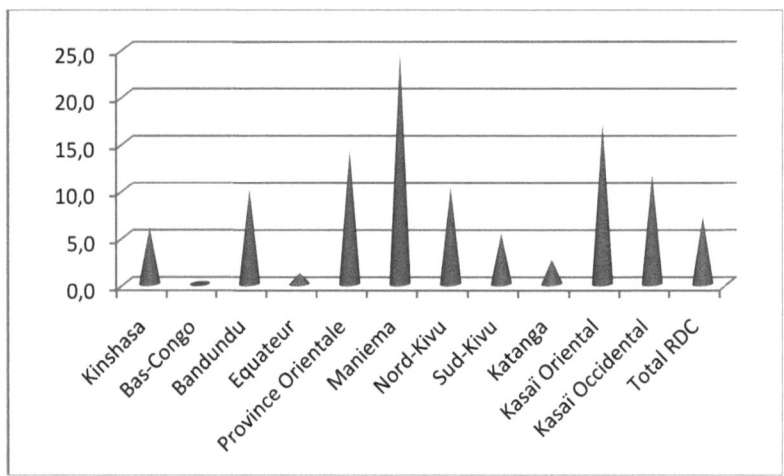

Figure 7. Part de la filière Géographie et gestion de l'Environnement par rapport à la composante des Sciences (2012-2013)

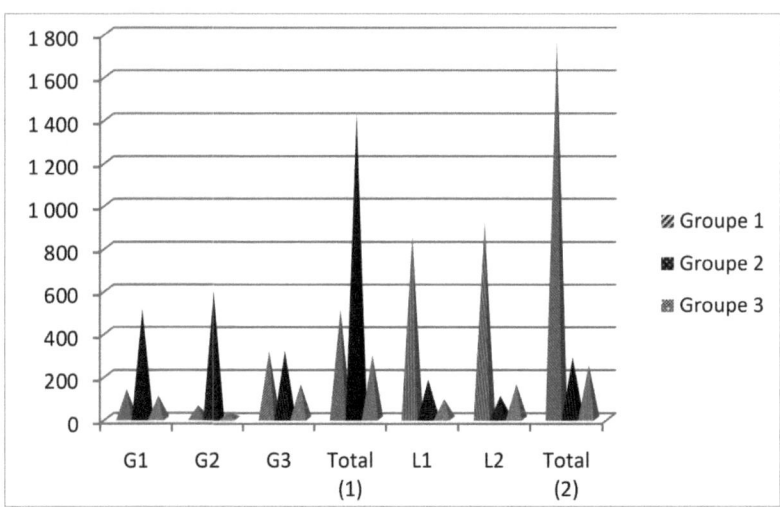

Figure 8. Nombre total d'heures de formation en Géographie-Sciences de l'Environnement par groupe des cours enseignés (UPN, 2011)

La situation décrite montre qu'aux deux pôles initiaux de formation universitaire en géographie de Kinshasa et de Lubumbashi, il faudrait associer les deux autres constitués par Kikwit (ville du Kwilu, dans l'ancienne province de Bandundu) et Kananga (ancienne province du Kasaï Occidental). Il y a donc lieu de parler d'un élargissement de la base de formation en géographie. On devrait évidemment tenir compte de la spécialisation souhaitée, selon que l'on se trouve dans les facultés universitaires ou dans les institutions d'enseignement supérieur. Ces dernières se spécialisent dans l'enseignement de la géographie liée à la gestion de l'environnement même si, dans les faits, la teneur de la formation reste du même type. On peut évaluer à présent les possibilités d'encadrement scientifique offertes dans le domaine de la géographie universitaire. La carte universitaire est en mutation en RD CONGO, dès lors que des institutions supérieures et universitaires, publiques et/ou privées, ont essaimé un peu partout sur l'ensemble du territoire national.

C. Les perspectives de formation en géographie et les limites de l'encadrement scientifique

On peut revenir sur les statistiques du personnel académique et scientifique, pour déterminer le profil d'encadrement du personnel disponible en géographie[4]. Faute de renseignements intégrant les données sur l'ensemble des institutions de formation en géographie, on établira ici ce profil partiellement. Les tendances sociologiques restent les mêmes au travers de l'enseignement supérieur et universitaire, le personnel en place étant vieillissant.

Les bases de la formation en géographie et les perspectives offertes

L'Université pédagogique nationale (UPN) a le mérite d'organiser, au sein du département de Géographie-Sciences de l'environnement, des enseignements mixtes. Ceux-ci regroupent à la fois la composante scientifique de la discipline et la dimension psychopédagogique. L'indication des cours prévus au programme de formation en géographie donne un panorama éloquent (tableau 13).

---

4 Voir aussi les renseignements issus de l'enquête auprès des géographes congolais (Annexe n° 1).

Tableau 13
Panorama des cours universitaires en géographie (UPN, Kinshasa)

Années d'études (1)	Cours basiques (2)	Autres cours scientifiques (3)	Autres activités (4)
Cycle de graduat (3 ans)			
G1, 11 cours *(750 heures)*	La géographie générale (90h). Les notions d'environnement et de géographie (45h)	La biologie générale (90h). La chimie générale (105h). Les mathématiques générales (105h). La géologie générale (60h). La physique générale (90h). L'informatique (60h).	L'éducation à la citoyenneté (30h). La logique, l'expression écrite et orale (45h). L'anglais technique (30h)
G2, 11 cours *(690 heures)*	La géographie de l'Afrique (60h)	La photogrammétrie et la cartographie (90h). La météorologie et la climatologie générale (90h). La géomorphologie générale (60h). L'hydrologie générale (60h). La pédologie générale (60h). La topographie générale (60h). L'écologie générale (60h). La démographie (60h). Les probabilités et les statistiques (60h).	L'initiation à la recherche scientifique (30h)
G3, 11 cours + Stage + Travail de fin de cycle *(790 heures)*	La géographie et la société (45h). La géographie rurale (60h). La géographie régionale (75h). La géographie du Congo (75h). La géographie urbaine (60h)	La biogéographie (75h). La géomorphologie dynamique (45h). La télédétection et la photo-interprétation (75h). Les statistiques appliquées (60h). La minéralogie (30h). Les notions d'astronomie et de géologie (30h)	Un stage spécialisé d'un mois (160h). La rédaction et la défense d'un travail de fin de cycle
Cycle de licence (deux options, 2 ans)			

Années d'études (1)	Cours basiques (2)	Autres cours scientifiques (3)	Autres activités (4)
L1 Géographie Physique, 11 cours + Stage *(765 heures)*	La sédimentologie (60h). La géographie économique (60h). La minéralogie des argiles (45h). La volcanologie (90h). L'hydrologie appliquée (90h). La météorologie et la climatologie appliquée (90h).	La législation foncière du Congo (30h). La prévention des catastrophes naturelles (30h). La gestion des ressources naturelles (45h). L'informatique appliquée (75h)	Un stage (90h)
L1 Géographie Humaine – GHAT, 11 cours + Stage *(765 heures)*	La géographie économique (75h). L'aménagement rural et urbain (120h). La géomorphologie appliquée (60h). Les notions d'urbanisme et d'architecture (60h). La géographie de transport (45h). La géologie et l'environnement (60h).	La législation foncière du Congo (30h). La prévention des catastrophes naturelles (30h). La gestion des ressources naturelles (45h). L'informatique appliquée (75h)	Un stage (90h)
L2 Géographie Physique (GENV), 10 cours + Stage + Mémoire *(670 heures)*	La géomorphologie structurale (90h). La climatologie intertropicale (105h). La géologie du Congo (60h). La géoclimatologie climatique et du littoral (60h). La pédologie intertropicale (90h)	L'analyse des projets (60h). L'éthique et la déontologie professionnelle (30h). L'histoire et la critique des sciences (15h)	Un stage d'un mois (160h). La rédaction et la défense d'un mémoire

Années d'études (1)	Cours basiques (2)	Autres cours scientifiques (3)	Autres activités (4)
L2 Géographie Humaine (GHAT), 10 cours + Stage + Mémoire *(705 heures)*	L'aménagement rural (90h). L'aménagement urbain (90h). L'analyse spatiale (90h). L'architecture (75h). La géographie du tourisme (60h). L'aménagement du territoire (105h)	L'analyse des projets (60h). L'éthique et la déontologie professionnelle (30h). L'histoire et la critique des sciences (15h)	Un stage d'un mois (160h). La rédaction et la défense d'un mémoire

Source : Université pédagogique nationale, Rectorat, *Réorganisation des programmes d'étude et de recherche*, Kinshasa, 2011, pp. 193-196.

(1) G1, G2 et G3 : 1ère, 2ème et 3ème années de graduat ; L1 et L2 GHAT : 1ère et 2ème années de licence en Géographie humaine, option : Aménagement du Territoire ; L1 et L2 GENV : 1ère et 2ème années en Géographie physique, option : Environnement ; (2) Cours basiques : principaux cours à option de la composante « géographie » ; (3) Autres cours scientifiques inscrits au programme universitaire ; (4) Autres activités spécifiques (Stage, rédaction de travail de fin de cycle ou de mémoire).

Les cours repris dans le groupe 1 sont des cours de base de la composante « géographie ». Ils constituent la formation initiale des étudiants et comptent au total pour 2 280 heures (soit 510 heures ou 22,9% au premier cycle et 1 770 heures ou 76,7% au second cycle). La première catégorie de cours représente dans l'ensemble 50,3% du total des heures prévues au programme. On citera dans cette catégorie, les cours généraux (la géographie générale et les notions d'environnement et de géographie en 1ère année de graduat ; la géographie de l'Afrique en 2ème année ; la géographie et la société, la géographie régionale, la géographie rurale ou urbaine en 3ème année, etc.). En licence, une double spécialisation en géographie physique (environnement) ou en géographie humaine (urbanisme, aménagement du territoire) est proposée, avec des cours spécifiques liés à chaque filière (la sédimentologie, la minéralogie, l'hydrologie, la météorologie ou la climatologie appliquée pour la branche géographie physique, etc. ; ou encore l'aménagement rural et urbain, les notions d'urbanisme et architecture, la géographie du tourisme, etc. pour la branche géographie humaine).

Les cours du groupe 2 sont les autres cours scientifiques inscrits au programme de formation géographique. Ils représentent 1 710 heures (soit 37,7% du total), avec un poids relativement fort au premier cycle (1 425 heures, soit 63,9%) qu'au second cycle (285 heures, soit 12,4%). Les cours de cette catégorie constituent les matières du tronc commun au niveau de la licence. Il s'agit des cours dits scientifiques. Pour la filière de géographie physique, on peut citer la biologie, la chimie, les mathématiques, la physique générales, etc. Il s'agit aussi des autres cours apparentés à la géographie (la géologie, la géomorphologie, la pédologie, etc. au premier cycle ; l'écologie appliquée, la volcanologie, la géo-climatologie, etc. au deuxième cycle). Et pour la filière de géographie humaine, on retrouve l'écologie appliquée, l'aménagement rural et urbain, l'analyse spatiale, etc

Tableau 14

Nombre total d'heures de formation en géographie par groupe et catégorie de cours (UPN, 2011)

Années	Groupe 1	Groupe 2	Groupe 3	Total
G1	135	510	105	750
G2	60	600	30	690
G3	315	315	160	790
Total (1)	510 (22,9%)	1 425 (63,9%)	295 (13,2%)	2 230 (100%)
L1	855	180	90	1 125
L2	915	105	160	1 180
Total (2)	1 770 (76,7%)	285 (12,4%)	250 (10,9%)	2 305 (100%)
Total (1) + (2)	2 280 (50,3%)	1 710 (37,7%)	545 (12,0%)	4 535 (100%)

Groupe 1 – Cours basiques à composante « géographie » ; Groupe 2 – Cours scientifiques inscrits au programme de formation géographique ; Groupe 3 – Autres cours généraux et/ou activités spécifiques (Stages, mémoires).

Dans le groupe 3, sont rangés des cours généraux et/ou des activités spécifiques (Stage, travail de fin de cycle, mémoire, etc.). Ce dernier groupe compte pour 545 heures en tout (soit 12%), avec une ventilation de 295 heures au premier cycle (soit 13,2%) et 250 heures au deuxième cycle (soit 10,9%). Situation logique, si on doit tenir compte de la spécialisation dans la discipline. Au total, la structure pyramidale des heures de formation prévues indique une très forte dominance des cours dits scientifiques – au niveau du premier cycle. Et une situation nettement inversée au niveau de la licence, avec la prédominance des cours du groupe 1 – ceux directement rattachés à la formation géographique des étudiants (tableau 14). Les proportions des heures prévues pour les activités regroupées dans le groupe 3 sont, dans les deux cycles, moins importantes en volume horaire (revoir figure 8). Cette spécialisation des connaissances est valorisée par une double initiation, marquée par un stage professionnel (stage d'enseignement) et par un autre stage en entreprise. On s'attend à retrouver cette structure pyramidale des enseignements dans les autres institutions dispensant la formation en géographie.

Dans la version initiale des programmes revus, le département de Géographie-Sciences de l'environnement avait débuté avec une formation postuniversitaire tournée autour des composantes suivantes : (a) les matières communes (essentiellement d'ordre psychopédagogique) ; (b) la didactique de la géographie ; (c) la géographie physique ; (d) la géographie humaine et économique ; (e) l'environnement et l'aménagement du territoire (tableau 15). Il était prévu en outre, dans les deux ans suivant l'obtention d'un diplôme d'études approfondies (DEA), la rédaction et la défense publique d'une thèse de doctorat, dans un des domaines proposés par le programme de formation.

Les autres perspectives de formation et l'ouverture vers la recherche scientifique

Le programme de formation doctorale des géographes, à un moment suspendu, a repris tout récemment, notamment à travers les différentes universités du pays (Kinshasa, l'UNIKIN y compris l'UPN et Lubumbashi). Un nombre limité de chercheurs a pu présenter le doctorat. Dans le courant de la dernière année académique, c'est l'Université de Kinshasa (UNIKIN) qui a battu le record de soutenances des thèses en géographie, avec la défense de trois ou quatre thèses de doctorat dans l'espace de quelques semaines. En dépit des difficultés évidentes d'encadrement, la science géographique poursuit sa dynamique de renouvellement en RD Congo.

Tableau 15
Perspectives de formation postuniversitaire offertes à l'UPN
(Diplôme d'études approfondies et doctorat en géographie)

	Composantes	Articulations des matières
A	Matières Communes	1. Les techniques de communication pédagogique ; 2. La psychologie de l'adulte ; 3. Des informations psychopédagogiques et spécialisées ; 4. Une langue étrangère ; 5. La rédaction et la défense d'une dissertation
B	Didactique de la géographie	1. Questions approfondies de la didactique de la géographie ; 2. Épistémologie et histoire de l'enseignement de la géographie ; 3. Méthodes quantitatives approfondies ; 4. Évaluation docimologique et construction des tests dans l'enseignement de la géographie
C	Géographie Physique	1. Questions spéciales de méthodologie de recherche en géographie physique ; 2. Questions spéciales de la géologie du Congo ; 3. Questions spéciales de pédologie ; 4. Questions approfondies de climatologie appliquée
D	Géographie humaine et économique	1. Questions approfondies de méthodologie de recherche en géographie humaine et économique ; 2. Questions approfondies d'économie rurale ; 3. Questions approfondies de géographie de transport ; 4. Questions spéciales de démographie et de géographie de la population ; 5. Questions spéciales des relations villes-campagnes ; 6. Questions approfondies de recherche en géographie humaine et économique
E	Environnement et aménagement du territoire	1. Questions spéciales d'assainissement de milieux ruraux et urbains ; 2. Questions approfondies des écosystèmes tropicaux ; 3. Aménagement du territoire et conservation des ressources naturelles ; 4. Questions approfondies de géographie de transport ; 5. Questions spéciales de démographie et de la géographie de la population ; 6. Questions approfondies de méthodologie de recherche en écologie et en environnement
F	Doctorat (trois ans)	1. La participation aux conférences et séminaires de recherche ; 2. La rédaction de thèse et consultation des promoteurs et autres personnalités intéressées ; 3. Achèvement de la rédaction et défense de la thèse.

Source : Université pédagogique nationale, *Réorganisation des programmes d'étude et de recherche,* Document cité, Kinshasa, 2011, pp. 196-197.

Voilà donc le programme de formation doctorale, en cours de révisitation, tel que proposé aux chercheurs inscrits au troisième cycle à l'Université pédagogique nationale (UPN), en vue de leur progression vers le doctorat. Il va de soi que les propositions de formation qui suivent ne devraient pas être prises au pied de la lettre. Il est question d'ajuster les modules en fonction du profil des auditeurs inscrits et de leur expérience antérieure. Il arrive que des chercheurs nettement plus anciens dans les circuits de l'enseignement supérieur et universitaire côtoient des éléments jeunes ou issus d'autres écoles de formation. Enfin, les thèmes de recherche devraient orienter le regroupement des apprenants dans des modules qui soient facilement ajustables aux nécessités de la recherche doctorale. Il faut inculquer dans l'esprit des doctorants que ce niveau élevé de la recherche appelle de leur part un engagement particulier et une motivation personnelle pour permettre de réaliser une recherche approfondie, qui soit, à bien des égards, originale.

Après le volet de la formation, on peut à présent, sur base des renseignements disponibles, déterminer les effectifs engagés dans l'encadrement universitaire en géographie, et en même temps indiquer un certain nombre de faiblesses qui apparaissent par rapport à cet encadrement, notamment sur les plans scientifique et pédagogique. Nous soulignerons pour l'essentiel la faiblesse du point de vue des effectifs d'encadrement et, un peu plus loin, les disparités dans les encadrements en fonction du genre et du personnel réellement mis à la disposition des étudiants. Ainsi qu'il a déjà été mentionné, les effectifs universitaires sont aujourd'hui difficilement maîtrisables par les autorités, étant donné la dérive qu'il y a eu dans le secteur de l'enseignement supérieur et universitaire, avec la création de multiples institutions, publiques comme privées.

La faiblesse numérique du personnel académique face à la faible diversité des formations encadrantes

La comparaison des effectifs d'encadrement concerne ici trois institutions : l'Université de Kinshasa (UNIKIN, avec un total de 7 professeurs), celle de Lubumbashi (UNILU, 11 professeurs) et l'Université pédagogique nationale (UPN, avec 27 professeurs) (tableau 16, figure 9). Il apparaît clairement que cette dernière s'accapare d'un nombre important d'enseignants qualifiés de géographie (soit 60% des effectifs)[5]. La situation sociale handicapante du personnel académique peut être relevée. Avec près de quatre fois plus

---
5 Voir en Annexe n° 2, la liste générale des géographes universitaires (professeurs de géographie par grade académique) pour les différentes universités signalées.

d'effectifs des géographes universitaires recensés, la situation du département de Géographie-Sciences de l'environnement de l'Université pédagogique nationale (UPN) est particulière. Elle paraît favorable du point de vue numérique, mais on verra que le profil des âges en présence s'avère un élément handicapant pour la suite, étant donné le vieillissement du personnel académique qui se profile à l'horizon. On retiendra que cette situation n'est pas spécifique au seul cas étudié, loin s'en faut, les autres institutions universitaires étant quasi dans la même situation.

Les structures des âges tout comme les niveaux d'encadrements sociaux ne sont pas différents dans les différentes universités de la RD Congo. Il serait surprenant que cela en soit autrement, dans un pays où nombre de problèmes sociaux ne sont pas pris en compte par les autorités compétentes. Au moment où nous bouclons ces lignes, le personnel académique des institutions supérieures et universitaires est en grève, déclenchée voici plusieurs semaines, sans qu'aucune autorité ne s'en émeuve ! Les motivations des enseignants semblent ne pas préoccuper les gouvernants, occupés à prolonger leurs mandats électifs, sans tenir compte de la grogne sociale qui se fait jour dans le pays, y compris en dehors des milieux universitaires. La question des salaires n'étant pas uniquement corrélée à la parité avec le dollar américain, les enseignants universitaires veulent, notamment, une refonte des barêmes salariaux.

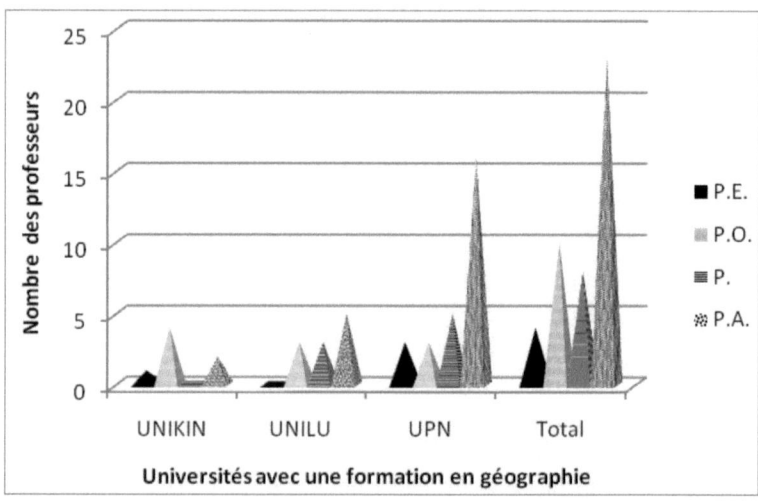

Figure 9. Effectifs des professeurs de géographie par université et par grade
(UNIKIN, UNILU et UPN)

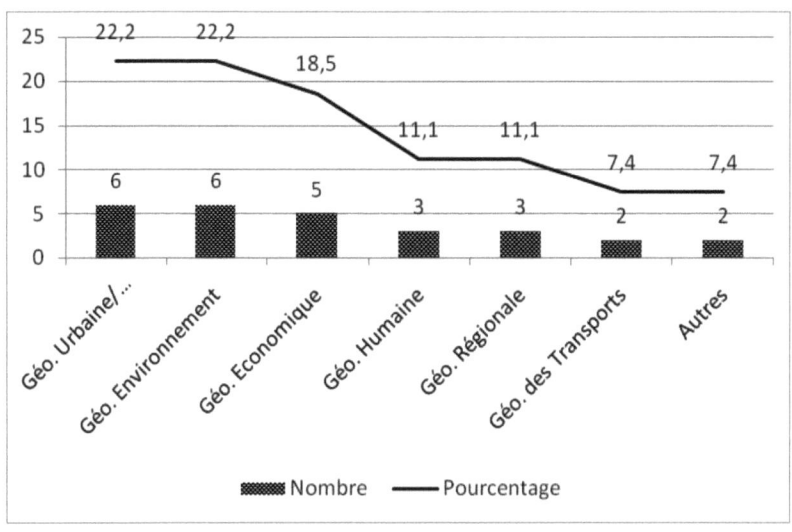

Figure 10. Les différentes spécialisations des professeurs de géographie (UPN)

Tableau 16
Effectifs d'encadrement des études universitaires en géographie
(UNIKIN, UNILU et UPN, 2015)

Grades académiques et Scientifiques	UNIKIN (1)	UNILU (2)	UPN (3)	TOTAL
Professeurs Émérites (P.E.)	1	-	3	4
Professeurs Ordinaires (P.O.)	4	3	3	10
Professeurs (P.)	-	3	5	8
Professeurs Associés (P.A.)	2	5	16	23
Sous-total Professeurs	7	11	27	45
Chefs de travaux (C.T.)	n.d.	7	24	31
Assistants 2ème mandat (Ass.2)	n.d.	6	5	11
Sous-total Autres	n.d.	13	29	42
TOTAL	7	24	56	87

n.d. = données non disponibles.

L'autre tableau fournit une répartition par domaine de spécialisation, selon les propres déclarations du personnel académique concerné (tableau 17, figure 10).

Tableau 17
Répartition des géographes universitaires et autres spécialisations
à l'UPN par grade (2015)

Spécialisations	PE	PO	P	PA	TOTAL	%
Géographie urbaine/ Aménagement du territoire	1	1	1	3	6	22,2
Géographie-Environnement/ Gestion de l'environnement	-	-	2	4	6	22,2
Géographie économique/ Géographie sociale	1	1	-	3	5	18,5
Géographie humaine/ Tourisme Géographie de la santé	1	-	-	2	3	11,1
Géographie régionale/ Géographie de développement	-	-	1	2	3	11,1
Géographie de transport	-	1	1	-	2	7,4
Autres spécialisations	-	-	-	2	2	7,4
Total	3	3	5	16	27	100

Il faudrait, bien entendu, actualiser régulièrement ces données, en fonction de nouveaux recrutements ou de nouvelles promotions académiques dans le rang du personnel concerné. On sait par ailleurs que ces promotions sont lentes, inégalement accordées, induisant ainsi une disparité dans les encadrements disponibles (figure 11). La situation du personnel en géographie de l'Université pédagogique nationale (UPN), telle qu'elle est exposée dans le tableau ci-dessus, paraît exceptionnelle étant donné le nombre d'enseignants spécialisés qui s'y trouve concentré. Les différents profils et itinéraires professionnels de ces acteurs de la géographie universitaire seront indiqués plus loin.

L'encadrement des étudiants et le vieillissement du personnel de géographie

Au niveau général de l'Enseignement supérieur et universitaire, on peut noter que sur 437 528 étudiants et 28 877 enseignants (situation en 2012-2013), les taux d'encadrement globaux étaient de l'ordre de 15,1 étudiants par enseignant, avec les variations suivantes : 10,3 étudiants pour les ISP, 14,8 étudiants pour les IST et 17,4 étudiants pour les Universités et Instituts facultaires. À l'UPN, avec près de 250 étudiants au département de Géographie-Sciences de l'environnement, et un total de 27 enseignants, le taux d'encadrement se situe aux alentours de 9,3 étudiants par enseignant. Cette situation paraît largement favorable au vu des effectifs en présence. Mais est-ce suffisant pour s'en accommoder ? Le « who is who » des géographes, élaboré plus loin, permettra de répondre à cette inquiétude, étant donné la rareté du personnel universitaire qualifié et disponible pour l'encadrement des étudiants et des chercheurs. Il reste à dégager le profil du personnel selon l'âge, ce qui montre un vieillissement inévitable du corps enseignant (tableau 18). Les données en présence nous placent dans une situation d'un fort déséquilibre selon le genre en ce qui concerne le personnel enseignant. On note à peine un effectif de deux femmes (aujourd'hui trois) (soit 7,4%) contre 25 hommes enseignants en géographie (soit 92,6%). Cette situation de déséquilibre selon le genre ne changera pas de si tôt, elle existe dans d'autres secteurs.

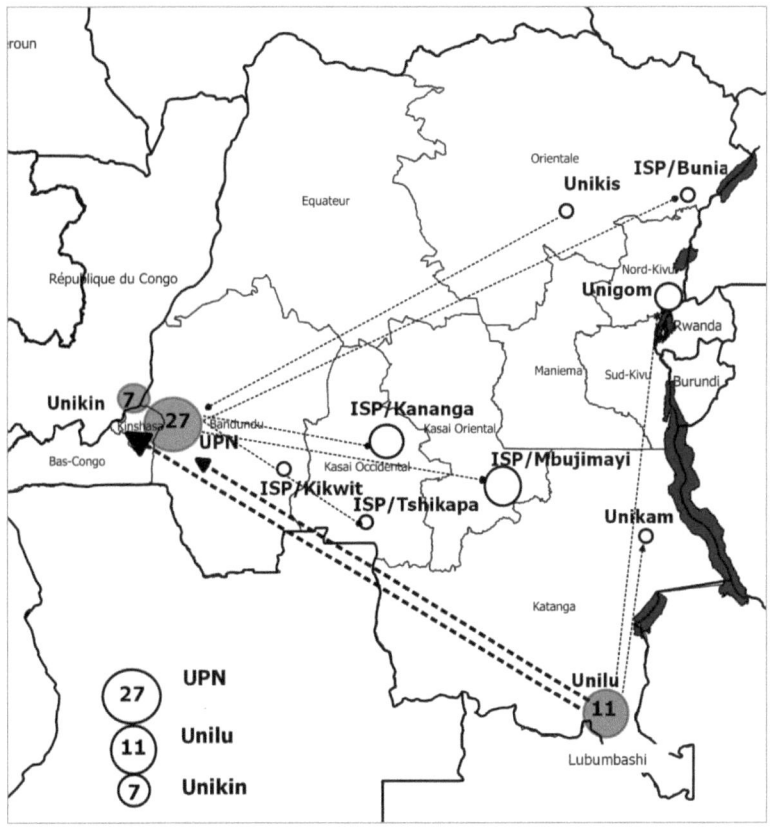

Figure 11. Pôles régionaux et mobilité universitaire des professeurs de géographie (situation en 2015-2016)

N.B. Les catégories des professeurs ici prises en compte comportent, selon les normes universitaires congolaises, le personnel académique ci-après : les Professeurs émérites (PE), les Professeurs ordinaires (PO), les Professeurs (P) et les Professeurs associés (PA) (figure 9). Les autres catégories du personnel scientifique et technique ne sont pas considérées dans l'analyse des données. La carte indique les différents pôles d'encadrement universitaire où se retrouvent concentrés les professeurs de géographie, soit dans leur ordre numérique : (1) UPN – Université pédagogique nationale (Kinshasa), 27 professeurs de géographie ; (2) UNILU – Université de Lubumbashi, 11 professeurs ; (3) UNIKIN – Université de Kinshasa, 7 professeurs. Les autres noyaux mentionnés sur la carte comptent entre 1 et 2 professeur(s) de géographie, provenant de l'un ou l'autre des trois pôles d'encadrement ci-dessus cités.

Tableau 18
Profil des géographes universitaires à l'UPN par âge, sexe et par grade (2015)

Âge	PE	PO	P.	PA	Effectifs	Ans	%
Ventilation par tranches d'âge							
1940-45	3	2	2	1	8	70-75	29,6%
1946-50		1	1	2	4	65-69	14,8%
1951-55			2	2	4	60-64	14,8%
1956-60			1	2	3	55-59	11,1%
1961-65				5	5	50-54	18,5%
1966-70				2	2	45-49	7,4%
1971-75				1	1	40-44	3,7%
TOTAL	3	3	6	15	27		100%
Ventilation par sexe							
F				2	2		7,4%
M	3	3	6	13	25		92,6%
TOTAL	3	3	6	15	27		100%

Dans l'ensemble de l'Enseignement supérieur et universitaire, le personnel enseignant féminin représentait 8,8% en 2012-2013. On n'est pas loin du même déséquilibre déjà signalé dans la parité selon le sexe. On ne focalisera pas trop l'attention sur ce déséquilibre, étant donné que ce qui compte, c'est plutôt l'encadrement tel qu'il est effectivement assuré et surtout la formation initiale des encadreurs. Au sujet de l'âge, on voit que le personnel académique en géographie est vieillissant à l'Université pédagogique nationale (UPN) : plus de 29,6% d'enseignants ont atteint entre 70-75 ans ; la même proportion (soit deux fois 14,6%)

avait atteint entre 60-64 ans et 65-69 ans. Les enseignants de plus de 60 ans comptaient au total pour 59,2% des effectifs. Le reste des effectifs se répartit de la manière suivante : 29,6% avaient entre 50-59 ans, contre 11,1% entre 40-49 ans (figure 12).

La situation décrite est préoccupante, car l'avenir de la formation universitaire est compromis, dès lors que la relève du personnel enseignant n'est pas garantie. Sans compter le fait que les engagements du nouveau personnel académique sont devenus parcimonieux, malgré les besoins exprimés par les institutions scientifiques. On estime de ce fait que la situation du personnel académique dans la quasi-totalité des filières universitaires en RD CONGO, et particulièrement en géographie, apparaît précaire et fragilisée, ce qui est handicapant par rapport à l'encadrement scientifique. Le vieillissement du personnel enseignant est un phénomène inéluctable. Dès l'instant que le renouvellement des effectifs du personnel académique et scientifique n'est pas encouragé – suivant en cela les anciennes recommandations de compression du personnel prônées en son temps par la Banque mondiale au regard des effectifs de la fonction publique y compris le secteur de l'enseignement –, on assiste à une politique de confinement des effectifs. À cela s'ajoute la parcimonie avec laquelle les grades académiques sont attribués. Selon les règles générales, il faut compter au moins quatre années pour passer d'un grade à un autre, en sus de la condition de publier au moins deux articles scientifiques (pour passer du grade de Professeur associé – *PA* à celui de Professeur – *P*). Et pour quitter ce dernier grade à celui relativement convoité de Professeur ordinaire – *PO* et/ou de Professeur émérite – *PE*, il faudrait aussi quatre années, avec au moins la publication d'un livre dans son domaine de spécialisation. La situation du personnel est donc évolutive.

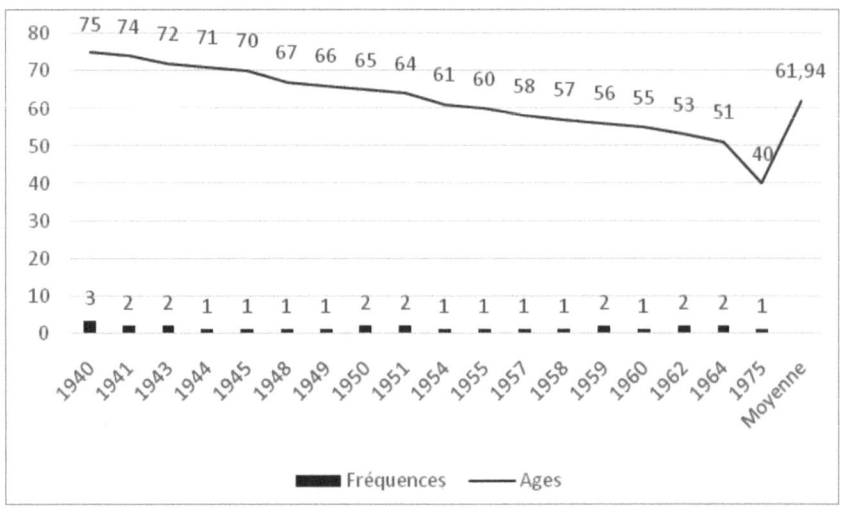

Figure 12. Répartition du personnel académique en géographie par âge (UPN, 2015)

Avec toutes ces appréhensions, voilà ainsi posés, à travers ces dernières indications, les principaux problèmes de l'encadrement universitaire en RD Congo. Ceci étant particulièrement valable dans la filière de formation en géographie. Le monde universitaire est ainsi en situation de transition, tant sur le plan de l'encadrement que sur celui de renouvellement des compétences. On n'est pas loin de parler d'un *monde reclus des initiés* ! Parmi les autres sciences universitaires, les géographes congolais n'échappent pas, loin s'en faut, à cette dynamique handicapante de vieillissement de son personnel d'encadrement. Une autre difficulté dans cette filière est le relatif cloisonnement des spécialisations universitaires. Les filières classiques ont ici un personnel en nombre relativement important (géographie humaine essentiellement), alors que les spécialistes de géographie sociale, par exemple, se font rares.

Les géographes congolais devraient ainsi se diversifier du point de vue de leurs spécialisations, ce qui serait le gage d'un encadrement scientifique adéquat pour les formations dispensées. Peut-on espérer organiser une circulation fluide du personnel enseignant de géographie (au moins à partir d'un certain grade) entre les différentes universités et instituts supérieurs formant les géographes ? Le problème pour avancer vers cette solution de rotation demeure la rigidité des barrières et le cloisonnement entre institutions, déci-dés parfois de manière subjective. Tant que cette politique de chasse gardée ne sera pas combattue, on assistera à des effectifs quelque peu en surnombre dans un pôle, et en étiage dans un autre, y compris dans la même ville. L'interchangeabilité des compétences disponibles est-elle faisable, possible et souhaitable ? Aux géographes universitaires d'en décider, même si on note déjà une certaine flexibilité avec le mixage des compétences dans la constitution des jurys pour les travaux de doctorat. Les géographes de l'Université de Kinshasa (UNIKIN) et ceux de l'Université pédagogique nationale (UPN) devraient-ils continuer à se regarder en chiens de faïence ?

En guise de conclusion

La géographie universitaire congolaise pourrait-elle prétendre s'engager dans une voie de refondation ? À l'occasion des développements abordés dans ce chapitre, divers points d'ancrage sont à retenir, pour fixer le cap de cette discipline. On retiendra ici quelques constances telles que développées ci-avant :
(1) La géographie coloniale belge a joué un rôle de précurseur dans la connaissance de l'espace congolais. Les premières études régionales ont permis de dégager l'originalité géographique de certains espaces, et surtout d'orienter le canevas des études géographiques ultérieures.
(2) La formation universitaire en géographie est à la fois marquée par une unité et une diversité : d'une part, la dynamique actuelle s'oriente vers l'ouverture inextricable vers d'autres disciplines scientifiques(les sciences de la terre, l'environnement, etc.) ; d'autre part, plusieurs institutions de formation en géographie existent, mais avec une concentration différenciée des étudiants et du personnel académique, ce qui induit des encadrements scientifiques différents. Toutefois, par rapport aux statistiques dans les filières de formation universitaire, la place de la géographie est apparue peu encourageante du fait de la faiblesse des effectifs dans la filière.
(3) Les limites de l'encadrement scientifique sont perceptibles à travers les différentes institutions académiques, tant les effectifs du personnel que leur profil semblent peu variés et déséquilibrés.
La géographie universitaire en RD Congo risquerait de passer, dans un avenir proche, des heures peu reluisantes. Les données sociologiques du personnel enseignant sont là pour tirer la sonnette d'alarme d'un vieillissement inéluctable du personnel d'encadrement, ce qui limiterait les champs de formation de ces acteurs de la formation scientifique de haut niveau que sont les géographes universitaires.

Textes de références
Chapitre 2 – La géographie universitaire. Quelques sources

BLAIS, H., DEPREST, F. (2008), « Savoirs géographiques et colonisation », *Mappemonde*, n° 91, Éditorial, 3-2008.

GRINSBURGER, N. (2011), « La géographie universitaire allemande revisitée. Quarante ans de regard critique (1969-2010) », *L'Espace Géographique*, 2011/3, tome 40, pp. 193-214.

LACOSTE, Y. (1976), *La géographie, ça sert d'abord à faire la guerre*, Maspero, Paris, rééd. (1988), La Découverte, Paris, 216 p.

MASHINI D.M., J.-C. (1994), « L'émergence des nouvelles institutions universitaires au Congo-Zaïre : une dérive régionaliste certaine » (thèse annexe de doctorat, Université Libre de Bruxelles, juin), in *Moloni. Magazine d'Action pour la Démocratie et le Développement*, Numéro 1, septembre-décembre, Bruxelles, pp. 13-16.

MÉRENNE-SCHOUMAKER, B. (2003), « De la géographie des professeurs à la géographie de l'action : une place nouvelle dans l'enseignement secondaire », *Bulletin belge de Géographie*, BELGEO, 2003/2, pp. 157-164.

MÉRENNE-SCHOUMAKER, B. (2014), « Questions et débats dans la géographie d'aujourd'hui », *Bulletin de la Société Géographique de Liège*, BSGLg (en ligne), 62 (2014/1).

PONCELET, M. (2008), *L'invention des sciences coloniales belges*, Karthala, Paris, 420 p.

PONCELET, M. (2011), « Exploration et géographie coloniale : le Congo belge », in *Explorer le monde : les Sociétés de géographie (1880-1960)*, Café géographique, 29.11.11, Toulouse, en partenariat avec la Bibliothèques d'Études et du Patrimoine à Toulouse.

RÉPUBLIQUE DÉMOCRATIQUE DU CONGO, Ministère de l'Enseignement Supérieur et Universitaire (2003), Pacte de Modernisation de l'Enseignement Supérieur et Universitaire (PADEM), Kinshasa, 71 p.

RÉPUBLIQUE DÉMOCRATIQUE DU CONGO, Ministère de l'Enseignement Supérieur, Universitaire et Recherche Scientifique, Commission Permanente des Études (2014), Vade-Mecum du gestionnaire d'une institution d'Enseignement Supérieur et Universitaire, 3ème édition, Kinshasa, juillet, 392 p.

SINGARAVELOU, P. (2008), *L'Empire des géographes. Géographie, exploration et colonisation (XVe-XXe siècles)*, Paris, Belin, coll. « Mappemonde ».

VANDERMOTTEN, Ch. (2008), « L'histoire de la géographie belge à travers les biographies nationales », *Revue Belge de Géographie*, Belgeo, 1, pp. 105-122.

VANDERMOTTEN, Ch., KESTELOOT, Ch. (2012), « Éditorial : Belgeo et les quatre crises de la géographie », *Revue Belge de Géographie*, Belgeo, 1-2, pp. 105-122.

VERHAEGEN, B. (1978), L'enseignement universitaire au Zaïre, de Lovanium à l'UNAZA 1958-1978, L'Harmattan – CRIDE – CEDAF, 199 p.

Sur quelques études initiales sur la géographie du Congo :
la place des géographes belges

CHOPRIX, G. (1961), La Naissance d'une ville : étude géographique de Paulio, 1934-1957, CEMUBAC, Bruxelles, 112 p.

GOUROU, P. (1950), « La géographie humaine au Congo belge », *Revue de l'Institut de Sociologie*, Bruxelles, pp. 5-23.

GOUROU, P. (1953), « La géographie au Congo belge », *Revue de l'Université de Bruxelles*, pp. 97-100.
GOUROU, P. (1956), « Sur la géographie du Congo belge », *Bulletin de la Société belge d'Études géographiques*, XXV, pp. 175-186.
GOUROU, P. (1958), « Géographie de la province de Léopoldville », *Revue Industrie*, Bruxelles, pp. 348-358.
KIRSCH, J. (1959), Le Mayombe. Introduction à la géographie régionale, *Bulletin de la Société Belge d'Études Géographiques*, tome 18, Louvain, pp. 253-302.
NICOLAÏ, H. (1956), Problèmes du Kwango, *Extrait du Bulletin de la Société belge d'Études géographiques*, Louvain, 28 p.
NICOLAÏ, H. (1961), *Luozi. Géographie régionale d'un pays du Bas-Congo*, Thèse complémentaire, Académie royale des Sciences d'Outre-Mer, Classe des Sciences naturelles et médicales, 95 p.
NICOLAÏ, H. (1963), *Le Kwilu. Étude géographique d'une région congolaise*, CEMUBAC, LXIX, Bruxelles, 469 p.
NICOLAÏ, H., (1993a), « Progrès de la connaissance géographique du Zaïre, du Rwanda et du Burundi. Vingtième article. De 1989 à 1992 », *Bull. SOBEG*, XLI, 2, pp. 235-306.
NICOLAÏ, H. (1993b), « Le Mouvement géographique. Un journal et un géographe au service de la colonisation du Congo », *Mélanges Pierre Salmon* (édités par THOVERON G. et LEGROS H.), *Civilisations*, XLI, 1-2, pp. 257-277.
NICOLAÏ H. (1994a), « Les géographes belges et le Congo », in BRUNEAU M. et DORY D. (dir.), *Géographie des colonisations XVe-XXe siècles*, Paris, L'Harmattan, coll. Géotextes, pp. 51-65.
NICOLAÏ, H., GOUROU, P., MASHINI, D.M. (1996), *L'espace zaïrois. Hommes et Milieux (Progrès de la connaissance de 1949 à 1992)*, Collection « Zaïre – Histoire & Société », L'Harmattan, Paris, Institut Africain – CEDAF, Bruxelles, 607 p.
PEETERS, L. (1963), *La géographie du pays Logo au sud d'Aba*, CEMUBAC, Bruxelles, 155 p.
RAUCQ, P. (1952), *Notes de géographie sur le Maniema*, Académie royale des Sciences coloniales, Classe des Sciences naturelles et médicales, Mémoires in-8°, tome XXI, fascicule 7, Bruxelles, 71 p.
ROBERT, M. (1954), *Contribution à la géographie du Katanga. Essai de sociologie*, Académie royale des Sciences coloniales, Classe des Sciences naturelles et médicales, Mémoires in-8°, tome XXIV, fascicule 3, Bruxelles, 127 p.
WEISS, G. (1959), *Le Pays d'Uvira ; étude de géographie régionale sur la bordure occidentale du lac Tanganyika*, Académie royale des Sciences coloniales, Classe des Sciences naturelles et médicales, Mémoires in-8°, nouvelle série, tome VIII, fascicule 5, Bruxelles, 308 p.
WILMET, J. (1961), La répartition de la population dans la dépression des rivières Mufuvya et Lufira (Haut-Katanga). Essai d'une géographie du peuplement en milieu tropical et ses applications pratiques, Académie royale des Sciences coloniales, Classe des Sciences naturelles et médicales, Mémoires in-8°, Nouvelle série, Tome XIV, fasc. 2, 1963, 245 p. + annexes.

Chapitre 3

La recherche scientifique

L'éveil de la science géographique en RD Congo ?

> *[…] Au Congo (RDC), l'éveil de la recherche géographique se marque par un nombre croissant de travaux scientifiques, notamment les thèses de doctorat. La variabilité des thématiques d'étude montre une bonne progression de la recherche. Cet éveil se marque également par la diversification des régions d'étude à l'intérieur de l'espace congolais. L'effort de (re)dynamisation de la recherche géographique reste toutefois à engager.*
>
> Jean-Claude Mashini D.M., 2017.

A. La production des travaux universitaires de géographie. Une sélection sur base des travaux de mémoire
B. La recherche géographique à travers les thèses de doctorat
C. Vers quel bilan de la recherche géographique ?

La recherche scientifique telle que développée dans ce troisième chapitre concerne des travaux de géographie de niveaux différents : d'une part, les travaux de fin d'études (mémoires et/ou dossiers de recherche au niveau des premier et deuxième cycles universitaires) et, d'autre part, les travaux de doctorat. En ce qui concerne la recherche opérationnelle, la RD CONGO n'exploite pas utilement ce secteur, malgré l'existence de quelques centres de recherche, placés sous la tutelle du ministère de la Recherche scientifique (souvent incorporé au sein de celui de l'Enseignement supérieur et universitaire). La recherche appliquée est quelque peu présente, au travers de quelques centres en nombre limité : Institut Géographique du Congo – IGC, Centre de recherches géologiques et minières – CRGM, Institut National pour l'Étude et la Recherche Agronomiques – INERA, etc.[1]

On exploitera ici les sources documentaires disponibles, concernant essentiellement deux niveaux de production scientifique : (1) d'une part, les travaux de fin d'études (mémoires) en géographie et sciences de l'environnement ; (2) d'autre part, les thèses de doctorat dont la compilation a été rendue possible par une publication antérieure (Maboloko, 2000) et par notre récente recherche (Mashini, 2017). La question centrale est d'évaluer le niveau de la production scientifique, à travers plusieurs angles d'analyse (A). À travers une sélection des thèses de doctorat, outre leur recension, on indiquera leur apport dans le progrès de la connaissance du Congo (B). Le bilan de la recherche sera établi en indiquant les principaux thèmes exploités dans les travaux des géographes, à travers la diversité des encadrements (C). L'évaluation ainsi entreprise permettra de dresser un premier bilan de la production et de la recherche géographiques, sur base duquel on pourrait s'interroger sur la direction prise (et/ou à prendre) par la géographie congolaise. Il s'agit là des éléments essentiels permettant de jauger le dynamisme ou, à *contrario*, le manque de dynamisme de cette discipline par rapport aux autres domaines du savoir scientifique.

A. La production diversifiée des travaux universitaires. Une sélection sur base des travaux de mémoire

Les études universitaires sont organisées en RD Congo en trois cycles distincts, à savoir le premier cycle de graduat (trois années), le deuxième cycle de la licence (deux années) et le troisième cycle de maîtrise et/ou doctorat (de trois à cinq années). À la fin de chacun de ces cycles, les

---

[1] Le site www.erails.net/rails-en-rdc, consulté le 21/02/2017, fournit des renseignements sur diverses institutions scientifiques. Deux des centres cités étaient dirigés (ou le sont encore) par des géographes, l'un au titre de directeur général de l'IGC, l'autre au titre de président du Conseil d'administration de l'INERA. Au CRGM, quelques-uns parmi les chercheurs sont des géographes.

étudiants produisent des travaux. Suite à une sélection documentaire, on dispose pour deux institutions (Université pédagogique nationale – UPN, Kinshasa et Institut supérieur pédagogique – ISP, Kikwit) d'un répertoire de travaux pour la période allant de 1990 à 2015, ce qui permet d'amorcer une réflexion sur la portée des études entreprises et les champs d'intérêt des étudiants terminant leur formation en géographie[2].

L'évolution des travaux de fin d'études en géographie : vers une stagnation ou une régression ?

Sur un total de 350 travaux répertoriés, un peu moins de deux-tiers ont été présentés au département de Géographie-Sciences de l'environnement de l'UPN (66,9%), et l'autre tiers à l'ISP/Kikwit (33,1%) (tableau 19).

Tableau 19
La production des travaux de fin d'études en géographie (UPN, Kinshasa et ISP/ Kikwit, 1990-2015)

Périodes	UPN (1)	ISP/KKT (2)	TOTAL	%
1990-1995	18	4	22	6,3
1996-2000	58	43	101	28,9
2001-2005	38	29	67	19,1
2006-2010	37	30	67	19,1
2011-2015	83	10	93	26,6
Total	234	116	350	100%
%	66,9%	33,1%	100%	

(1) UPN – Relevé des mémoires, Bibliothèque du département de Géographie-Sciences de l'environnement, Kinshasa. (2) ISP/Kikwit, Mémoires et travaux de fin de cycle en géographie. Recension bibliographique, *Bulletin Géographique de Kinshasa – « Géokin »*, Vol. N° 1, Kinshasa, 2014.

L'évolution du nombre de ces travaux est variable d'une période à l'autre (figures 13, 14). Les fluctuations observées restent liées au nombre d'étudiants arrivant en années terminales, par cycle de formation. À l'UPN, on remarque un engouement des étudiants vers les sciences économiques, la communication, l'informatique de gestion et les sciences sociales, etc.

---
[2] On aurait pu élargir la sélection à d'autres institutions d'enseignement supérieur et universitaire (dont l'ISP/Gombe à Kinshasa), mais la disponibilité des données standardisées a fait défaut.

Et en géographie, le couplement de cette discipline avec les sciences de l'environnement attire plutôt les étudiants vers ces dernières. Il s'agit sans doute d'un effet de mode, dont l'avenir nous dira s'il persiste dans les années à venir. À dire vrai, de par le monde universitaire, les études classiques de géographie n'attirent plus un grand monde, même dans les universités qui ont innové en la matière.

Les thématiques des études et l'influence du milieu dans le choix de sujets de recherche

Le tableau comparatif suivant regroupe les thèmes d'étude de géographie par ordre d'importance (tableau 20). On retrouve quatre groupes principaux de travaux, la plupart des sujets développés par les étudiants se retrouvant dans l'une ou l'autre des thématiques indiquées. Le premier groupe se compose des thèmes les plus courants, liés à l'étude du milieu urbain et aux infrastructures et comptant ici pour plus de 20% du nombre de travaux répertoriés. La première catégorie se rapporte aux études liées à l'environnement urbain, à la gestion des déchets ménagers solides ou des déchets industriels, à la pollution urbaine et aux impacts environnementaux. Au départ des chiffres en présence, on note l'importance relative de ces études à l'UPN (57 travaux) ainsi qu'à l'ISP/Kikwit (24 travaux). Dans la deuxième catégorie, les études se rapportent aux infrastructures socio-économiques, notamment les infrastructures de transport et celles touchant aux équipements de santé publique. Cette catégorie d'études concerne surtout les villes, notamment les différents quartiers urbains.

LA RECHERCHE SCIENTIFIQUE

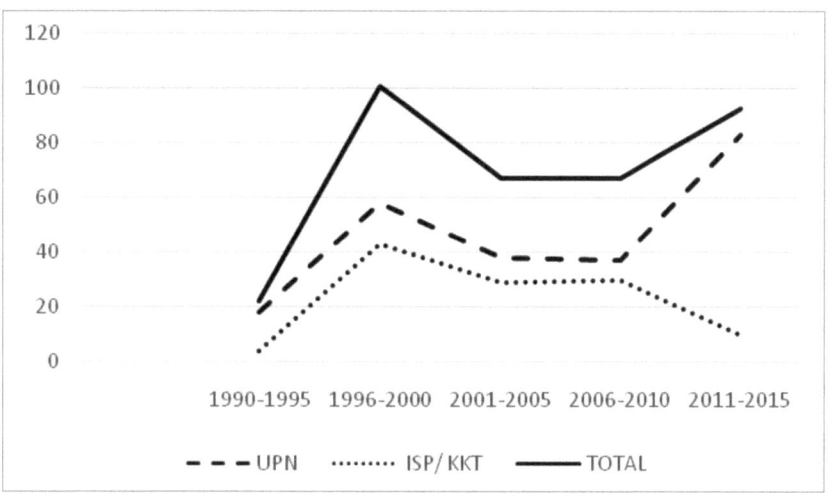

Figure 13. Production des travaux de mémoire en géographie à l'UPN et ISP/Kikwit (1990-2015)

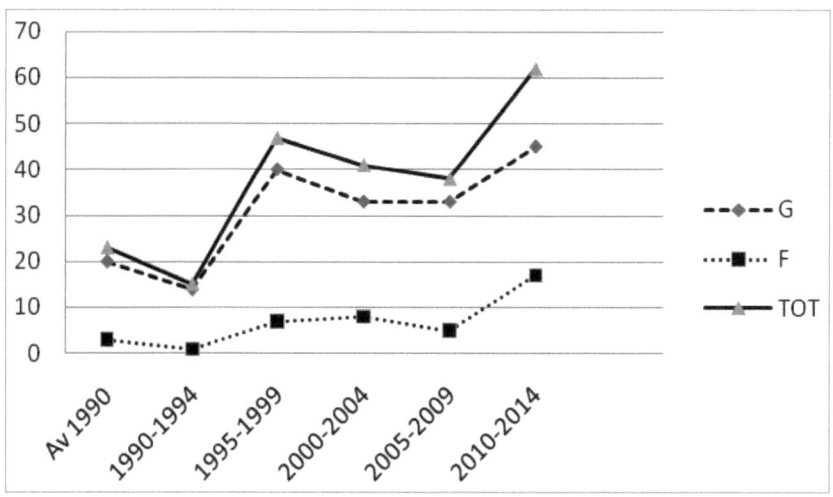

Figure 14. Évolution de la production des mémoires en géographie par sexe des étudiants (UPN, 1990-2014)

Tableau 20
Thèmes d'étude développés dans les travaux de géographie à l'UPN et à l'ISP/Kikwit (1990-2015)

Groupes	N°	Recoupement des thèmes d'étude	UPN	ISP	Total	%
1	1.1	Environnement urbain/déchets ménagers/impacts environnementaux/pollution urbaine	57	24	81	23,1
	1.2	Infrastructures de transport ou de santé et de développement socio-économique	40	37	77	22,0
2	2.1.	Études urbaines/sites urbains/aménagements urbains y compris études de géographie économique activités industrielles	42	17	59	16,9
	2.2.	Marchés urbains/approvisionnements vivriers/ravitaillement des produits de consommation	32	14	46	13,1
3	3.1.	Artisanat et autres activités en milieu rural	12	14	26	7,4
	3.2.	Études rurales/exploitation forestière/déforestation	14	5	19	5,4
	3.3.	Habitat urbain/pauvreté/précarité des logements	12	1	13	3,7
	3.4.	Tourisme et loisirs/espaces touristiques	12	-	12	3,4
	3.5.	Études régionales/monographies régionales	6	4	10	2,9
4	4.1.	Didactique/enseignement de la géographie	7	-	7	2,0
		Total	234	116	350	100

(Source : compilation des travaux disponibles)

Le deuxième groupe réunit les thèmes se retrouvant dans une proportion comprise entre 13% et 17% du total des études répertoriées. Il comprend les études spécifiques, notamment sur les marchés urbains et les approvisionnements y relatifs. Il s'agit d'une série d'études sur les activités commerciales, la commercialisation des produits alimentaires, l'approvisionnement des centres urbains en produits de première nécessité, etc. Le troisième groupe représente des thèmes d'études faiblement exploitées, entre 2,9 et 7,4% du total des travaux répertoriés. Les études sur les activités artisanales et autres, notamment en milieu urbain ou l'étude de la vie rurale dans certaines régions, sont de plus en plus délaissées. Les travaux concernent les questions d'exploitation forestière et de la déforestation dans la grande périphérie urbaine sur le plateau de Bateke. Les études sur l'habitat urbain sont liées aux questions de précarité de logements. Les études sur les espaces touristiques sont désormais effectuées au sein du département d'Hôtellerie, accueil et tourisme. Enfin, les études régionales sont de plus en plus abandonnées. On note une dizaine de travaux pour l'ensemble des deux institutions.

Le dernier groupe de travaux concerne les études sur la didactique, liées à l'enseignement de la géographie. Elles sont paradoxalement faiblement représentées (soit 2% du total). Cette situation pousse à réfléchir, alors que l'on est ici dans des institutions où la composante pédagogique devrait être une des obligations essentielles voire exclusives de la formation. Les différentes thématiques ainsi regroupées indiquent, de manière relativement nette, les tendances des études réalisées à travers les travaux des étudiants en géographie. On est en présence d'une production quasi exclusive en géographe humaine et en environnement ? Il convient de discuter de la logique du choix des aires géographiques de ces études.

L'étude des lieux géographiques choisis, vers une géographie localisée ?

On ne déniera pas aux étudiants en géographie le droit d'opérer un choix raisonné de sujets pour leurs aires d'étude, mais ici cela ne semble pas participer à une quelconque stratégie de recherche. Il s'agit à notre sens d'un choix aléatoire des lieux d'études géographiques, dicté par des mécanismes non aisément justifiés. Un auteur décrivant la persistance d'une géographie des lieux et des milieux, a écrit :

> Il s'agit de rendre compte de la diversité des lieux [...], de leur aspect, de la localisation des phénomènes les plus marquants ou les plus utiles à connaître pour la vie des hommes, comme les gisements, les cours d'eau, etc. Chaque lieu se différencie des autres par une combinaison originale de données naturelles [...] et d'actions des sociétés humaines qui ont tiré parti des possibilités qu'offre le milieu, se sont protégées des contraintes et ont aménagé la surface de la Terre en conséquence [...] (Hugonie, 2007).

Dans le cas qui nous concerne, les données montrent que les étudiants choisissent, en majorité, la ville de résidence ou l'une de ses communes urbaines comme cadre **géographique d'étude**. Pour Kinshasa, les chiffres indiquent que 171 travaux sur les 234 répertoriés, se consacrent à la **région urbaine** de Kinshasa (soit 73,1% des choix). Les autres régions, même situées dans l'hinterland proche, semblent de moins en moins intéresser les étudiants (tableau 21, figure 15). Cette logique de choix peut être interprétée de diverses manières. En dépit de leurs origines géographiques, les étudiants privilégient de plus en plus le choix du milieu local où ils résident.

Tableau 21
Répartition des régions d'étude dans les travaux de géographie
(UPN, 1990-2015)

Régions géographiques	Fréquences	%
Kinshasa	171	73,1
Bas-Congo	19	8,1
Kwango-Kwilu et Mai-Ndombe	18	7,7
RDC, Indéterminés	12	5,1
Équateur	5	2,1
Kasaï Occidental	4	1,7
Ituri	2	0,8
Angola, Zambie	3	1,3
Total	**234**	**100,0**

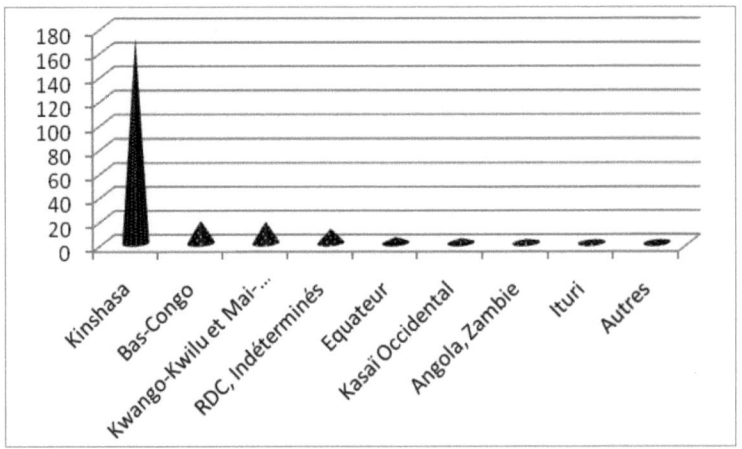

Figure 15. Fréquence des régions d'étude dans les travaux de mémoire en géographie (UPN, 1990-2015)

Les conditions matérielles et financières sont sans doute à la base de cette logique restrictive de choix, ainsi que se défendraient les étudiants concernés. En resserrant l'analyse sur la région de Kinshasa, les 171 choix enregistrés se concentrent sur quelques communes urbaines (tableau 22, figure 16.1).

Tableau 22
Fréquences des lieux étudiés dans les mémoires de géographie par commune urbaine de Kinshasa (UPN, 1990-2015)

Communes Urbaines	Fréquences	%	Communes urbaines	Fréquences	%
Ngaliema	32	18,7	Ngaba	5	2,9
Gombe	22	12,9	Limete	4	2,3
Mont-Ngafula	11	6,4	Selembao	4	2,3
Kalamu	9	5,3	Matete	3	1,8
N'Sele	8	4,7	Ngiri-Ngiri	3	1,8
Kimbanseke	7	4,1	Barumbu	1	0,6
Maluku	7	4,1	Bumbu	1	0,6
N'Djili	7	4,1	Kintambo	1	0,6
Lemba	6	3,5	Makala	1	0,6
Masina	6	3,5	Autres	19	11,1
Bandalungwa	5	2,9	**Total**	**171**	**100,0**
Kasa-Vubu	5	2,9			

Les communes couramment choisies sont Ngaliema et la Gombe. Mont-Ngafula et les autres communes (Kalamu, Kimbanseke, N'Djili, etc.) viennent un peu plus bas dans les choix des étudiants. Paradoxalement, la grande périphérie urbaine, composée par les communes de la N'Sele et Maluku, intéresse aussi les étudiants, avec respectivement 4,7 % et 4,1 % des choix exprimés. La plupart de leurs travaux se consacrent à l'habitat spontané, et aux activités qui se déploient sur le plateau de Bateke, notamment avec les opérations de déforestation et de déboisement étudiées par les étudiants ayant choisi la branche de l'environnement. La même logique de concentration des choix ciblés est également présente dans ceux choix opérés par les étudiants en géographie de l'ISP/Kikwit (tableau n° 23, figure 16.2). Si les lieux choisis concernent majoritairement la ville de Kikwit, ou l'une de ses quatre communes urbaines (Lukolela, Nzinda, Lukemi, Kazamba), ils concernent aussi certains quartiers urbains spécifiques (Lumbi, Yonsi, Lunia, Ndeke-Zulu, Ngulu-Nzamba, Dibaya, etc.). Les autres quartiers de la ville se répartissent le reste des choix. La dominance de la ville principale est sans doute due à l'influence géopolitique qui fonde la primauté des chefs-lieux politico-administratifs sur les entités de second ordre.

Dans les deux sites d'étude, on est en présence d'une géographie « *localisée* », les étudiants mettant en avant la proxi-mitélocale dans leur quête du savoir, pour ainsi privilégier de leur point de vue des études locales. Si la géographie locale permet d'entrer directement en contact avec la réalité des faits géographiques, encore faudrait-il s'assurer que les chercheurs appréhendent ces faits dans toute leur diversité. Le rôle du géographe est explicite, entre autres, celui de mettre en avant-plan les spécificités locales.

Dans les deux sites d'étude, on est en présence d'une géographie « *localisée* », les étudiants mettant en avant la proxi-mitélocale dans leur quête du savoir, pour ainsi privilégier de leur point de vue des études locales. Si la géographie locale permet d'entrer directement en contact avec la réalité des faits géographiques, encore faudrait-il s'assurer que les chercheurs appréhendent ces faits dans toute leur diversité. Le rôle du géographe est explicite, entre autres, celui de mettre en avant-plan les spécificités locales.

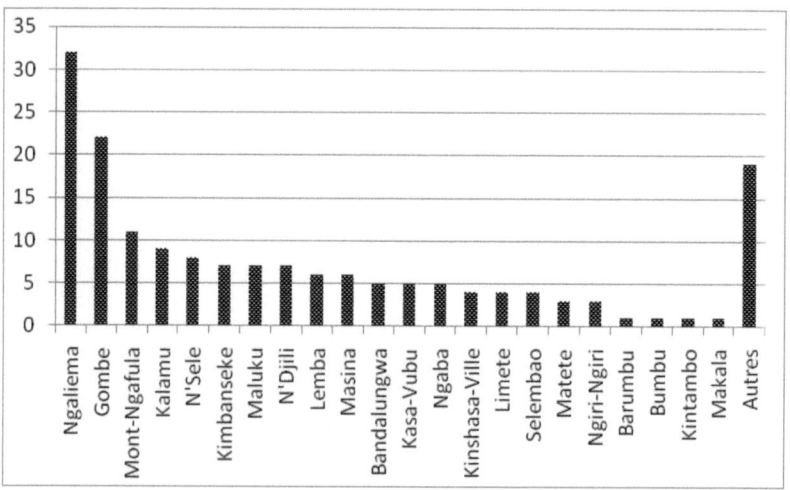

Figure 16.1. Fréquence d'étude géographique des lieux dans les travaux de mémoire pour les communes de Kinshasa (UPN, 1990-2015)

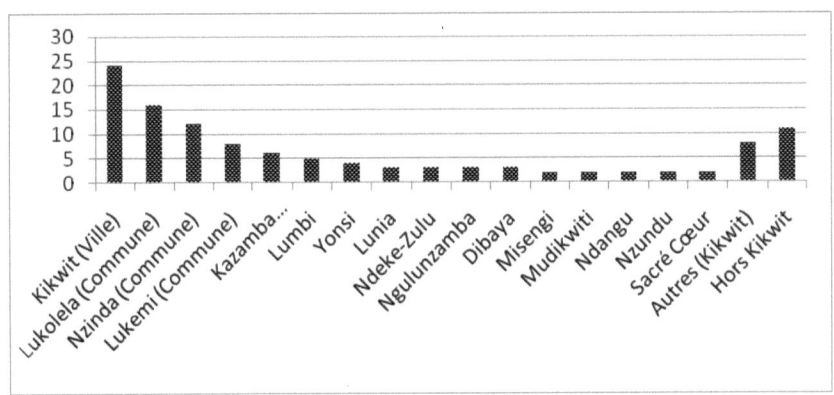

Figure 16.2. Fréquence d'étude géographique
des lieux à Kikwit (1990-2015)

Dans les cas qui nous occupent, nous nous permettrons de douter de la prise de conscience de la démarche de choix par les étudiants concernés. Une initiation poussée à la recherche géographique s'impose.

Tableau 23
Distribution des lieux d'étude dans la ville de Kikwit à travers les travaux en géographie (ISP/Kikwit, 1990-2015)

Quartiers urbains	Effectifs	%	Quartiers urbains	Effectifs	%
Kikwit (Ville)	24	20,7	Dibaya	3	2,6
Lukolela (Commune)	16	13,8	Misengi	2	1,7
Nzinda (Commune)	12	10,3	Mudikwiti	2	1,7
Lukemi (Commune)	8	6,9	Ndangu	2	1,7
Kazamba (Commune)	6	5,2	Nzundu	2	1,7
Lumbi	5	4,3	Sacré-Cœur	2	1,7
Yonsi	4	3,4	Autres (Kikwit) (1)	8	6,9
Lunia	3	2,6	Hors Kikwit	11	9,5
Ndeke-Zulu	3	2,6	**Total**	**116**	**100**
Ngulu-Nzamba	3	2,6			

Au sujet des réflexions sur le local, un colloque avait développé dans une communication sur la « géographie locale » les pistes suivantes, applicables à la situation ici décrite concernant les choix opérés par les étudiants :

> Comment définir le « local » ? L'adjectif renvoie au nom commun « lieu », cette unité élémentaire de l'espace telle que les géographes la désignent et qui implique en l'occurrence la restriction topographique, une certaine annulation des distances. Lorsqu'on parle d'*espace local*, on évoque en effet un cadre géographique restreint. Les distances sont réduites ; « local » qualifie donc un fait historique ou un phénomène géographique de grande échelle, considéré dans ses dimensions les plus étroites. Communément, ce sont des limites administratives ou celles de l'agglomération qui sont choisies pour désigner ce lieu de la proximité (la ville, le quartier…) ; elles ne sont pas toujours satisfaisantes, car souvent floues. Sans doute cela s'explique-t-il par l'insuffisance de la référence au cadre topographique pour définir l'espace local (…) (Champigny et Durand, 2002, in Colloque « Apprendre l'histoire et la géographie à l'école », Paris, 12-14 décembre).

À notre sens, les notions liées à l'espace géographique, avec leurs variantes d'espace local/régional/national… mériteraient d'être approfondies auprès des apprenants en géographie. Ainsi, les géographes congolais ne devraient pas chercher à creuser des problématiques éloignées des préoccupations de base des étudiants. Dans l'encadrement des travaux de mémoire que nous sommes appelés à diriger, nous sommes butés à des difficultés particulières avec les étudiants qui, bien souvent, ont de la peine à répondre aux questions basiques liées à la problématisation de leurs recherches : Qui ? Quoi ? Comment ? Où ? Pourquoi ? Il nous revient, comme enseignants et encadreurs, de surmonter ce handicap. Pour notre part, nous avons proposé un « tableau de bord » comme canevas pour finaliser un travail scientifique. Ce document, adopté en conseil de département, aborde de manière duale (« à faire », ce qui est conseillé/« à ne pas faire », ce qui est déconseillé), les aspects suivants liés respectivement : (1) au sujet de recherche (intitulé, présentation…) ; (2) à l'introduction générale (état de la question, problématique, énoncé des hypothèses, énumération des objectifs, identification des méthodes et techniques de recherche, difficultés rencontrées…) ; (3) au contenu même du travail (le chapitre introductif, la présentation du milieu d'étude, la présentation et la discussion des données de terrain et leurs résultats, les conclusions partielles et la conclusion générale…) ; (4) à l'exposé du travail devant le jury (l'exposé même et ses articulations, la tenue du candidat, la diction, les effets de communication, etc.). Sans être présenté comme un modèle clé à mains, nous militons pour que ce « tableau de bord » soit vulgarisé auprès de nos étudiants[3].

---

3 Dans son état actuel, le document tient sur quelques pages qui nous servent d'introduction au cours

Soulignons que ce qui vient d'être dit à propos des travaux de mémoire des étudiants est également vrai pour les travaux d'un autre niveau scientifique (master ou doctorat). La section qui suit évalue la production scientifique à travers les thèses de doctorat. Sur la base d'un certain nombre d'indications de première main, on y dégagera les différents contours de la recherche géographique congolaise.

B. La recherche géographique à travers les thèses de doctorat

Les questions suivantes seront explorées dans la suite de l'analyse entreprise sur la recherche géographique : qui sont les auteurs des thèses de doctorat en géographie sur le Congo (RDC) ? Quelles sont les principales thématiques abordées dans ces travaux ? Quelle est la répartition des chercheurs par université de provenance et quelles sont les régions géographiques étudiées ? (Mashini, 2017)[4].

Une recherche doctorale plus que cinquantenaire, évoluant vers quels horizons ?

Un premier bilan avait été établi par un chercheur à l'aube des quarante ans de la recherche doctorale en géographie (Maboloko, 2000). Nous avons enrichi ce bilan, en l'étendant à 60 ans d'études doctorales (1956-2016). On compte de nos jours 84 travaux de thèse répertoriés sur la géographie du Congo (RDC)[5] (figures 17, 18). Ce chiffre et la sélection ici discutée ne tiennent pas compte des travaux soutenus après 2016 (trois à quatre à ce jour, d'après les informations en notre possession). Il s'agit des thèses récemment présentées à l'Université de Kinshasa (voir les travaux de Kayembe, Lukusa et Mbenga, cités pour mémoire dans la bibliographie finale du présent ouvrage).

---

d'initiation à la recherche et au travail scientifique.
4 Rappelons que le condensé de la section concernant les thèses de doctorat a été publiée dans un article en ligne, *Revue canadienne de géographie tropicale/Canadian journal of tropical geography* [En ligne], Vol. (4) 1. En ligne le 15 avril 2017, pp. 69-88. URL : http://laurentienne.ca/rcgt.
5 Le chiffre de 82 thèses indiqué dans notre article ci-dessus a été ramené à un total de 84, deux autres travaux ayant été signalés dans l'intervalle.

Voyons quelle est la chronologie de la production des thèses dans chacune des universités ayant encadré les chercheurs congolais. Nous présentons *in abrupto* tous les travaux répertoriés, par université, avec indication des tendances qui s'y dégagent. Il reste qu'une critique conceptuelle devrait pouvoir être entreprise, de façon à dégager les lignes épistémologiques de la recherche doctorale en RD Congo. Nous y reviendrons un peu plus loin. L'historiographie de la recherche géographique tourne autour des groupes suivants d'universités suivants, présentés ici de manière diachronique.

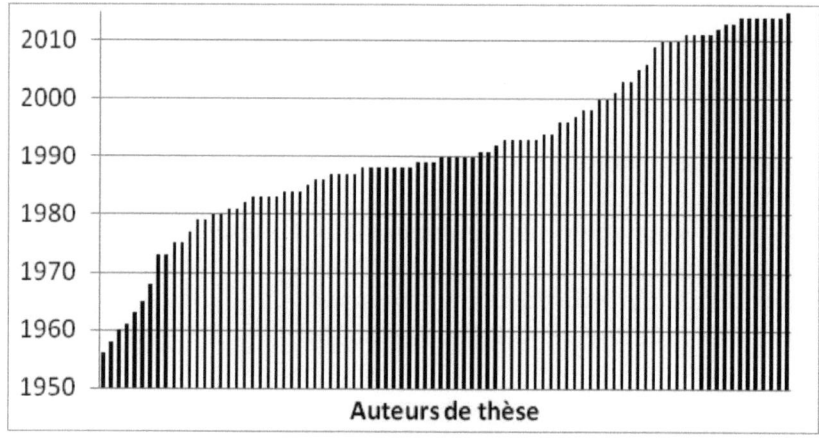

Figure 17. Présentation cumulée des auteurs de thèses de doctorat en géographie par année de production (1956-2016)

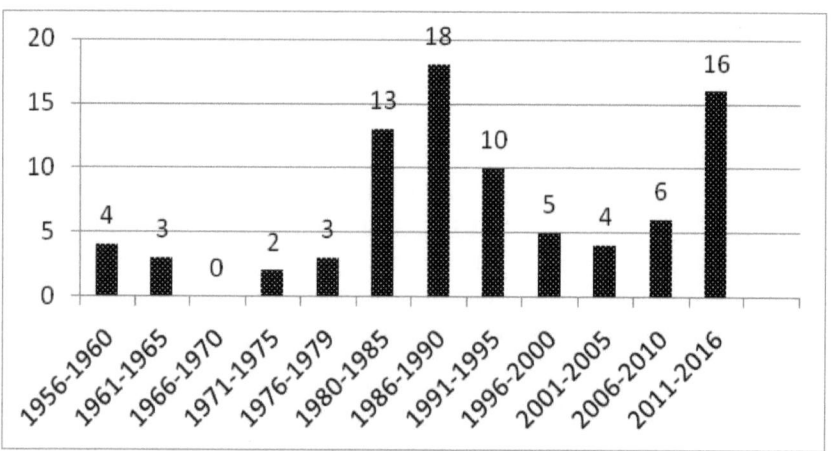

Figure 18. Production des thèses de doctorat en géographie par période

(1) Les géographes belges et français, pionniers et initiateurs de la recherche géographique

Les géographes étrangers ont été aux avant-postes de la recherche géographique au Congo (RDC). On peut isoler près d'une quinzaine des thèses de doctorat présentées par des géographes non congolais qui ont eu à explorer les premiers pas de la recherche doctorale. L'encadré suivant, ainsi que les autres du même type, dressent un inventaire hiérarchisé de tous les travaux sélectionnés.

Encadré 7
Les thèses de doctorat présentées par des géographes non congolais (1956-1990)

CHAPELIER, A. (1956), *Élisabethville. Jadotville et Kolwezi : étude de géographie urbaine comparée*, Université de Liège.

DENIS, J. (1958), *Le phénomène urbain en Afrique centrale*, Thèse de doctorat d'État, Université Paris 1, Sorbonne.

BEGUIN, H. (1960), *La mise en valeur agricole du sud-est du Kasaï. Essai de géographie agricole et de géographie agraire et ses possibilités d'applications pratiques*, Université de Liège.

WILMET, J. (1961), *La répartition de la population dans la dépression Mufuvya-Lufira, Haut-Katanga. Essai d'une géographie du peuplement en milieu tropical*, Université de Liège.

NICOLAÏ, H. (1963), *Le Kwilu : étude géographique d'une région congolaise*, Thèse principale pour le Doctorat ès Lettres (Géographie), Université de Bordeaux, CEMUBAC.

ALEXANDRE-PYRE, S. (1965), *Le plateau de Biano : étude de géomorphologie*, Université de Liège.

CALGIO GAUDINO (1973), *Essai de morphologie urbaine de la ville de Bukavu (République du Zaïre)*, Thèse de 3ème cycle, Université de Grenoble.

PAIN, M. (1975), *Kinshasa : étude cartographique des petites activités. 1. Documents ; 2. Cartes*, Thèse de 3ème cycle, Université de Toulouse-le-Mirail, Toulouse. Idem, (1979), *Kinshasa : écologie et organisation urbaines*, Thèse de Doctorat d'État (Géographie), Université de Toulouse-le-Mirail.

DE MAXIMY, R. (1983), *Kinshasa. Ville en suspens. Dynamique de la croissance et problèmes d'urbanisme. Approche socio-politique*, Université de Paris 1, Éditions de l'ORSTOM, Travaux et Documents, N° 176.

GUÉRANDEL, G. (1983), *Les cultures maraîchères à Kinshasa*, Université de Bordeaux III.

> VAN CAILLIE, X. (1983), *Hydrologie et érosion dans la région de Kinshasa. Analyse des interactions entre les conditions du milieu, les érosions et le bilan hydrologique*, KU-Leuven.
>
> BRIGNOL, Ch. (1986), *Circulation et transports dans les Kivu zaïrois*, Thèse de 3ème cycle, Institut de Géographie tropicale, Université de Bordeaux III.
>
> PIERMAY, J.-L. (1989), *La production de l'espace urbain en Afrique centrale*, Thèse de doctorat d'État, Université Paris 10.
>
> BRUNEAU, J.-C. (1990), *Lubumbashi, capitale du cuivre : Ville et citadins*, Thèse de Doctorat d'État (Géographie), Université de Bordeaux III.

De l'analyse de ces thèmes de recherche, il ressort que les premiers champs de la recherche doctorale au Congo (RDC) ont été avant tout les villes. Tel est le cas de l'étude de géographie urbaine comparée de Chapelier (1956) et celle sur le phénomène urbain en Afrique centrale (Denis, 1958). Ensuite, dès les premières années de l'indépendance, les études régionales prirent de l'envol. Signalons la thèse sur la mise en valeur agricole du sud-est du Kasaï (Beguin, 1960) ; celle sur la géographie du peuplement de la dépression de Mufuvya-Lufira (Wilmet, 1961) et celle sur l'étude géographique du Kwilu (Nicolaï, 1963). Un peu plus tard, on enregistrait la thèse sur l'étude géomorphologique du plateau de Biano (Alexandre-Pyre, 1965). Après, on remarque un vide parmi les thèses élaborées par des géographes étrangers sur le Congo (RDC). La thèse de Calgio Gaudino (1973) sur la morphologie urbaine de Bukavu viendra plus tard. Suivront les travaux des coopérants français abordant des aspects d'urbanisation de Kinshasa. M. Pain (1979) présentera une thèse d'État sur l'écologie et organisation urbaines. Un autre coopérant, R. DE Maximy (1983), entreprendra une étude sur la dynamique de la croissance urbaine, proposant une approche socio-politique pour les problèmes d'urbanisme de Kinshasa. Ces deux travaux ont été publiés aux éditions de l'ORSTOM (Paris, 1984). Dans un de ces ouvrages, voici en quels termes la problématique urbaine était posée :

> Un développement (urbain) aussi rapide ne se fait pas sans engendrer de crise. Elle est présente dans tous les domaines : poids démesuré de la capitale dans le pays, rupture des équilibres naturels dans l'environnement immédiat, dégradation de la ville ancienne et sous-équipement de la ville récente, problèmes de scolarisation et d'emploi, crise morale... La crise urbaine, latente et structurelle, est renforcée par la crise économique sans précédent [...]. La pauvreté du plus grand nombre, d'autant

> plus perceptible qu'une minorité de nantis affiche sans vergogne une richesse insolente, s'exprime dans quelques questions-clés : comment assurer les lendemains ? Comment se loger ? Comment répondre à la carence des équipements collectifs ? On s'interrogera également sur la vie et le fonctionnement d'une ville désormais multimillionnaire […]. Une certaine logique détermine la croissance et l'organisation de l'espace urbain. Cependant, le développement incontrôlé de l'habitat ne fait que renforcer la ségrégation et la hiérarchie des quartiers. L'opposition demeure fondamentale entre ce qui est perçu comme « la Ville » : la ville des riches, la ville du travail et la « Cité » : la ville des pauvres. (Pain, 1984).

Les termes d'étude de géographie urbaine sont mis en avant dans cette recherche, qui n'est pas la première du genre pour le Congo (RDC) : développement urbain, crise urbaine, équipements collectifs, croissance urbaine, quartiers urbains, ségrégation des quartiers urbains, etc. Les géographes n'ont eu de cesse de les exploiter, et on verra que ces concepts étaient déjà présents (ou le seront encore) dans les autres études des géographes congolais et/ou étrangers. Après plusieurs années passées dans la coopération en Asie du Sud-Est (Indonésie), l'auteur de la thèse citée, qui a aussi œuvré de manière active à la conception de l'Atlas de Kinshasa (avec Flouriot, DE Maximy, etc.), vient de publier un recueil sous forme de carnets de voyage sur un peuple de la région centrale de la RD CONGO (Pain, 2016)[6].

Durant la même période de publication de l'ouvrage sur Kinshasa, d'autres coopérants s'intéressent à deux domaines différents d'études. L'un analysera l'ampleur prise par les cultures maraîchères (Guérandel, 1983) et, l'autre examinera les interactions entre les conditions du milieu, les érosions et le bilan hydrique (Van Caillie, 1983). Un peu plus tard, on enregistre l'étude sur la circulation et les transports dans le Kivu (Brignol, 1986). Avant la fin de la décennie, un autre géographe français, non issu du milieu de la coopération, présentera un travail plus ample sur la production de l'espace urbain en Afrique centrale (Piermay, 1989). Cette étude visait à comparer les stratégies des acteurs de la croissance urbaine dans six villes africaines, dont trois de l'ex-Zaïre : Kinshasa, Kisangani et Mbuji-Mayi. Enfin, rejoignant la vague des études faites sur Lubumbashi, un coopérant français, consacrera à la « capitale du cuivre » une imposante étude urbaine, proposant une autre lecture de la physionomie de la ville et des activités des citadins (Bruneau, 1990). Le résumé de cette thèse se décline de la manière suivante :

---
6 Voir compte rendu de ce dernier ouvrage par H. Nicolaï (2017), *Belgeo* | 1.

> Radioscopie d'une grande ville africaine, Lubumbashi au Zaïre méridional, l'ouvrage s'enrichit de constantes références aux autres villes du cuivre de la région et si nécessaire au reste du pays et de l'Afrique centre-australe. Il repose sur une problématique dont les bases ont évolué au long de dix années de terrain : on est passé de la vision d'un artefact colonial, monde urbain né du cuivre, prospère mais extraverti et étranger à sa région, à celle d'une société citadine enracinée qui tache de survivre à la crise en recherchant spontanément de nouveaux équilibres, dans la ville elle-même et dans son arrière-pays. Malgré le recours à des sources documentaires abondantes, l'enquête directe a été ici par excellence l'outil du géographe [...] (Bruneau, 1990).

Que sont devenus ces précurseurs et/ou continuateurs de la recherche géographique sur le Congo (RDC) ? Leurs itinéraires sont différents, la plupart d'entre eux ayant terminé leur carrière de géographe au sein de leurs universités d'origine en Europe (Belgique, France). Quelques-uns étaient devenus actifs dans le secteur de la coopération au développement. À tout le moins, pour nombre de ces géographes – certains étant aujourd'hui décédés (Alexandre-Pyre, Beguin, Bruneau, Denis, Wilmet, etc.) – l'attachement à la recherche universitaire a toujours été le point fort de leur carrière. En guise d'illustration, on développera ici succinctement les éléments liés à l'itinéraire d'un des pionniers de la *géographie congolaise*.

Henri Nicolaï : pionnier de la géographie du Kwilu avec l'étude de la triple « personnalité » régionale

La thèse principale de doctorat ès Lettres de Nicolaï (1963), défendue à Bordeaux, outre qu'elle a approfondi l'analyse géographique de la région étudiée, a mis en évidence des notions affirmant l'originalité de celle-ci. Ainsi, la triple personnalité d'une région géographique a été mise en avant, de par ses caractéristiques géographiques originales : marqueterie de forêts et de savanes (personnalité physique), noyau de peuplement entouré par des régions vides d'hommes (personnalité humaine), pays d'huile de palme (personnalité économique). Voici comment un compte rendu, publié dans une revue en marge de la discipline, a présenté l'étude géographique du Kwilu :

> Réalisée avant l'indépendance du Congo, cette étude ne néglige pas l'actif et le passif de l'époque coloniale, dont il faut tenir compte pour aborder l'avenir. Monographie dense d'un territoire peuplé (...), où

(l'auteur) aborde successivement l'aspect géographique, démographique et socio-économique. La description ethnographique apparaît lorsqu'(il) aborde le village en tant que cellule sociale et politique, les us et coutumes de ses habitants. Le palmier à huile modèle l'économie de la région et a permis de créer une industrie encore rudimentaire ; car, comme le reste du Congo, le Kwilu se ressent d'un manque de techniciens agricoles et industriels. De nombreux facteurs en-traînent (l'auteur) à une vue optimiste sur le développement futur du Kwilu : nombreuses terres exploitables, région bien pourvue en hommes – évolution démographique favorable – bien que le taux d'accroissement annuel soit fort (2%) – et système d'irrigation facile à créer (Population, Revue bimestrielle de l'Institut d'Étude démographique, n°4, 20ème année, 1965).

On a déjà présenté plus loin, dans le présent ouvrage, l'ossature d'ensemble de la thèse de H. Nicolaï, devenue des années durant, une référence incontournable pour les autres géographes tropicalistes. Un autre compte rendu, plus « géographique » de la même thèse sur le Kwilu, a été publié dans une revue spécialisée, *L'Information Géographique* (Daveau, 2003 ; publication initiale du même compte rendu en 1970, volume n°1)[7]. Pour rappel, cette thèse semble n'avoir négligé aucune problématique majeure de géographie régionale : le milieu naturel, l'habitat villageois, la naissance de la vie urbaine, l'économie huilière (…). C'est « la bible du Kwilu », ainsi qu'aiment à le répéter les géographes du sud-ouest du Congo (RDC)[8]. Signalons que H. Nicolaï, membre de l'Académie royale des Sciences d'outre-mer, est aujourd'hui professeur émérite de l'Université Libre de Bruxelles. Il continue de rédiger des comptes-rendus et d'alimenter des extraits sur les « Progrès de la connaissance géographique sur le Congo, le Rwanda et le Burundi » (dernière édition de la série, 2009). Ce chercheur s'est investi en outre dans l'élaboration des « dossiers » qui sont dignes d'intérêt pour la bonne connaissance des conditions de vie des populations congolaises : un guide colonial du voyageur au Congo belge et au Ruanda-Urundi (Nicolaï, 2012) ; le Congo et l'huile de palme…

---

7 Au sujet de la thèse de Nicolaï, et celles des autres géographes de la même époque (J. Cabot, avec l'étude du Bassin du Moyen-Logone, 1965 ; P. Pélissier avec l'étude des paysans du Sénégal, 1966 ; G. Sautter avec « une géographie du sous-peuplement », de l'Atlantique au fleuve Congo, 1966 ; J. Gallais avec l'étude régionale du delta du Niger, 1968 ; P. Vennetier, avec l'étude de la façade maritime de Pointe Noire, 1968), l'auteur du compte rendu évoqué écrit : « La lecture attentive de ces thèses permet de mesurer quels progrès ont été réalisés dans la connaissance de l'Afrique noire au cours des dernières décennies » (Daveau, *op. cit.*, p. 18).
8 En reconnaissance de la place occupée par H. Nicolaï dans les études sur le Kwilu et les régions avoisinantes, un numéro spécial du Bulletin Géographique de Kinshasa – Géokin, a été dédié au « cinquantenaire de la géographie du Kwilu » (1964-1994), Kinshasa, Vol. N°1, 2014.

(Nicolaï, 2013). Dans un récent numéro de la revue *Belgeo*, on retrouve un compte-rendu rédigé par ce dernier, sur l'ouvrage d'un autre géographe (M. Pain, 2016)[9] sur un peuple de la région centrale du Congo (RDC) (Nicolaï, 2017).

Comme annoncé, voyons à présent, dans l'ordre chronologique, les travaux de géographie sur le Congo (RDC) présentés dans diverses institutions universitaires, depuis l'Université de Bordeaux 3 (France), en passant par l'Université de Liège (Belgique), les universités de Bruxelles (Belgique), les autres universités dans le monde (Canada, Suisse…), puis les universités congolaises (l'Université de Lubumbashi et les universités de Kinshasa).

(2) Université de Bordeaux (1963, 1973-2014) : Les pionniers des études régionales et urbaines et les prouesses de l'Institut de Géographie tropicale

Les études de géographie tropicale ont pris leur essor dans le courant des années 1960. La place de l'Institut de Géographie Tropicale de Bordeaux est restée prépondérante. Plusieurs thèses des géographes congolais sont à signaler, la plupart étant des anciens de Kinshasa. Le premier de ces géographes se trouve être N'Shimba (1973), dont le travail avait porté sur l'étude de l'approvisionnement en poisson de Kinshasa. Il mettait ce phénomène en corrélation avec la croissance urbaine. Cette étude fut suivie par les travaux d'autres géographes, dont Mbafumoja (1977), Bikoko (1979) et Mukendi (1981). Ces derniers travaux ont exploité diverses thématiques liées respectivement aux transports routiers, ferroviaires et fluviaux, à l'étude de la morphologie des quartiers urbains ou aux petits métiers urbains. Les régions congolaises et surtout les villes, ont été amplement étudiées dans la décennie suivante. Un géographe a entrepris une étude sur les marchés du Bas-Zaïre (Mubalutila, 1980). Quant aux relations entre la ville et l'arrière-pays, elles ont été analysées dans l'étude sur la ville de Mbanza-Ngungu (Matezo, 1980). On n'oubliera pas la thèse sur le développement rural dans le paysannat de Babua (Ekombe, 1981) ; et celle sur le centre secondaire de Manono (Mukalayi, 1984). Il y a aussi le travail sur la circulation et les transports dans le Kivu (Brignol, 1986).

---

9 On a déjà signalé un peu plus loin les travaux de ce géographe français, qui a mené des travaux sur Kinshasa. Pour l'ouvrage ci-dessus, voir : Pain, M. (2016), *Kasai. Rencontre avec le roi des Lele. Carnets de voyage 1980-1981*, Husson éditeur, Bruxelles, 143 p. Compte-rendu de l'ouvrage dans *Belgeo* [En ligne], 1 | 2017. URL : http://belgeo.revues.org/19591 consulté le 14/08/2017.

À côté de ceux déjà cités, le travail d'un autre géographe a analysé le cas des approvisionnements de l'eau, du bois et du charbon de bois à Kisangani (Idring'i, 1987). Un autre géographe encore a étudié le petit commerce africain dans la ville de Kisangani (Baya, 1988). On a déjà évoqué la thèse de Bruneau (1990) sur la ville de Lubumbashi.

Encadré 8
Les thèses de doctorat en géographie
présentées à l'Université de Bordeaux III (1963, 1973-2014)

1. NICOLAI, H. (1963), *Le Kwilu*. Étude géographique d'une région congolaise, CEMUBAC, LXIX, Bruxelles, Thèse de doctorat d'État ès Lettres (Géographie).
2. NSHIMBA LUBILANJI, L. (1973), Étude *de l'approvisionnement en poisson de Kinshasa (Zaïre). Un problème de croissance urbaine en Afrique noire*, Thèse de 3ème cycle.
3. MBAFUMOJA PALUKU (1977), *Les transports ferroviaires et fluviaux au Zaïre*, Thèse de 3ème cycle.
4. BIKOKO ESEKA (1979), *Les quartiers de Mbandaka : expansion spatiale et morphologie urbaine*, Thèse de 3ème cycle.
5. MATEZO BAKUNDA (1980), *Mbanza-Ngungu (Zaïre) et son arrière-pays*.
6. MUBALUTILA MBIZI-NE BANOTA (1980), *Les marchés du Bas-Zaïre*, Thèse de 3ème cycle.
7. EKOMBE ENDAM MANGUNGU (1981), *Une entreprise de développement rural dans le Haut-Zaïre : le paysannat Babua*, Thèse de 3ème cycle.
8. MUKENDI TAMBWE (1981), *Petits métiers et activités de survie des citadins de Kinshasa*. Étude *de cas*, Thèse de 3ème cycle.
9. GUÉRANDEL, G. (1983), *Les cultures maraîchères à Kinshasa*, Thèse de 3ème cycle.
10. MUKALAYI, L. (1984), Étude géographique de Manono, centre secondaire du Zaïre, Thèse de 3ème cycle.
11. BRIGNOL, Ch. (1986), *Circulation et transports dans le Kivu zaïrois*, Thèse de 3ème cycle.
12. IDRING'I, A.N. (1987), *Problèmes d'approvisionnement des villes tropicales en vivres, eau, bois et charbon de bois : cas de Kisangani (Zaïre)*, Thèse de 3ème cycle.
13. BAYA KI-MALANDA (1988), *Le petit commerce africain à Kisangani*, Thèse de doctorat en géographie.
14. BRUNEAU, J.-C. (1990), *Lubumbashi, capitale du cuivre. Ville et citadins au Zaïre méridional*, Thèse de doctorat d'État.
15. DHEUDJO NDAHORA S. (1990), *Kinshasa Ouest (Zaïre). Étude de transformation et d'intégration des quartiers urbains*.

> 16. RAMAZANI AMADI (1990), *Kinshasa Est (Zaïre): de l'habitat planifié à la croissance spontanée.*
> 17. KABATUSUILA MPANU-PANU (1994), Organisation spatiale, cadre de vie et crise de l'environnement à Kananga (Zaïre).
> 18. MPURU MAZEMBE BIAS, R. (1998), *Urbanisation et crise alimentaire à Kikwit (Congo) : stratégies d'adaptation aux contraintes d'approvisionnement vivriers et alimentaires, et incidences sur la société urbaine*, Thèse de doctorat en géographie tropicale.
> 19. KATALAYI MUTOMBO, H. (2014), *Urbanisation et fabrique urbaine à Kinshasa. Défis et opportunités d'aménagement.*

N.B. Toutes ces thèses sont signées Université de Bordeaux III et certaines d'entre elles, notamment les deux dernières Université de Bordeaux III-Michel de Montaigne.

Signalons les travaux de deux géographes congolais sur la ville de Kinshasa : l'un portait sur l'étude de transformation et d'intégration des quartiers urbains à Kinshasa-Ouest (Dheudjo, 1990) et l'autre, sur l'habitat planifié et la croissance spontanée à Kinshasa-Est (Ramazani, 1990). Un peu plus tard, une thèse a développé la thématique de l'organisation spatiale, cadre de vie et crise de l'environnement à Kananga, une ville du centre du pays (Kabatusuila, 1994). Faisons pour terminer un focus sur les deux derniers travaux présentés à ce jour à Bordeaux par les géographes congolais. Ils ont été tous les deux publiés, l'un par l'Atelier National de Reproduction des Thèses (ANRT, Presses universitaires du Septentrion), et l'autre mis en ligne. Le travail de Mpuru (1998) a été consacré à l'urbanisation et à la crise alimentaire à Kikwit, ville du Sud-Ouest congolais, dans l'ancienne province du Bandundu. L'étude évoque, dans un angle géographique, les stratégies d'adaptation aux contraintes d'approvisionnements vivriers et alimentaires. Cette étude s'articule en trois parties : (1) Conditions géographiques et phénomène urbain du Kwilu ; (2) Stratégies d'adaptation aux contraintes de l'approvisionnement alimentaire ; (3) Système de distribution des produits, alimentation et santé de la population. La problématique de cette étude était posée par l'auteur de la manière suivante :

> Aujourd'hui, le problème alimentaire se pose avec acuité dans les villes du Congo. Au Kwilu, c'est dans la ville de Kikwit que le désarroi face aux problèmes de consommation alimentaire se mesure le mieux. L'interaction des facteurs liés à l'urbanisation (poids de charge familiale, faiblesse de revenus, chômage, etc.) et des difficultés d'approvisionnement de la ville ont engendré de profonds changements dans l'ali-

> mentation des ménages à Kikwit. […] Les Kikwitois sont démunis pour s'offrir le luxe du choix du type, de la qualité ou de la quantité des aliments à consommer. Il s'agit là, à vrai dire, d'une réelle difficulté pour les citadins à consommer les produits de leur propre terroir. Mais il faut aussi s'interroger sur le rôle de l'État en la matière […] (Mpuru, M.B., *op. cit.*, pp. 13-14).

La dernière thèse présentée à Bordeaux est celle de Katalayi (2014). Ce travail est de la même veine que les autres travaux signalés sur la ville de Kinshasa, mais il a le mérite d'avoir creusé une problématique qui est d'actualité, celle de manque de cohérence dans la « fabrique urbaine ». Voici comment ce dernier chercheur présente ses pistes de réflexion :

> Notre investigation est une étude du processus de la création spatiale non maîtrisée et du développement de la ville de Kinshasa dans les collines de l'Ouest et du Sud-ouest. Cette recherche a essayé d'analyser les défis et opportunités pour l'aménagement et le développement urbain. Notre attention était focalisée sur la question de l'envahissement des espaces libres et les interstices aux encablures des cités planifiées et ses conséquences environnementales et socio-économiques. À l'issue de cette analyse il s'est avéré d'abord que les politiques urbaines souffrent (d'un manque de cohérence) en matière d'organisation de l'espace. La maîtrise de l'urbanisation passe par le contrôle du foncier qui pourrait contraindre une expansion spatiale marquée par le paradigme de marginalisation écologique. C'est l'un des principaux moyens de dompter la croissance urbaine et de donner aux quartiers et par le fait même à la ville de Kinshasa la physionomie qu'on lui souhaiterait (Katalayi, 2014)[10].

Voilà le lot des travaux sur la géographie du Congo (RDC) présentés dans le cadre de l'Institut de Géographie Tropicale de l'Université de Bordeaux 3. Sur un total de 19 travaux de thèse, au moins 15 (soit 78,9%), ont été élaborés par des géographes congolais, ce qui place cette université parmi les pôles essentiels de la recherche doctorale en géographie sur le Congo (RDC). Qu'en est-il du pôle suivant d'encadrement universitaire ?

(3) Université de Liège (1956-2011) : la quasi prédominance de la géographie physique et la structuration spatiale de l'arrière-pays

On a déjà fait état des travaux de quelques pionniers de l'Université de Liège au Congo (Chapelier, 1956 ; Beguin, 1960 ; Wilmet, 1961 et Alexandre-

---
10 Voir résumé sur le site : http://www.theses.fr/2014BOR30036, consulté le 04/04/2016.

Pyre, 1965). Les thèses des géographes congolais dans cette université le sont pour moitié en géographie physique et pour l'autre en géographie économique et régionale. La plupart de ces travaux ont été présentés par des anciens de Lubumbashi. Ces travaux touchent notamment à l'évolution de l'environnement géomorphologique des fonds de vallée (Mbenza, 1983) ou à la géomorphologie de l'Ituri oriental (Mbuluyo, 1993). Les autres sont liés à l'étude des sondages aérologiques et des images satellitaires en vue de l'explication du climat de la région de Lubumbashi (Ntombi, 1990), à l'impact des facteurs économétriques sur les cycles biogéochimiques en forêt dense (Dikumbwa, 1991), ou au contexte urbain et climatique des risques hydrologiques dans le Nord-Kivu (Muhindo, 2011). Il y a aussi le travail sur l'étude des paléoenvironnements et interprétations paléoclimatiques des dépôts du Pléistocène supérieur et de l'Holocène du Rift au sud du Lac Kivu (Vilimumbalo, 1993). Le deuxième groupe des thèses concerne les travaux de géographie économique et de géographie régionale. L'un de ces travaux, réalisé par une ancienne de Kinshasa, porte sur la structure, la localisation et le rôle des marchés urbains sur la distribution des biens et services (Kanene, 1990). Signalons aussi le travail sur l'organisation urbaine du Katanga du point de vue économique (Bushabu, 1991) et un autre sur la localisation et le comportement d'achats pour le commerce de détail à Lubumbashi (Bukome, 1993). Dans le cadre des études régionales, quelques thèses élaborées par d'autres anciens de Kinshasa sont à citer : celle portant sur les relations à la ville et territorialité dans la campagne environnante de Kananga (Kabamba, 2000) ; et celle sur les mutations d'un système spatial rural de l'espace luba-kasayi (Tshiunza, 2003). Un autre travail dans cette catégorie a porté sur l'impact de la fonction administrative sur le développement de la ville de Bandundu (Noti, 2003).

Encadré 9
Les thèses de doctorat en géographie présentées à l'Université de Liège (1956-1961, 1990-2011)

20. CHAPELIER, A. (1956), Élisabethville. *Jadotville et Kolwezi : étude de géographie urbaine comparée.*
21. BEGUIN, H. (1960), *La mise en valeur agricole du sud-est du Kasaï. Essai de géographie agricole et de géographie agraire et ses possibilités d'applications pratiques.*
22. WILMET, J. (1961), *La répartition de la population dans la dépression Mufuvya-Lufira, Haut-Katanga. Essai d'une géographie du peuplement en milieu tropical.*

23. ALEXANDRE-PYRE, S. (1965), *Le plateau des Biano : étude de géomorphologie.*
24. MBENZA MUAKA (1983), *Évolution de l'environnement géomorphologique des fonds de vallée au cours du Quaternaire dans une région tropicale humide du Katanga.*
25. KANENE MPALI (1990), *Les marchés de Kinshasa : structure, localisation et leur rôle dans la distribution des biens et des services. Étude de géographie économique.*
26. NTOMBI MUEN KABEYA, M. (1990), *Étude des sondages aérologiques et des images satellitaires de Météostat en vue de l'explication du climat de la région de Lubumbashi (Shaba méridional, Zaïre).*
27. BUSHABU MBENGELE-MING (1991), *L'organisation urbaine du Katanga du point de vue économique.*
28. DIKUMBWA N'LANDU (1991), *L'impact des facteurs économétriques sur les cycles biogéochimiques en forêt dense au Shaba méridional (Zaïre).*
29. BUKOME ITONGWA (1993), *Le commerce de détail à Lubumbashi : localisation et comportements d'achat. Étude de géographie économique.*
30. MBULUYO MOKILI K. (1993), *Géomorphologie de l'Ituri oriental (nord-est du Zaïre). Analyse morphologique et structurelle des effets d'une réactivation du Rift.*
31. VILIMUMBALO, S. (1993), *Paléoenvironnements et interprétations paléoclimatiques des dépôts palustres du Pléistocène supérieur et de l'Holocène du Rift Centrafricain au Sud du lac Kivu (Zaïre).*
32. KABAMBA KABATA (2000), *Relations à la ville et territorialité dans la campagne environnante de Kananga (RD CONGO).*
33. NOTI NSELE ZOZE, J. (2003), *L'impact de la fonction administrative sur le développement de la ville de Bandundu, RDC.*
34. TSHIUNZA KALALA, Ch. (2003), *Mutations d'un système spatial rural. Cas du territoire luba kasayi, RDC.*
35. MUHINDO SAHANI, W. (2011), *Le contexte urbain et climatique des risques hydrologiques de la ville de Butembo (Nord-Kivu, RDC).*

N.B. Toutes les thèses répertoriées sont signées Université de Liège.

On note ainsi une diversité des travaux sur la géographie outre-mer à l'Université de Liège. L'élan semble s'être estompé à l'aube des années 2010, situation due sans doute aux effets de la rupture de la coopération universitaire avec le Congo (RDC), engagée une décennie plus tôt. En effet, la plupart des travaux de doctorat présentés à Liège n'auraient pas existé n'eût-été la coopération avec Lubumbashi. Le département des sciences de la terre a pu ainsi lancer ses chercheurs dans la voie de la recherche doctorale (encadré 10). Voici comment un tenant de cette coopération présentait les perspectives de la collaboration forgée entre l'Université de Liège et notamment le Congo (RDC).

Encadré 10
La géographie à l'Université de Liège et la coopération outre-mer à travers les thèses de doctorat

Les perspectives de collaboration universitaire

En ce qui concerne les thèses de doctorat, la présence en Belgique de nombreux scientifiques congolais était une réponse aux accords de coopération avec l'Université de Lubumbashi [...]. Les thèses ultérieures des « homologues » congolais vont quitter le domaine de la géomorphologie et des sciences connexes pour se diversifier et répondre ainsi aux besoins de l'Institut de géographie de Lubumbashi. [...]. La présence d'une section de géographie à Lubumbashi a constitué un environnement favorable à des recherches de terrain effectuées par certains géographes liégeois. Presque tous les services de géographie ont assuré avec enthousiasme la guidance de thèses ou de mémoires en relation avec l'outre-mer. Dans leurs activités scientifiques, ces régions prennent une part quelquefois non négligeable [...].

Source : Alexandre, J. et Ozer, A. (2003).

La situation connue par cette dernière université était observée dans les autres universités belges engagées dans la coopération avec notre pays. En ce qui concerne la Belgique, la rupture dont il est question avait été amorcée en 1991, suite aux difficultés politiques créées entre les deux pays à la suite des massacres des étudiants qui auraient été perpétrés sur le campus de Lubumbashi par les autorités congolaises de l'époque. Face à l'Université de Liège dont on vient de répertorier les travaux, ceux présentés dans les universités de Bruxelles semblent avoir d'autres orientations. À la place des facilités de coopération notées à Liège pour renforcer la coopération outre-mer, il nous semble que Bruxelles est restée quelque peu réservée, ne recevant que les étudiants congolais qui s'inscrivaient dans l'une de ses universités, sans ouvrir ses canaux de coopération à la recherche doctorale en faveur du Congo (RDC).

(4) Universités de Bruxelles (ULB et VUB, 1984-2012) : Le « géopôle » de Kinshasa et du Sud-Ouest ?

Le pôle universitaire de Bruxelles ne semble pas avoir excellé dans la formation des docteurs congolais en géographie. Comment peut-on expliquer la faiblesse numérique des travaux sur le Congo (RDC), dans une métropole longtemps ouverte à la géographie coloniale et à la coopération internationale ? La concurrence d'autres filières de formation qui accueillent depuis des années nombre de chercheurs congolais dans des domaines diversifiés ne justifie pas cette situation. Le CEMUBAC, organe de coopération universitaire, avait pourtant très tôt ouvert au Congo la voie à des recherches scientifiques y compris géographiques. La publication de la thèse de H. Nicolaï sur le Kwilu (1963), en est, entre autres publications, une illustration.

À l'Université Libre de Bruxelles (ULB), on compte 7 thèses de doctorat, présentées dans l'ordre ci-après : Diabonda (1984) ; Maboloko (1988) ; Mpasi (1993) ; Mashini (1994) ; Mwanza (1996) ; Matand (2005) et Kayembe (2012). Ces thèses ont concerné des thématiques différentes. Et à la Vrije Universiteit Brussel (VUB), on a enregistré les deux thèses de Ilunga (1984) et Yamba (1993), portant respectivement sur l'étude morphologique et lithostratigraphique du quarternaire de la plaine de la Ruzizi et celle des dépôts du quarternaire de la plaine de Rutshuru. À noter que les travaux de thèse de géographie présentés à l'ULB sont pour la plupart circonscrits à l'aire géographique du Sud-Ouest (Bandundu, Bas-Congo et Kinshasa). La thèse de Diabonda (1984) a analysé le phénomène de l'exode rural à Luozi, une région du Bas-Congo déjà étudiée par Nicolaï (1956).

Encadré 11
Les thèses de doctorat en géographie et sciences connexes présentées à Bruxelles (ULB et VUB, 1984-2012)

36. DIABONDA, M. (1984), *Exode rural à Luozi (Bas-Zaïre)*, Thèse de doctorat en Sciences (géographie), Université Libre de Bruxelles.
37. ILUNGA LUTUMBA (1984), *Le Quarternaire de la plaine de la Ruzizi : étude morphologique et lithostratigraphique*, Vrije Universiteit Brussel.
38. MABOLOKO NGULAMBANGU (1988), *L'espace industriel du Sud-Ouest du Zaïre, essai d'analyse géographique*, Université Libre de Bruxelles.

> 39. MPASI ZIWA MAMBU, F. (1993), *Les climats, les bilans hydriques du Bas-Zaïre et quelques implications dans les domaines de l'agriculture et de l'environnement*, Université Libre de Bruxelles.
> 40. YAMBA TSHISUNGU (1993), *Étude lithostratigraphique des dépôts de quartenaire de la plaine de Rutshuru (Est-Zaïre), branche occidentale du Rift Est Africain*, Thèse de doctorat, Vrije Universiteit in Brussel, département de Géomorphologie et de Géologie.
> 41. MASHINI DHI MBITA MULENGHE (1994) *Développement régional et stratégies spatiales dans le Kwango-Kwilu (Sud-Ouest du Zaïre)*, Université Libre de Bruxelles.
> 42. MWANZA wa MWANZA (1996), *Transport et implantation des équipements socio-collectifs dans une métropole tropicale : Kinshasa (Zaïre)*, Université Libre de Bruxelles.
> 43. MATAND TWILENG (2005), *Le cycle de l'eau. Problèmes de l'approvisionnement en eau potable dans les villes congolaises. Le cas de la ville moyenne de Muene Ditu*, Université Libre de Bruxelles.
> 44. KAYEMBE wa KAYEMBE, M. (2012), *Les dimensions socio-spatiales de l'érosion ravinante intra-urbaine dans une ville tropicale humide. Le cas de Kinshasa (RD Congo)*, Université Libre de Bruxelles.

Le travail sur l'espace industriel réunit des données sur la problématique de la désindustrialisation de l'ancienne région huilière et forestière du Sud-Ouest (Maboloko, 1988). Une autre thèse a étudié les climats, les bilans hydriques et quelques implications dans les domaines de l'agriculture et de l'environnement dans le Bas-Zaïre et a tenté d'ouvrir la recherche vers ces derniers domaines (Mpasi, 1993). Dans un autre registre, nous inspirant des recherches en vogue à l'époque, nous avons consacré une thèse sur la problématique du développement régional et des stratégies spatiales dans le Kwango-Kwilu (Mashini, 1994). Nous y avons analysé les conditions géographiques du développement, auscultant le rôle des acteurs, à travers leurs mécanismes de déploiement régional. Cette étude, légèrement remaniée, a été publiée un peu plus tard (Mashini, 2013).

Dans notre recherche doctorale, l'analyse du développement régional aura permis de soulever une série de questions, d'après une démarche systémique qui intéressera les géographes : Quelles sont les actions de développement ? Où se trouvent-elles localisées dans l'espace régional ? Pourquoi ces actions se réalisent elles ici et non ailleurs dans la région ?

Quel est l'impact de ces actions sur l'espace et/ou sur les habitants, bref sur le « bien être » régional ? (Voir autre synthèse de la même étude : Mashini, 2014)[11]. On ne dira jamais assez que le rôle des acteurs est essentiel pour booster les processus sociopolitiques en cours à l'intérieur des différents espaces.

Encadré 12
Problématique du développement régional vue par un géographe :
L'exemple de l'étude du Kwango-Kwilu

Vers l'analyse des conditions régionales de développement

Voici une étude se rapportant à une région d'Afrique noire. Il ne faut pas y chercher une somme de connaissances géographiques sur le cadre régional étudié, car il sera ici question d'une analyse des conditions régionales du développement et d'une radioscopie du processus de développement régional, sur une période déterminée. À la lumière de la dynamique régionale et sous l'influence des acteurs multiples, que devient dans cet espace le « développement » ? À quoi celui-ci a-t-il conduit au fil des ans, et d'après quelles modalités particulières ? Le présent ouvrage se propose de répondre à ces préoccupations. On ne prétendra pas y satisfaire entièrement, ni épuiser le thème qui s'offrait à l'analyse du géographe. » (Mashini, 2013, p. 15).

Signalons, pour terminer la recension des travaux présentés à Bruxelles, qu'un autre géographe congolais a pu publier une partie remaniée de sa thèse traitant de la question du transport urbain et de l'implantation des équipements socio-collectifs dans la ville de Kinshasa (Mwanza, 1996, 1997). Ce chercheur considère ce problème comme un nœud gordien à résoudre pour cette ville-métropole. Après avoir évoqué les tendances lourdes de la croissance urbaine de Kinshasa (1), la structure socio-économique et l'organisation urbaine (2), de même que la question des déplacements urbains et les problèmes de desserte (3), l'étude se focalise sur les stratégies d'adaptation à la crise en matière de transports urbains (4). Ces stratégies tournent autour de la réorganisation des circuits de transport, intégrant à la fois les réseaux public et privé. L'auteur souligne au sujet de ce dernier aspect :

---

11 Voir *Bulletin Géographique de Kinshasa – Géokin*, Vol. N° 1, Kinshasa, 2014, pp. 33-56.

> La ville de Kinshasa traverse une crise multiforme marquée, entre autres, par une forte croissance urbaine, une paupérisation accrue des masses et une anarchie institutionnelle, le tout dans un contexte administratif et politique incertain. Les effets de cette crise n'ont épargné aucun secteur socio-économique à l'exemple des transports urbains qui, à défaut d'une planification formelle, sont réduits à survivre par la mise en place d'un certain nombre de stratégies. Les limites de ces stratégies dans la desserte urbaine paraissent évidentes […]. Il est donc nécessaire… de « penser le transport » dans le cadre de l'aménagement urbain […] (Mwanza, 1997, p. 115 et quatrième de couverture).

Le dernier travail de géographie sur le Congo (RDC) à être présenté à ce jour à l'ULB, a étudié les dimensions socio-spatiales de l'érosion ravinante intra-urbaine à Kinshasa (Kayembe, 2012). Un condensé de cette étude a été produit dans une revue spécialisée (Kayembe et Wolff, 2015). Ce thème est novateur par rapport aux études antérieures signalées. Il exploite un domaine qu'un autre chercheur a analysé pour la même ville de Kinshasa (Makanzu, 2014). Les géographes explorent ainsi les conséquences des phénomènes spatiaux qui se déploient sous leurs yeux dans les principales villes du pays où le phénomène de l'érosion ravinante reste une plaie majeure face à l'aménagement urbain. Il serait intéressant de suivre les orientations prises dans d'autres études en rapport avec la recherche doctorale sur le Congo (RDC). Voyons à présent les voies empruntées dans les travaux présentés dans les autres universités du monde occidental que celles abordées jusqu'ici. On verra que ces travaux concernent un nombre limité d'universités et de pays.

(5) Les autres Universités du monde occidental (1958-2006) : La variabilité des champs d'étude

Les autres universités dans le monde occidental ont assuré un encadrement sporadique des thèses de doctorat en géographie sur le Congo (RDC). La thèse de Solotshi (1985) est une contribution à l'étude de l'organisation spatiale de la dépression de Kamalondo. Ce travail a été présenté à l'Université catholique de Louvain (Belgique). Durant la même période, Miti (1988) a défendu une thèse à la KU Leuven[12].

---

12 Malgré des efforts entrepris, l'auteur de la thèse n'a pu malheureusement nous communiquer le titre de sa thèse de doctorat.

Encadré 13
Les thèses de doctorat en géographie présentées dans les autres Universités occidentales (1958-2006)

45. DENIS, J. (1958), *Le phénomène urbain en Afrique centrale*, Thèse de doctorat d'État, Université Paris 1, Sorbonne.
46. CALGIO GAUDINO (1973), *Essai de morphologie urbaine de la ville de Bukavu (République du Zaïre)*, Thèse de 3ème cycle, Université de Grenoble.
47. MANGALA MAPONDA (1975), *Transports et urbanisation en République du Zaïre : transports routiers et régionalisation*, Thèse de 3ème cycle, Université de Strasbourg Louis Pasteur.
48. PAIN, M. (1975), *Kinshasa : étude cartographique des petites activités. 1. Documents ; 2. Cartes*, Thèse de 3ème cycle, Université de Toulouse-le-Mirail, Toulouse, 139 p. PAIN, M. (1979), *Kinshasa : écologie et organisation urbaines*, Thèse de Doctorat d'État, Université de Toulouse II.
49. DE MAXIMY, R. (1983), *Kinshasa. Ville en suspens. Dynamique de la croissance et problèmes d'urbanisme. Approche socio-politique*, Université de Paris 1, Éditions de l'ORSTOM, Travaux et Documents, N° 176.
50. VAN CAILLIE, X. (1983), *Hydrologie et érosion dans la région de Kinshasa. Analyse des interactions entre les conditions du milieu, les érosions et le bilan hydrologique*, KU-Leuven.
51. SOLOTSHI MUYUNGA (1985), *Contribution à l'étude de l'organisation spatiale d'une région en Afrique tropicale : la dépression de Kamalondo (Shaba, Zaïre)*, Université Catholique de Louvain.
52. LELO NZUZI, F. (1987), *La planification participative « indirecte » dans l'aménagement des villes négro-africaines : l'exemple de la ville de Lubumbashi au Zaïre*, Université de Laval (Canada).
53. MITI TSETSA (1988 ?), XXX, KU Leuven.
54. USASA, U. (1988), *Étude de la ville de Kananga (Zaïre)*, Thèse de 3ème cycle, Université Paris VII.
55. PIERMAY, J.-L. (1989), *La production de l'espace urbain en Afrique centrale*, Thèse de doctorat d'État, Université Paris 10.
56. KABU ZEX KONGO NZEZA (1998), *Problème de l'écoulement de la viande bovine locale sur le marché de Kinshasa au Congo (ex-Zaïre)*, Université de Paris 1.
57. MUKOKA ZEVO, Th. (2001), *La République Démocratique du Congo. De la dépendance à un développement autocentré : le cas des Cataractes (Bas-Congo)*, Thèse pour l'obtention du grade de Docteur ès sciences économiques et sociales (Mention : géographie), Université de Genève.
58. KAKULE VYAKUNO (2006), *Pression anthropique et aménagement rationnel des hautes terres de Lubero. Rapports entre société et milieu physique dans une montagne équatoriale*, Université de Toulouse II.

La thèse de Piermay (Université de Paris 10, 1989) sur la production de l'espace urbain en Afrique centrale est une autre contribution à la connaissance géographique du pays, dans un des domaines eu exploités par les géographes. Il s'agit de celui de la spéculation foncière et du jeu des acteurs, souvent souterrains et opaques par rapport à la gestion urbaine des terres. Dans le domaine de l'étude des villes, un ancien de Lubumbashi s'est spécialisé dans la question de l'aménagement des villes « négro-africaines » (Lelo Nzuzi, Université de Laval, 1987). Ce géographe a publié quelques ouvrages en matière de participation de la population à la planification des villes, proposant l'expression de « Afrikaville », pour désigner la spécificité des villes africaines. Ceci en tenant mieux compte des vœux des habitants dans la planification urbaine (Lelo, 1989, 2008, 2011). Enfin, d'autres travaux produits par d'autres géographes repris dans la liste ci-dessus sont à signaler : Usasa (1988 ; Kabu (1998) ; Kakule (2006), etc. Ces travaux sont signalés avec leurs intitulés dans l'encadré ci-dessus et concernent des thématiques diverses : l'étude urbaine de Kananga ; le problème de l'écoulement de la viande bovine locale à Kinshasa ; la pression anthropique et les difficultés d'aménagement rationnel dans les hautes terres de la RDC, etc.

Terminons ce recueil des thèses présentées dans les autres universités avec le travail d'un géographe de l'école de Kinshasa, présenté à l'Université de Genève. Il s'agit d'une thèse sur le développement autocentré des Cataractes dans le Bas-Congo (Mukoka, 2001). Ce dernier travail aborde la question de développement dans une démarche globalisante : (1) L'économie congolaise, une économie extravertie, conséquence d'une politique ; (2) Le développement autocentré : un développement communautaire. Pour l'auteur de cette thèse, on assiste à une improbable avancée, en raison du constat ci-après qu'il développe dans la dernière partie de l'étude :

> La stratégie congolaise de développement a eu des conséquences néfastes sur la satisfaction des besoins fondamentaux (alimentation, santé et éducation) des populations des Cataractes […]. En effet, malgré plusieurs décennies de recherche agronomique et d'encadrement des paysans, l'administration n'a pas réussi à répondre aux aspirations de la paysannerie, bien au contraire. L'échec de ces stratégies… s'explique, en partie, par le peu d'importance accordée au secteur agricole au profit du secteur industriel […]. Non seulement la politique agricole n'a pas eu les effets escomptés sur l'accroissement de la production nationale

mais elle a eu, de surcroît, des effets dévastateurs sur les relations que les pouvoirs publics entretiennent avec les paysans […]. (Mukoka, 2001, pp. 386-388).

Avec ces dernières études, on voit, de toute évidence, que l'inventaire qui vient d'être présenté montre l'intérêt de la recherche géographique à travers le monde universitaire. Cette dynamique se doit d'être encouragée et renforcée, dès lors que l'on va voir que les universités congolaises s'y sont engagées. On examinera tour à tour les travaux de thèse présentés, d'une part à l'Université de Lubumbashi, d'autre part dans les universités à Kinshasa. Ces universités, y compris celle de Lubumbashi et de Kisangani, faisaient autrefois partie d'un ensemble plus vaste, dénommé Université Nationale du Zaïre (UNAZA). On va voir que très peu de thèses existent pour la géographie à cette époque. Toutefois, un répertoire plus ample consacré aux autres thèses dans d'autres domaines montre que du temps de l'UNAZA, la recherche doctorale était à ses débuts (Centre d'Études Stratégiques du Bassin du Congo, 2008, 2009). Voyons par rapport à la recherche en géographie, d'abord la situation particulière de l'Université de Lubumbashi. On terminera, ensuite, avec les universités de la capitale, Kinshasa, avec les deux branches de l'Université de Kinshasa (UNIKIN) et de l'Université pédagogique nationale (UPN).

(6) Université de Lubumbashi (1982-2013) : des travaux de géographie tournés sur le Katanga méridional et sur des régions voisines

Les travaux de géographie physique, qui étaient dominants au départ au sein de l'Université de Lubumbashi, semblent aujourd'hui en régression. Ils concernent, entre autres, l'étude métallogénique géostatique sur le gisement ferrifère de Kasumbalesa (Balabala, 1982) ; l'étude gravimétrique des zones de déformation de la plaine africaine (Byamungu, 1987) ; l'étude du déboisement du Shaba méridional (Binzangi, 1988) et l'étude de sédiments détritiques du littoral septentrional de Mweru dans la partie nord-orientale (Kasereka, 1996). Il faut citer aussi l'étude sur le précambrien de l'Ouest du lac Kivu et sa place dans l'évolution géodynamique (Rumuengeri, 1988).

Encadré 14
**Les thèses de doctorat en géographie
présentées à l'Université de Lubumbashi (1982-2013)**

59. BALABALA SHIWANGA (1982), Étude métallogénique géostatique : gisement ferrifère de Kasumbalesa au Shaba, Université nationale du Zaïre.
60. BYAMUNGU bin RUSANGISA (1987), Étude *gravimétrique de deux zones de déformation de la plaine africaine : I. Rift Est-Africain et ses bordures de la région des Grands Lacs ; II. La Chaîne Ouest-Congolienne du Congo-Bas-Zaïre.*
61. BINZANGI KAMALANDUA (1988), *Contribution à l'étude du déboisement en Afrique centrale : le cas du Shaba méridional.*
62. KASAY KATSUVA L.L. (1988), *Dynamisme démo-géographique et mise en valeur de l'espace en milieu équatorial d'altitude, cas du pays nande au Kivu septentrional.*
63. RUMUENGERI BONEZA TABAZI (1988), *Le précambrien de l'Ouest du lac Kivu (Zaïre) et sa place dans l'évolution géodynamique de l'Afrique centrale orientale : pétrologie et tectonique.*
64. MANSILA FU KIAU (1989), *Kolwezi : l'émergence d'une ville minière au Zaïre méridional.*
65. KAKESE KUNYIMA BUZUDI (1992), *L'organisation de l'espace urbain d'une ville moyenne en République du Zaïre : Likasi au Shaba méridional.*
66. KASEREKA RAIS (1996), Études *de sédiments détritiques du littoral septentrional de Mweru (Rive zaïroise) et des bassins de la Ciamfulu et de la Likinda, Katanga Nord-Oriental : contribution à l'étude des paléoenvironnements.*
67. NSIAMI MABIALA (2009), *Analyse texturale de l'image panchromatique QuickBird à très haute résolution spatiale. Application à la différenciation des types d'occupation du sol à Lubumbashi.*
68. TSHIMANGA MULANGALA (2009), *Le rôle de l'artisanat minier du diamant dans l'organisation régionale. Cas de Mbujimayi et ses environs au Kasaï Oriental.*
69. AMISI MWANA YAMBA (2010), *Perception de l'impact des activités minières au Katanga. Analyse par l'application de la théorie paysagère de Kevin Lynch.*
70. BATUBENGA KAYEMBE (2010), *Répartition des produits consommés dans la Gécamines exploitation à l'échelle mondiale et leur impact sur le développement économique du Katanga de 1982 à 2008.*
71. KAMANDA wa KAMANDA, J.-C. (2010), *Disponibilité et accessibilité des services de* Planification *familiale dans la ville de Lubumbashi.*

72. ASUMANI SALIMINI (2011), Qualité de l'environnement et santé de la population dans un milieu urbain d'Afrique tropicale. Cas de la ville de Lubumbashi (RDC). Approche géographique.
73. NGOY KITWA (2012), *Spécialisation commerciale et logique de fréquentation des marchés dans la ville de Kamina.*
74. KABWANA NGWEJI (2013), *Urbanisation et organisation de l'espace urbain de la ville de Kananga en RDC.*

N.B. Toutes les thèses répertoriées sont signées Université de Lubumbashi.

À côté de la première vague des études signalées, une autre étude a été présentée sur l'analyse texturale de l'image à haute résolution pour permettre de différencier l'occupation des sols à Lubumbashi (Nsiami, 2009). Une thèse concerne un milieu choisi en dehors de la province cuprifère. C'est le travail sur le dynamisme démogéographique et la mise en valeur de l'espace en milieu équatorial d'altitude, cas du pays Nande au Kivu septentrional (Kasay, 1988). Les autres travaux concernent l'émergence du phénomène urbain dans les villes de Kolwezi (Mansila, 1989) et de Likasi (Kakese, 1992). En dehors de cette région méridionale, une analyse portant sur l'activité diamantifère sera consacrée à l'organisation régionale autour de la ville de Mbuji-Mayi (Tshimanga, 2009). Un des travaux sur Lubumbashi s'est focalisé sur la disponibilité et l'accessibilité des services de planification familiale (Kamanda, 2010). Enfin, quelques études de géographie économique ont concerné les activités minières (Amisi, 2010) ou les produits de la Gécamines et leur impact sur le développement économique (Batubenga, 2010). Signalons également l'étude liant les questions d'environnement et de santé à Lubumbashi (Asumani, 2011) ainsi que celle sur la spécialisation commerciale des marchés dans la ville de Kamina (Ngoy, 2012). Elle a été suivie par celle portant sur l'organisation urbaine de Kananga (Kabwana, 2013). En dépit de la liste relativement longue des travaux présentés à Lubumbashi, la remarque au sujet de la rupture de la coopération universitaire avec l'Université de Liège (et l'ensemble de la coopération belge) s'impose ici. Certains chercheurs congolais n'ont plus eu la possibilité de conduire leurs travaux jusqu'au doctorat. On verra ainsi, plus loin, que le nombre des géographes de Lubumbashi est resté quasi stationnaire par rapport aux autres pôles géographiques. Une nouvelle dynamique semble voir le jour dans la capitale congolaise en matière de la recherche géographique, relayant ainsi les efforts déjà entrepris ailleurs. Toutefois, même si le retard dans le domaine de la recherche semble se résorber par rapport aux universités européennes et autres, on notera que des problèmes d'encadrement subsistent au sein des différentes universités congolaises, la plupart n'arrivant pas à faire aboutir les recherches engagées localement en RD Congo.

(7) Université de Kinshasa (UNIKIN) et Université pédagogique nationale (UPN) : vers des nouveaux champs d'intérêt géographique ?

On présentera pour ces deux universités les travaux produits par ordre chronologique, en signalant chaque fois les thèses présentées dans l'une et l'autre de ces deux institutions universitaires. À l'Université pédagogique nationale (UPN), qui reste un des pôles de la recherche géographique en RD CONGO, la présentation des thèses de doctorat a débuté dès la décennie en cours. On peut signaler les cinq travaux suivants issus de cette institution. Ces travaux portent sur des problématiques différentes : l'impact du système urbain de Kisangani sur l'exploitation des écosystèmes forestiers (Kadima, 2011), et l'étude des relations ville-campagne, au départ du cas de Kananga (Nyoka, 2011). Par la suite, d'autres pistes ont été creusées : l'évolution du couvert végétal dans le secteur de Bonwase, dans l'ancienne province de l'Équateur (Mawengo, 2013) et la gestion de déchets ménagers solides dans la ville de Tshikapa (Matadi, 2014).

La thèse sur *Bonwase* traite de l'évolution du couvert végétal d'une région forestière dans la perspective d'aménagement et conservation des écosystèmes. Le travail est organisé autour de quatre parties, contenant au total huit chapitres : (1) Considérations générales sur la région d'étude ; (2) Cartographie du couvert végétal ; (3) Causes de la déforestation ; (4) Impacts de la déforestation et restauration de l'écosystème forestier (Mawengo, 2013).

Encadré 15
Les thèses de doctorat en géographie
présentées à Kinshasa (UNIKIN et UPN, 2011-2016)

75. KADIMA KAMUNUKAMBA, C. (2011), *Le système urbain de Kisangani et son impact sur l'exploitation des écosystèmes forestiers des collectivités de son environnement proche*, Université pédagogique nationale, Kinshasa.
76. NYOKA MUPANGILA, Fr. (2011), *Contribution à l'étude des relations ville-campagne en RDC. Le cas de Kananga et sa région*, Université pédagogique nationale, Kinshasa.

77. MAWENGO MWALIBA, M.-J. (2013), *Bonwase. Évolution du couvert végétal d'une région congolaise*, Université pédagogique nationale.
78. KISANGALA MUKE, M. (2014), *Impact des changements climatiques sur la navigabilité de la rivière Kasaï : approches morphologique, hydrographique, climatologique et écologique du bassin du Kasaï dans sa partie congolaise*, Université de Kinshasa.
79. MAKANZU IMWANGANA, F. (2014), *Étude de l'érosion ravinante à Kinshasa. Dynamisme pluvio-morphogénique et développement d'un outil de prévention*, Université de Kinshasa.
80. HOLENU MANGENDA (2014), *Aménagement des décharges publiques dans la ville de Kinshasa*, Université de Kinshasa.
81. MATADI PASA MAKINA, J. (2014), *La gestion de déchets ménagers solides dans la ville de Tshikapa, Province du Kasaï Occidental (RDC) : une approche géo-environnementale et socio-économique*, Université pédagogique nationale, Kinshasa.
82. MONGA KASONGO, Cl. (2014), *Nécessité de réaménagement des installations hygiéniques dans la ville de Kinshasa*, Université pédagogique nationale.
83. MUSENGA TSHIEY, V. (2014), *L'organisation de l'environnement urbain et les perspectives d'aménagement durable de la ville de Kinshasa*, Thèse de doctorat en Sciences (Géographie), Université de Kinshasa.
84. YINA NGUNGA, D. (2016), *Apport de la géomatique dans l'étude de la prévalence du paludisme à Kinshasa*, Université de Kinshasa.

N.B. D'autres travaux de thèse ont été présentés par la suite à l'Université de Kinshasa (UNIKIN), mais n'ont pu être repris ci-dessus, car soutenus récemment, après la période de bouclage de notre recension. On en fera éventuellement mention un peu plus loin, chaque fois que de besoin.

La dernière thèse citée sur Tshikapa s'est articulée, elle, autour des parties suivantes : (1) Considérations générales et milieu d'étude ; (2) Présentation des résultats et discussion. Le travail annonce une approche « géo-environnementale » et socio-économique de la gestion des déchets ménagers. Qu'est-ce à dire, dès lors que les termes de la recherche n'évoquent pas explicitement ces perspectives ? Voyons les présupposés de l'auteur :

> Dans les centres urbains, la gestion de déchets ménagers solides constitue l'une des questions environnementales les plus préoccupantes. La quasi-totalité de déchets générés dans les villes congolaises et particulièrement dans la ville de Tshikapa est rejetée dans les décharges brutes, sans aucun aménagement ou infrastructures de base, permettant de protéger l'environnement et les populations. La politique de

> gestion de déchets ménagers solides dans la ville de Tshikapa est caractérisée par une grande défaillance [...]. La présente étude... suggère une nouvelle stratégie de gestion de déchets ménagers solides qui se propose d'associer le formel et l'informel, en établissant une cohérence aux plans technique, économique, social, écologique et institutionnel, une prise de conscience, mais surtout une participation de tous, à travers une nouvelle dynamique d'acteurs [...] (Matadi, 2014).

Un dernier travail a porté sur la même thématique environnementale, mais en mettant l'accent sur la nécessité de réaménagement des installations hygiéniques comme piste d'assainissement de la ville de Kinshasa (Monga, 2014). D'autres études sont en préparation autour des thématiques liées à l'environnement urbain, à la régionalisation des espaces ou au tourisme, etc.

À l'Université de Kinshasa (UNIKIN), pôle de recherche émergent en géographie, les premiers travaux dans la filière ont été présentés dans le courant de l'année 2014. Ils ont porté sur des aspects de climatologie et de géomorphologie tropicale appliqués aux changements climatiques et aux risques naturels. Une de ces études analyse l'impact des changements climatiques sur la navigabilité de la rivière Kasaï, au départ d'une approche multivariée, intégrant les aspects morphologiques, hydrographiques, climatiques et écologiques (Kisangala, 2014). Une autre étude analyse le processus de l'érosion ravinante à Kinshasa et le dynamisme pluvio-morphogénique, avec pour objectif de développer un outil de prévention au service de la gestion publique de ces phénomènes (Makanzu, 2014). Poursuivant d'autres pistes, deux autres études se sont consacrées, l'une à l'organisation de l'environnement urbain et aux perspectives d'aménagement durable de la ville de Kinshasa (Musenga, 2014), et l'autre à l'aménagement lié aux décharges publiques. Enfin, une des dernières thèses a abordé l'aspect pratique de l'apport de la géomatique dans l'étude de la prévalence du paludisme à Kinshasa (Yina Ngunga, 2016). D'autres travaux, signalés un peu plus loin, viennent renforcer la liste de plus en plus longue des travaux présentés à l'Université de Kinshasa (Mbenga, Kayembe, Lukusa : 2017).

Signalons que l'une de ces thèses théorise sur une réalité rarement étudiée par les géographes congolais : « Étude géographique de la diffusion et la territorialisation d'un fait. Cas de la Communauté du Christ en République Démocratique du » (Mbenga, 2017). L'auteur pose d'emblée la problématique de l'étude en des termes poignants :

> Le processus de diffusion et de territorialisation (…) s'est fait selon la hiérarchie des lieux ayant deux modes de cheminement différents : un cheminement en avalanche (…), mettant les différents centres urbains et ruraux en interconnexion alors qu'à partir de Kinshasa, c'est le cheminement linéaire qui a caractérisé ce processus de diffusion (…). L'espace communautaire étudié est aussi caractérisé par des disparités tant régionales qu'infrarégionales (…). L'existence de ces disparités est la résultante de la synergie entre les facteurs structurels liés à la fois à l'histoire et ceux de nature géographique (Mbenga, 2017 : Résumé, p. vi).

Au total, signalons que même s'il manque à l'analyse un examen critique de différents travaux répertoriés, l'intérêt de la démarche aura été de montrer la dynamique engagée par la géographie universitaire, au départ de l'analyse des différents travaux.

C. Vers quel bilan de la recherche géographique congolaise ?

Dans quelle direction faudrait-il dresser un bilan par rapport aux travaux de recherche géographique qui viennent d'être compilés ? La moisson est relativement abondante, avec au total 82 thèses de doctorat en géographie répertoriées sur le Congo (RDC). Quelques observations, sous forme de bilan, peuvent être tirées de cette production scientifique (tableau 24, figure 19). En dépit de l'émiettement signalé dans l'encadrement, il y a lieu de noter l'internationalisation de la recherche.

De l'encadrement universitaire et de l'externalisation toujours présente de la recherche géographique

La mobilité des universitaires congolais est toutefois limitée à certains pôles de formation. On peut souligner le caractère extraverti de l'encadrement sur les travaux de thèse de doctorat. En effet, comme on le voit, sauf pour ces dernières années, la plupart des travaux étaient au départ initiés et préparés dans des universités occidentales, notamment européennes. La deuxième constance à souligner est la forte centralisation de la production des thèses sur l'Europe occidentale avec un total de 57 travaux sur les 84 travaux répertoriés (soit 67,9%). Quelques pays européens seulement sont concernés par cet encadrement : la Belgique et la France (33,3% chacune) et la Suisse (1,2%). Si le Canada ne compte qu'un seul travail répertorié à l'Université de Laval, tout le reste de travaux provient du Congo (RDC) même (26 travaux, soit 31%). On note une part importante de l'Université de Lubumbashi (16 travaux) puis de l'Université pédagogique nationale et de l'Université de Kinshasa (5 travaux chacune) (figure 20). Comme on l'a signalé, ces chiffres sont en constante évolution, surtout à l'Université de Kinshasa.

De l'analyse de ces données, il ressort une forte externalisation de la recherche congolaise, ce qui se dénote dans la concentration des lieux d'encadrement scientifique en dehors du pays. Cette situation est un des avatars du système éducatif et universitaire qui se produit sous nos yeux en RD CONGO. Depuis de nombreuses années, la coopération universitaire a été tributaire des relations politiques avec des pays tiers. La formation en géographie n'a pas échappé à plusieurs pesanteurs, dont l'africanisation timide de la recherche et le manque criant des moyens logistiques et financiers. Quelle pourrait être, en fin de compte, la structuration de la recherche congolaise en fonction de la dynamique étudiée ? Comme déjà publiée, on peut souligner la diversité des « écoles » qui ont encadré la production scientifique en géographie en RD CONGO (Mashini, 2017 : tableau 25).

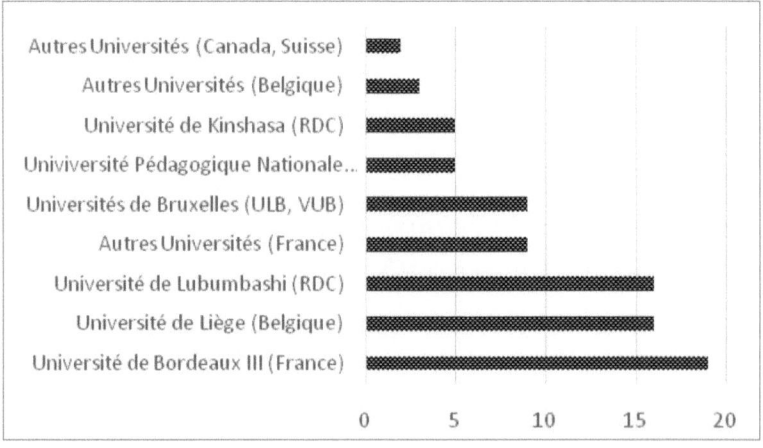

Figure 19. Thèses de doctorat sur la géographie du Congo (RDC) par université d'encadrement (1956-2016)

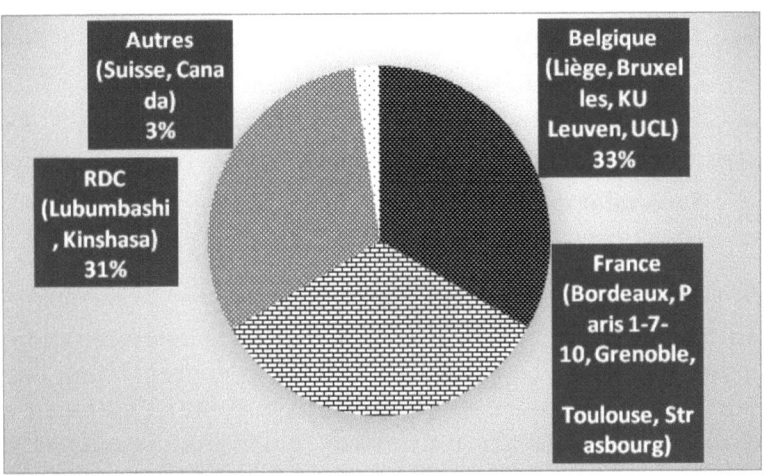

Figure 20. Origine des thèses de doctorat sur la géographie du Congo (RDC) par pays d'encadrement (1956-2016)

Tableau 24
Répartition des doctorats en géographie sur la RD Congo par université d'encadrement et par période (1956-2016)

Pays	Université	Nombre	%	Période
Belgique	1. Université de Liège	16	19,0	1956-2011
Belgique	2. Universités de Bruxelles (ULB, VUB)	9	10,7	1984-2012
Belgique	3. Louvain (UCL et KUL)	3	3,6	1985-1989
	Sous-total Belgique	*28*	*33,3%*	
France	4. Université de Bordeaux III	19	22,6	1963-2014
France	5. Université de Paris 1, 7, 10	5	6,0	1958-1998
France	6. Université de Toulouse II	2	2,4	1979-2006
France	7. Université de Grenoble	1	1,2	1973
France	8. Université de Strasbourg	1	1,2	1975
	Sous-total France	*28*	*33,3%*	
RDC	9. Université de Lubumbashi	16	19,0	1982-2013
RDC	10. Université pédagogique nationale (UPN)	5	6,0	2011-2014
RDC	11. Université de Kinshasa	5	6,0	2014-2016

Pays	Université	Nombre	%	Période
Sous-total RDC		*26*	*31,0%*	
Suisse	12. Université de Genève	1	1,2	2001
Canada	13. Université de Laval	1	1,2	1987
Sous-total Autres pays		*2*	*2,4%*	
Total		84	100,0%	

De l'analyse de ces données, il ressort une forte externalisation de la recherche congolaise, ce qui se dénote dans la concentration des lieux d'encadrement scientifique en dehors du pays. Cette situation est un des avatars du système éducatif et universitaire qui se produit sous nos yeux en RD Congo. Depuis de nombreuses années, la coopération universitaire a été tributaire des relations politiques avec des pays tiers. La formation en géographie n'a pas échappé à plusieurs pesanteurs, dont l'africanisation timide de la recherche et le manque criant des moyens logistiques et financiers. Quelle pourrait être, en fin de compte, la structuration de la recherche congolaise en fonction de la dynamique étudiée ? Comme déjà publiée, on peut souligner la diversité des « écoles » qui ont encadré la production scientifique en géographie en RD Congo (Mashini, 2017 : tableau 25).

Tableau 25
Les travaux de doctorat en géographie sur le Congo (RDC), essai de catégorisation par type d'écoles de recherche

N°	Écoles géographiques	Orientation majeure	Travaux concernés (périodes)	Observations
1	Géographie coloniale ; géographie universitaire belge, française ; émergence de l'école géographique congolaise	Études régionales et monographiques. Études urbaines *(géographie de « pays » ; géographie urbaine comparée ; phénomène urbain ; géographie des villes).* Études de géographie économique.	(1940-2014)	Couverture de l'ensemble de l'espace congolais, par grandes régions géographiques, mais avec quelques « vides » notés sur les cartes

N°	Écoles géographiques	Orientation majeure	Travaux concernés (périodes)	Observations
2	Institut de Géographie Tropicale, Bordeaux (France) : *géographie régionaliste, école géographique française*	*Géographie régionale* : études approfondies de principales régions géographiques : *régions-échantillons* (régions témoins) ; études de cas. Autres thèmes : étude des approvisionnements urbains ; étude des activités urbaines (petits métiers) ; analyse des quartiers urbains ; production de l'espace urbain (acteurs urbains).	Étude pionnière pour le Congo (RDC) : Nicolaï (1963, 1964, 1967). Autres études, voir bibliographie *in fine*	Recherche de l'originalité régionale, analyse fine des facteurs géographiques, des traits spécifiques majeurs (aspects géographique, démographique et socio-économique) ; étude de « *personnalité régionale* », monographies urbaines, approvisionnements urbains, etc.
3	« Géographie de l'Outre-Mer » (Universités de Liège et Lubumbashi)	Études de géographie physique ; applications de la *géomorphologie structurale*. Aspects de géographie économique (étude de marchés et distribution des biens et services). Études sur l'organisation et la structuration spatiales de l'arrière-pays (géographie régionale).	Bilan des études présenté par Alexandre et Ozer (2003)	Voir connexions scientifiques entre Université de Liège et Université de Lubumbashi
4	École de géographie humaine de Bruxelles : « *géopôle* » du Sud-Ouest du Congo (RDC)	Étude des espaces diversifiés : dynamique de l'espace industriel (cycle industrialisation précaire/ désindustrialisation) ;	Voir bibliographie *in fine* (périodes 1984-1988, 1993-1996, 2005-2012)	Analyse des cadres spatiaux. Espaces industriels (Maboloko, 1988, 1989, 1990).

N°	Écoles géographiques	Orientation majeure	Travaux concernés (périodes)	Observations
		aspects géographiques du développement régional (stratégies spatiales et mécanismes de développement). Transports et implantation des équipements socio-collectifs. Autres études (exode rural ; climats et bilans hydriques et implications dans le domaine de l'agriculture et de l'environnement ; cycle de l'eau et approvisionnement, etc.). Analyse des dynamiques socio-spatiales (étude sur l'érosion ravinante intra-urbaine).		Vers une *géographie de développement* (analyse des conditions géographiques du développement : Mashini, 1994, 2013, 2014). Analyse des dynamiques socio-spatiales (Kayembe, 2012), etc.
5	Pôle de géographie de Kinshasa : vers la diversification et la recherche appliquée en géographie	Vers une double orientation : (1) études sur l'urbanisation, l'environnement et l'aménagement *(géographie environnementale)* ; (2) études morphologique, hydrologique, climatologique et écologique ; apport de la *géomatique* et propositions d'outils d'intervention.	Voir bibliographie *in fine*	Vers la mixité entre la géographie, l'environnement et l'écologie humaine. Et amorce des études sur l'aménagement naturel et spatial, la géomatique, la territorialisation, etc.

Source : conception personnelle, avec quelques légères modifications par rapport à la publication antérieure (Mashini, 2017, op. cit., p. 81).

Au total, la recherche géographique congolaise est passée à travers plusieurs cheminements pour déboucher sur des orientations spécifiques : (i) géographie urbaine (celle des grandes villes) ; (ii) géographie régionale (étude des « pays », des régions) ; (iii) géomorphologie structurale (étude des plateaux, vallées sèches, plaines alluviales et grandes chaînes montagneuses) ; (iv) géographie des espaces (espaces industriels, étude de dynamiques régionales et spatiales, étude de l'organisation urbaine ou régionale) ; (v) géographie du développement (rôle des acteurs, analyse géographique des mécanismes et stratégies de développement) ; (vi) géographie environnementale (spécialement les études sur l'environnement et l'aménagement) ; (vii) la *géomatique*, etc.

On a déjà posé comme perspective que la science géographique pourrait prétendre s'engager dans une voie de refondation en RD Congo. Les données d'analyse montrent qu'il y a encore du chemin à faire, malgré l'effort de diversification des compétences dont on a rendu compte à travers les différentes facettes de la recherche doctorale en géographie. Ainsi qu'on le verra dans les prochains chapitres, l'historiographie de cette recherche indique qu'il y aurait bien des lacunes à surmonter.

En guise de conclusion

Tout au long de l'étude sur l'éveil de la science géographique, ce chapitre a fourni des renseignements utiles sur la recherche scientifique liée à la géographie congolaise. L'éveil de cette discipline se marque par sa présence de plus en plus essentielle dans les structures de formation, à travers nombre de travaux scientifiques produits. L'étude a inventorié les travaux de mémoire et autres travaux de fin d'études dans quelques institutions universitaires. Les marques d'une géographie « localisée » ont été relevées. L'étude a également fourni un panorama complet des thèses de doctorat et a tenté un essai de classification de ces travaux par types d'écoles, même si le classement mérite d'être affiné.

Au total l'étude indique une bonne progression de la recherche géographique. Elle a montré qu'avec les travaux de thèse de doctorat. Cette recherche est de plus en plus élargie à d'autres ensembles géographiques. La géographie des « territoires » évolue à certains égards, sans que des lignes épistémologiques spécifiques se dégagent au travers de ces études, pour la *géographie congolaise*. Nous pouvons toutefois souligner la diversité des « écoles » qui encadrent la production scientifique en RD Congo.

Textes de références
Chapitre 3 – La recherche scientifique en géographie[13]

ALEXANDRE, J., OZER, A. (2003), « La géographie liégeoise et l'outre-mer », *Société géographique de Liège*, 43, pp. 141-150.

CHAMPIGNY, D., DURAND, B. (2002), « Enseigner les territoires de la proximité : quelle place pour l'enseignement du « local » ? Colloque « Apprendre l'histoire et la géographie à l'école », Paris, 12-14 décembre.

CONSEIL DE L'EUROPE (1968), *L'enseignement de la géographie au niveau universitaire* (par J. Tricart), A. Colin – Bourrelier, L'Éducation en Europe, Série I. Enseignement supérieur et recherche, N° 6, 92 p.

DAVEAU, S. (2003), « Recherches de géographie humaine en Afrique tropicale (Analyse de six ouvrages) », *L'Information Géographique*, Vol. 67, N° 1, pp. 17-24.

HUGONIE, G. (2007), « La géographie, de l'étude des lieux à celle de l'action des hommes sur la Terre », Éducation & formation, Les contenus de l'histoire-géographie, éducation civique, n° 76, décembre, pp. 59-66.

LASSERRE, G., VENNETIER, P. (1968), « Les principaux thèmes de la recherche géographique française dans les pays tropicaux », *Annales de géographie*, Vol. 77, N° 424, pp. 720-728.

LASSERRE, G. (1989), « Travaux de géographie urbaine : Zaïre, Côte d'Ivoire, Bénin », Travaux et documents de géographie tropicale (compte rendu), *Annales de Géographie*, Volume 98, Numéro 545, pp. 116-117. Voir Travaux et documents de géographie tropicale, n° 58, juillet 1987, CEGET-CNRS, Bordeaux-Talence, 168 p.

MABOLOKO NGULAMBANGU (2000), « Quarante ans de la recherche géographique à travers les thèses de doctorat (1958-1998) : bilan, tendances et perspectives », *Revue de Pédagogie Appliquée (R.P.A.)*, vol. XVI, n° 2, pp. 133-143.

MASHINI, J.C. (2017), « La recherche géographique à travers les thèses de doctorat en RD CONGO de 1956 à 2016 », *Revue Canadienne de Géographie Tropicale* [En ligne], Vol. (4) 1, pp. 69-88. URL : http://laurentienne.ca/rcgt

SAUTTER, G. (1968), « Les thèses françaises récentes de géographie des pays tropicaux », *Annales de géographie*, Vol. 77, N°424, pp. 728-734.

VENNETIER, P. (1993), *Géographie des espaces tropicaux : une décennie de recherches françaises*, Bordeaux-Talence, CEGET, Espaces tropicaux, n°12, 269 p.

---

[13] Les références se rapportant aux thèses de doctorat sont à retrouver plus loin, dans la sélection bibliographique en fin d'ouvrage.

Chapitre 4

Espaces géographiques

Progrès ou déclin de la connaissance sur la RD Congo ?

*Alors que le mot **territoire** est, au-delà de son emploi en géographie, d'un large usage en sciences humaines, l'expression **espace géographique** est une création spécifique des géographes. Elle s'emploie soit au singulier pour rendre compte des combinaisons physiques, économiques et sociales s'exerçant sur un espace donné, soit au pluriel pour désigner des espaces présentant des caractères de similitude quelle que soit leur localisation [...]*

www.geoconfluences.ens-lyon.fr/glossaire[1]

> A. Les tendances des études sur la *géographie congolaise*
> B. Les espaces différenciés de la recherche congolaise
> C. Vers le progrès ou le déclin de la connaissance géographique sur la RD Congo ?

Poursuivant nos réflexions sur l'évolution de la recherche géographique en RD Congo, il sera ici question d'examiner les tendances des études entreprises (A), et de cerner les espaces géographiques d'étude (B). L'analyse sera menée tant sur le plan national que sur le plan régional,

---

[1] Le site de « *Géoconfluences* » est présenté, d'après ses initiateurs, comme « une publication à caractère scientifique pour le partage du savoir et pour la formation en géographie ».

sur base d'une sélection des études entreprises à travers les différentes entités géographiques. On ressortira un bilan en termes de progrès et/ou de déclin sur la connaissance de l'espace congolais (C). Au fur et à mesure de leur production, les études géographiques se sont regroupées autour de quelques thématiques qu'il importe de circonscrire.

A. Les tendances des études sur la géographie congolaise

La diversité des études géographiques comporte ici certaines variantes (tableau 26, figure 21). Il importe de les parcourir par catégorie d'études, en fonction de leur importance dans la production, telle qu'indiquée dans le tableau. Il est important de souligner que la plupart de ces études sont aujourd'hui relativement anciennes, mais elles ne manquent toutefois pas d'intérêt par rapport à la bonne compréhension des espaces géographiques congolais. Voyons cet inventaire dans l'ordre ci-après : (1) les études urbaines ; (2) les études régionales ; (3) les études écologiques et environnementales ; (4) les études de géomorphologie tropicale ; (5) les études de climatologie appliquée.

Les études urbaines et l'état de la connaissance sur les principales villes congolaises

Ainsi que nous l'avions déjà relevé, les études urbaines ont été parmi les premières à être entreprises par les géographes au niveau doctoral en ce qui concerne les espaces congolais. Rappelons qu'une étude de géographie urbaine comparée a été consacrée aux villes minières : Élisabethville (Lubumbashi), Jadotville (Likasi) et Kolwezi dans le Katanga (Chapelier, 1956). Sur un plan plus général, une autre étude a analysé durant la même période le phénomène urbain en Afrique centrale, à travers un choix géographique diversifié des villes, dont quatre situées au Congo belge : Léopoldville (Kinshasa), Coquilhatville (Mbandaka), Élisabethville, Jadotville (Denis, 1958). Une autre étude sur le phénomène urbain en Afrique centrale a été réalisée plus tard ; elle a consisté à comparer la croissance urbaine avec les stratégies des acteurs dans la quête du sol dans certaines villes, dont pour le Congo (ex-Zaïre) Kinshasa, Kisangani et Mbuji-Mayi (Piermay, 1989, 1993).

Tableau 26
Thématique des études sur base des thèses de doctorat en géographie sur le Congo (RDC, 1956-2016)

Catégories et variantes	Nombre
1. Études urbaines. Géographie urbaine comparée ; approvisionnements urbains et problèmes de croissance urbaine ; écologie et organisation urbaines ; dynamique de la croissance urbaine et problèmes d'urbanisme ; cultures maraîchères en milieu urbain ; petit commerce urbain ; commerce de détail et marchés urbains ; planification participative et aménagement urbain ; émergence du phénomène urbain ; ville et citadins ; intégration des quartiers urbains et habitat planifié ; organisation spatiale urbaine et cadre de vie ; transports urbains et implantation des équipements socio-collectifs ; urbanisation et crise alimentaire ; accessibilité des services urbains de planification familiale ; urbanisation et fabrique urbaine (…).	31 (36,9%)
2. Études régionales. Géographie agricole et agraire et mise en valeur régionale ; géographie régionale du peuplement ; étude régionale ; transports terrestres, ferroviaires et fluviaux et régionalisation ; étude des marchés régionaux ; dynamisme démo-géographique et mise en valeur d'une région d'altitude ; étude des relations ville/ arrière-pays et territorialité ; entreprise de développement rural et paysannat ; espace industriel régional ; développement régional et stratégies spatiales ; développement autocentré ; fonction administrative régionale et développement ; mutations d'un système spatial rural ; exode rural ; développement économique régional ; perception de l'impact régional des activités minières (…).	22 (26,2%)
3. Études écologiques et environnementales. Étude du déboisement ; sols et évolutions morphologiques ; impact des facteurs économétriques sur les cycles bio-géoclimatiques en forêt dense ; pression anthropique et aménagement des hautes terres ; santé et environnement ; approvisionnement en eau potable ; gestion des déchets ménagers solides et hygiène urbaine ; déforestation ; occupation des sols ; environnement urbain et perspectives d'aménagement durable ; géomatique et prévalence du paludisme (…).	13 (15,5%)
4. Études de géomorphologie tropicale. Étude métallonique géostatique ; étude du Quaternaire (morphologie et stratigraphie) ; environnement géomorphologique des fonds de vallée ; hydrologie et érosion (érodibilité des sols) ;	12 (14,3%)

Catégories et variantes	Nombre
évolution géodynamique du précambrien ; analyse morphologique et structurelle des effets d'une réactivation du Rift (…).	
5. Études de climatologie appliquée. Étude de l'évapotranspiration ; étude des facteurs influençant les paramètres pluie-débit ; étude des sondages aérologiques et des images satellitaires ; climats, bilans hydriques et implications sur l'agriculture et l'environnement ; paléoenvironnements et interprétations paléoclimatiques ; contexte urbain climatique et risques hydrologiques (…).	6 (7,1%)
Total	**84**

Sur la ville de Kinshasa, plusieurs études ont été menées avec forces détails. Une d'elles est liée à la question de la croissance urbaine, avec le cas du ravitaillement en poissons (Nshimba, 1973). Sur base des enquêtes de terrain, réalisées dans le cadre de l'élaboration de l'Atlas de Kinshasa (de Maximy, Flouriot et Pain, 1975 ; de Maximy et Pain, 1982), on a déjà signalé l'étude sur l'écologie et l'organisation urbaines (Pain, 1975, 1979) et une autre sur la dynamique de la croissance urbaine liée aux problèmes d'urbanisme (de Maximy, 1983). Plus tard, d'autres études mettent en exergue les activités urbaines : l'étude des petits métiers et autres activités de survie (Mukendi, 1981), l'analyse des cultures maraîchères (Guérandel, 1983), le commerce de détail sur les marchés urbains de la ville (Kanene, 1990), etc. Une analyse plus affinée des tissus urbains a été proposée, avec des études sur l'intégration des quartiers urbains en rapport avec l'habitat planifié, respectivement à l'ouest et à l'est de la ville (Dheudjo, 1990 ; Ramazani, 1990). Les transports urbains ont été étudiés en relation avec l'implantation des équipements socio-collectifs (Mwanza, 1996). Et sur le plan de l'aménagement, une étude a relevé les défis et opportunités de l'urbanisation en lien avec la « fabrique urbaine », par une création spatiale non maîtrisée (Katalayi, 2014, 2015).

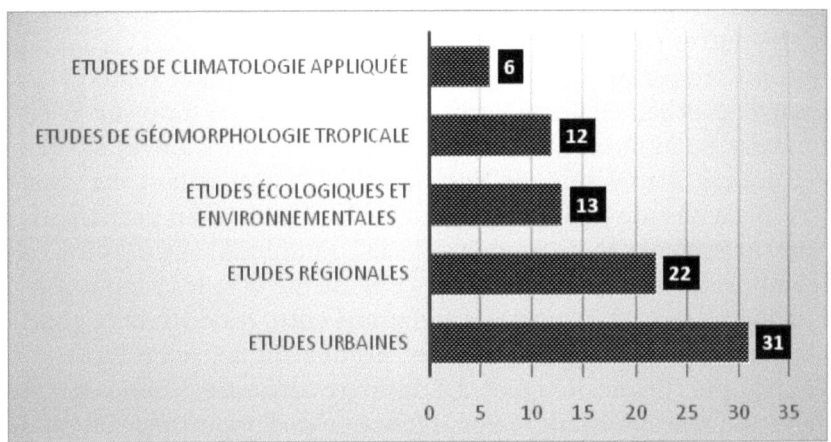

Figure 21. Regroupement des travaux de géographie
sur le Congo (RDC) par catégorie

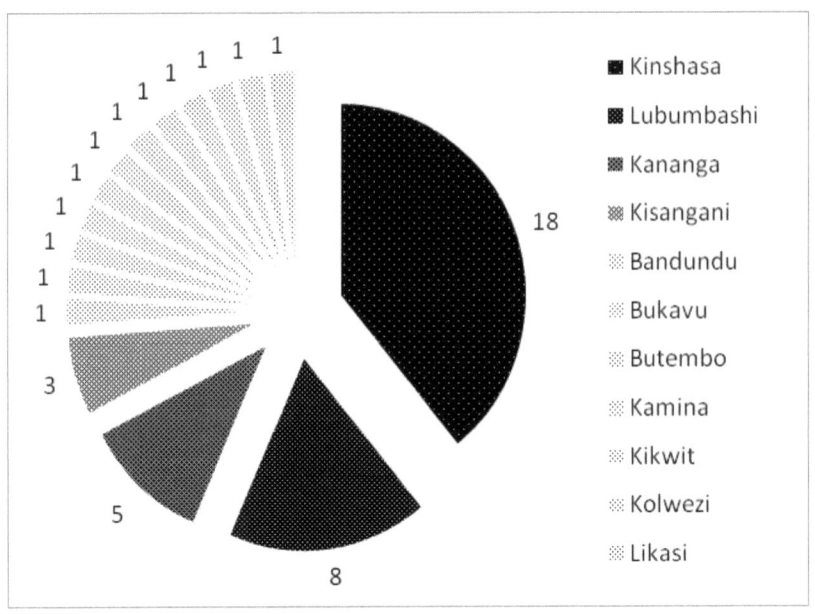

Figure 22. Ventilation différenciée des études selon les villes
dans les travaux de géographie sur le Congo (RDC)

Sur Lubumbashi, une photographie urbaine a été déterminée dans le cadre d'une étude collective (Lootens-de Muynck, Bruneau, Malaisse, 1980). Dans les autres études, trois thèmes sont abordés en lien avec les autres villes du Katanga. Il y a les études qui font le point sur l'émergence du phénomène urbain dans le carré cuprifère. Ainsi l'étude sur le centre secondaire de Manono (Mukalayi, 1984), et les deux autres sur l'émergence des villes moyennes de Kolwezi et Likasi (Mansila, 1989 ; Kakese, 1992). Il y a ensuite la problématique de la planification participative et de l'aménagement urbain pour la ville de Lubumbashi (Lelo, 1987, 1989). Une imposante étude a décrit pour cette même ville les rapports « ville et citadins », soit un examen des relations entre les différents quartiers urbains et leurs activités spécifiques, produisant ici, selon l'auteur, une ville atypique (Bruneau, 1990). La dernière catégorie d'études porte sur l'analyse du réseau urbain régional fonction de l'importance de l'activité économique (Bushabu, 1991). Une recherche sur le commerce de détail de la ville du cuivre (Bukome, 1993). Enfin, une étude sur l'accessibilité des services urbains a pris, pour exemple, le cas de planification familiale (Kamanda, 2010). De la sorte, la géographie de Lubumbashi et des villes du Katanga est relativement bien connue, y compris dans ses aspects de changement urbain pour lequel existe un projet d'observatoire (Petit, 2001). Une thèse a développé la problématique de spécialisation et de fréquentation des marchés de Kamina (Ngoy, 2012). D'autres études sont signalées plus loin pour d'autres domaines de recherche.

Outre les villes déjà indiquées (Kinshasa, Lubumbashi), il apparaît que le semis des villes congolaises n'a été couvert par des études géographiques que d'après une intensité fort inégale. Sur la ville de Kisangani, outre l'étude déjà signalée sur l'approvisionnement en eau, charbon et charbon de bois (Idring'i, 1987), il y a celle analysant les mutations du petit commerce urbain (Baya, 1987, 1988). Sur la ville de Kananga, les études tournent sur la question de l'organisation urbaine. Une d'elles analyse de manière classique la croissance urbaine (Usasa, 1988). Une autre scrute la ville selon son organisation urbaine et met en rapport le cadre de vie et la crise de l'environnement (Kabatusuila, 1994). Une autre encore revient sur la thématique de l'urbanisation (Kabwana, 2013). On n'oubliera pas, pour l'autre ville provinciale de l'espace du Kasaï, l'étude sur Mbuji-Mayi et qui consacre l'importance de l'activité diamantifère sur l'organisation régionale (Tshimanga, 2009). Sur les autres villes congolaises, une étude tente de déterminer la morphologie urbaine de Bukavu

(Calgio, 1973). Un atlas de cette même ville a été élaboré par un groupe de chercheurs locaux (Chamaa et autres, 1981). Un examen de l'expansion spatiale à travers les différents quartiers urbains de Mbandaka a été amorcé (Bikoko, 1979). Quant à Kikwit, dans le souci de lui consacrer une étude urbaine spécifique, un auteur analyse pour cette ville du Sud-Ouest d'autres thématiques : urbanisation et crise alimentaire, stratégies d'adaptation aux contraintes d'approvisionnement vivriers et alimentaires, incidences sur la société urbaine (Mpuru, 1998). Au total, les études urbaines ont touché de manière différenciée les principales villes en RD CONGO (figures 23).

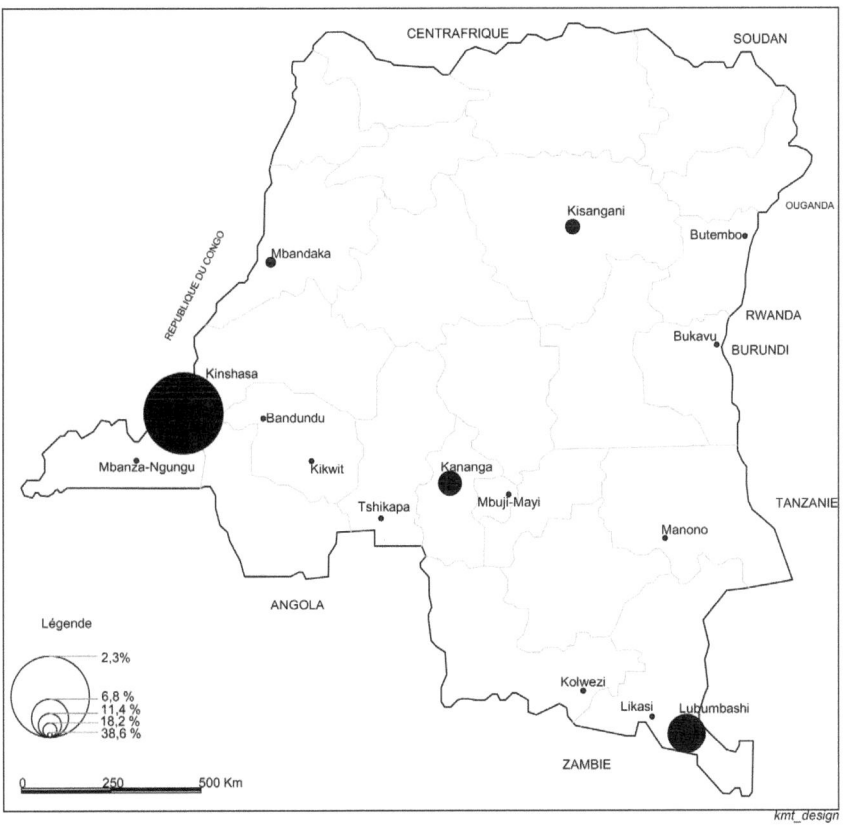

Figure 23. La fréquence d'étude des villes de la RD CONGO.
L'immensité du territoire face au vide des études urbaines

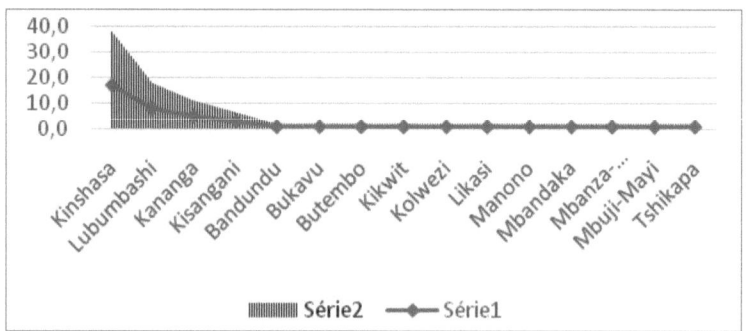

Valeurs en nombre absolu (courbe) et en pourcentage (hachures)

Voyons ce qu'il en est de la « géographie des territoires »[2] du pays. Cette thématique est la deuxième dans l'ordre d'importance des études menées sur l'espace territorial national.

Les études régionales et la tentative de couverture de l'espace congolais

La géographie territoriale du Congo (RDC) semble relativement bien exploitée. Il existe quelques études phares, même si celles-ci n'ont pas la même consistance et la même ampleur que « l'étude géographique du Kwilu », publiée avec ses différentes variantes (Nicolaï, 1963, 1964, 1967). Dans les années 1970 et 1980, les questions de régionalisation sont abordées sous divers aspects, que l'on peut sommairement rappeler, au départ de l'analyse du répertoire des principales études géographiques en présence.

Les études régionales exploitent dans un premier temps les pistes de l'intégration des transports terrestres, ferroviaires et fluviaux à l'espace national (Mangala, 1975 ; Mbafumoja, 1977) ou celui de la circulation régionale dans le Kivu montagneux (Brignol, 1986). Une étude des relations territoriales d'une ville du Bas-Congo avec son arrière-pays a été entreprise (Matezo, 1980). Il en est de même d'une analyse des marchés ruraux de cette même province (Mubalutila, 1980), sans oublier la question de l'exode rural à Luozi (Diabonda, 1984). Les études reviennent sur la problématique de l'organisation spatiale limitée à un espace géographique : le cas de la dépression de Kamalondo, dans le Haut-Katanga (Solotshi,

---

2 D'après une publication récente déjà citée, « on parle de plus en plus de *géographie des territoires* pour remplacer l'expression géographie régionale » (Sierra, Ph., sous la direction de, *op. cit.*, 2017, p. 30).

1985), ou celui du dynamisme démo-géographique lié à la mise en valeur d'un milieu équatorial d'altitude, en « pays » Nande au Kivu septentrional (Kasay, 1988). On verra que d'autres études régionales existent pour d'autres ensembles géographiques.

Une étude sur le développement rural a été présentée sur la paysannerie de Babua, dans le Haut-Congo (Ekombe, 1981). La politique de paysannat, fondée sur la valorisation du potentiel économique local tel qu'indiqué dans le Plan décennal, n'a pas survécu à la colonisation (Gourou, 1952)[3]. Revenons aux études territoriales proprement dites. Outre les bases régionales introduites par les études d'ensemble (Nicolaï, 1963), la géographie du Sud-Ouest a été maintes fois analysée. Une des études déjà signalée examine la dynamique de l'espace industriel et fournit les éléments d'appréciation de la désindustrialisation et de la désarticulation des circuits économiques régionaux (Maboloko, 1988, 1989). Une autre étude, déjà signalée également, scrute les mécanismes de développement régional en lien avec les stratégies spatiales dans le Kwango-Kwilu. Les acteurs de développement ont été étudiés avec forces détails, l'analyse mettant en cause leur efficacité face aux nécessaires encadrements pour le développement (Mashini, 1994, 2013, 2014). Par ailleurs, dans les mutations géopolitiques connues par cet espace, signalons une forte influence de la fonction administrative régionale de Bandundu, la ville capitale du Kwilu, dans le développement de l'ancienne province du même nom (Noti, 2003, 2006). Dans cette question régionale, un autre géographe a posé, dans le cas des Cataractes (Bas-Congo), le problème de la dépendance économique face au développement autocentré (Mukoka, 2001).

La problématique des relations ville/arrière-pays et *territorialité* a été étudiée, soit au départ d'une ville, considérée comme région centrale – le cas de Kananga (Kabamba et Ntumba, 1999 ; Kabamba, 2000), soit dans le cadre d'un système spatial ouvert, marqué par une forte ruralité – le cas de l'espace « luba-kasayi » (Tshiunza, 2003 ; Tshimanga, 2009). Un géographe a abordé dans sa thèse la même question des relations ville-campagne (Nyoka, 2011). Enfin, les dernières études régionales touchent au développement économique : l'une a évoqué la perspective de la perception de l'impact régional des activités minières dans le Katanga (Amisi, 2010) ; l'autre analyse le même impact sur base de la répartition des produits consommés par une entreprise minière de la même province

---

3 Sur le plan décennal, voir Royaume de Belgique, Ministère des Colonies (1949). Voir aussi Vanthemsche, G. (1994).

du Katanga à l'échelle mondiale (Batubenga, 2010). Le bilan des études régionales montre bien l'importance de celles-ci dans le progrès de la connaissance géographique de la RD CONGO, mais on voit que certaines régions ont été plus étudiées que d'autres. On reviendra un peu plus loin sur cette analyse spatiale, pour indiquer les « déserts » géographiques qu'il conviendrait d'exploiter. Le territoire congolais comporte ainsi une sorte des « bout-de-monde », situation qui ne favorise pas sa complète connaissance géographique. Cette lacune reste à combler avec des études généralisées sur l'ensemble du territoire national. On discutera un peu plus loin de cette perspective qui devrait s'imposer pour dégager une cohérence d'ensemble.

Les études écologiques et environnementales, en marche vers de nouvelles pistes d'analyse

Ces deux orientations semblent s'imposer ces dernières années, particulièrement depuis l'avènement de la revue *Géo-Eco-Trop* (Revue internationale de géologie, de géographie et d'écologie tropicales) qui, durant plusieurs décennies, a vulgarisé les recherches dans ces matières[4]. Au départ, les études écologiques et environnementales concernaient la problématique du déboisement en milieu tropical avec le cas du Katanga méridional (Binzangi, 1988) ; puis l'étude de l'impact des facteurs éco-climatiques sur les cycles biogéochimiques en forêt dense de la même région (Dikumbwa, 1990, 1991). La question de la pression anthropique et son rapport avec l'aménagement des hautes terres a été analysée en milieu équatorial d'altitude (Kakule, 2006). À part l'étude d'approvisionnement en eau potable et de gestion du cycle de l'eau dans une ville moyenne (Matand, 2005), les autres études liées à cette problématique ne sont pas nombreuses. On voit toutefois que peu à peu elles se diversifient les techniques d'analyse spatiale appliquées aux études environnementales des régions congolaises. Un géographe, spécialiste de la télédétection aérospatiale, avait fait le point de connaissance en ce qui concerne ce domaine (Wilmet, 1991).

Les liens entre système urbain, exploitation des écosystèmes forestiers et environnement proche ont été analysés pour la ville de Kisangani

---

4 Revue publiée sous le patronage scientifique de l'Académie royale des Sciences d'Outre-Mer de Belgique (40ᵉ numéro en 2016). Voir le site www.geoecotrop.be, consulté le 03/03/2017.

(Kadima, 2011 ; Kadima et Kyale, 2014, 2015). Une autre étude a analysé les problèmes du déboisement et de la déforestation, à travers l'évolution du couvert végétal dans un secteur forestier de l'ancienne province de l'Équateur (Mawengo, 2013). Quant à la gestion des déchets ménagers solides et aux problèmes liés à l'hygiène urbaine, ces problématiques ont été analysées pour une ville moyenne du Kasaï central (Matadi, 2014) et pour la ville de Kinshasa (Monga, 2014). Pour cette dernière ville, la question de l'organisation de l'environnement urbain a permis d'esquisser les perspectives d'aménagement durable (Musenga, 2014) ou celles de gestion des décharges publiques (Holenu, 2014). L'apport de la *géomatique* a été appliqué à l'étude de la prévalence du paludisme (Yina, 2016). Avec cette dernière étude, le lien est ainsi établi entre la recherche géographique appliquée et les techniques d'analyse des données écologiques, environnementales et autres. La géographie s'enrichit de démarches nouvelles dont il convient de tirer parti pour les études sur la RD CONGO.

Les études de géomorphologie tropicale circonscrites dans les régions méridionales et orientales

Ces études ont été initialement menées dans le Katanga méridional, avant de s'étendre à d'autres régions. Au départ des études sur les plateaux sableux du Haut-Katanga, une géographe a amorcé les recherches géomorphologiques sur les ravinements (Alexandre-Pyre, 1965, 1978). D'autres études de géomorphologie structurale suivront, avec l'analyse métallogénique géostatique du gisement ferrifère de Kasumbalesa (Balabala, 1982). Une étude sur l'évolution de l'environnement géomorphologique des fonds de vallée au cours du Quaternaire a donné lieu à diverses publications (Mbenza, 1983 ; Mbenza, Miti et Aloni, 1991 ; Miti et Aloni, 2005). D'autres études encore sont à signaler, notamment sur les incidences de l'érosion (Miti, 1988, 1991). Sur la ville de Kinshasa, une analyse des interactions entre les conditions du milieu, les érosions et le bilan hydrologique a été entreprise (Van Caillie, 1983), ouvrant la voie à des recherches ultérieures concentrées sur l'analyse de l'érosion ravinante intra-urbaine (Kayembe, 2012 ; Makanzu, 2014 ; Makanzu, Ozer et Moeyersons, 2014 ; Kayembe et Wolff, 2015). Pour les régions orientales, quelques études géomorphologiques ont également été menées, sur la morphologie du Quaternaire de la plaine de la Ruzizi (Ilunga et Alexandre, 1982 ; Ilunga, 1984). La même thématique a été analysée pour les dépôts quaternaires de la plaine de la Rutshuru, dans la branche occidentale du Rift est-africain (Yamba, 1993). Une étude gravimétrique de deux zones de déformation de la plaine africaine du Rift a également été entreprise (Byamungu, 1987). Enfin, le précambrien de l'Ouest du Lac Kivu et sa place dans l'évolution géodynamique de l'Afrique centre-orientale ont été analysés (Rumuengeri, 1988). Il en fut de même pour la géomorphologie de l'Ituri oriental, analysée du point de vue morphologique et structurelle (Mbuluyo, 1993). Ainsi, les bases structurelles de la géomorphologie congolaise ont été établies pour les régions concernées.

Les études de climatologie appliquée et leur place dans la recherche congolaise

Les études liées aux phénomènes climatiques, hydrologiques ou météorologiques sont corrélées à plusieurs facteurs qui en influencent les paramètres. Sur base des sondages aérologiques et des images satellitaires, un chercheur a consacré une étude à l'explication du climat de la région de Lubumbashi (Ntombi, 1982, 1990). Les risques hydrologiques ont été évalués dans une autre étude se basant sur le contexte urbain et climatique d'une ville des hautes terres orientales (Muhindo, 1991). Par ailleurs, dans une perspective de long terme, les interprétations d'une étude réalisée au sud du Lac Kivu ont tenu compte des paléoenvironnements et des éléments paléoclimatiques (Vilimumbalo, 1993). La même problématique a été appliquée à l'étude des sédiments détritiques du littoral septentrional de Mweru et des régions environnantes dans le Katanga nord-oriental (Kasereka, 1996).

Voici plusieurs années, une étude a été réalisée sur les climats, les bilans hydriques et leurs implications sur l'agriculture et l'environnement dans le Bas-Congo (Mpasi, 1993). Cette étude paraît intéressante à exploiter, d'autant que son auteur y a dégagé les éléments de climatologie appliquée à côté d'autres analyses d'ordre de la géographie humaine. Enfin, pour le bassin de la rivière Kasaï, une étude a analysé l'impact des changements climatiques sur la navigabilité (Kisangala, 2009, 2014). L'auteur indique avoir combiné les approches morphologique, hydrographique, climatique et écologique pour éclairer les perspectives de ces changements climatiques. Plus récemment, sans être le fruit d'une recherche doctorale, un ouvrage analysant l'évolution des éléments de la RDC était publié (Kalombo, 2016). On fera état de l'importance cet ouvrage plus loin (voir le profil du même auteur, en tant qu'un des acteurs de la *géographie congolaise*).

Au total, les études de géographie physique (écologie, environnement, géomorphologie et climatologie) ont leur place dans la connaissance géographique des espaces congolais. Il importe à présent d'entreprendre une analyse de la répartition des espaces de recherche, tels qu'ils sont exploités dans les études susmentionnées. On soulignera une différenciation assez prononcée tant dans la fréquence des études que dans le degré de couverture géographique de ces espaces.

B. Les espaces différenciés de la recherche géographique congolaise

Les études géographiques se produisent dans des espaces aisément identifiables (villes et autres centres d'encadrement, entités territoriales, etc.). On a replacé les études répertoriées dans leurs régions géographiques en fonction de la construction territoriale de la RD CONGO (Bruneau, 2009). Les entités territoriales, d'essence plutôt administrative, ont précédé nombre de ces études. Le géographe peut se complaire des limites administratives, pour définir à l'intérieur de ces espaces les grandes lignes de sa problématique d'étude. Dans tous les cas, les limites administratives ne doivent pas cloisonner les études géographiques dans une sorte d'artifice, que ni la réalité de terrain, ni les intuitions liées à une recherche approfondie, ne peuvent occulter. Sans être un fait exceptionnel, le territoire congolais comporte beaucoup d'entités dont les limites ne reposent pas sur des considérations géographiques affirmées.

Les régions congolaises ont été étudiées d'après des fréquences variées (graphique 23). L'influence de la présence des villes sur ces analyses est réelle, celles-ci étant les lieux de concentration du pouvoir et des hommes, les noyaux par excellence des infrastructures socio-économiques et des équipements d'encadrement (écoles, hôpitaux, commerces, etc.). Si le rôle de Kinshasa dans les études entreprises est évidente, du fait de sa place primatiale dans la hiérarchie nationale et de sa fonction de ville-capitale, son hinterland n'a pour autant pas été étudié aussi fréquemment. Nous pouvons recourir à une carte plus élaborée pour déterminer de manière un peu plus précise les régions couvertes par les recherches géographiques (figure 24). Cette carte dégage des zones de concentration qui accrochent l'intérêt des géographes.

Les régions géographiques congolaises, vers une géopolitique différenciée ?

Les espaces étudiés par les géographes sont autant les villes, les provinces que les autres régions géographiques. On fera ici une lecture combinée pour dégager une vue différenciée des régions congolaises et des spécialités d'études (tableaux 27, 28) (figures 25, 26). L'analyse des données révèle l'existence de certaines régions pas ou très peu étudiées, selon les points de concentration des recherches signalés. Sur les 26 provinces congolaises, on remarque que 12 d'entre elles (soit 46,2%) n'ont pas encore été étudiées sur le plan géographique. Il s'agit, d'après les regroupements par ancienne province, des entités suivantes : Équateur, Mongala, Nord-Ubangi et Tshuapa (ancienne province de l'Équateur) ; le Kasaï central, la Lomami et le Sankuru (anciens Kasaï occidental et oriental) ; le Haut-Lomami et le Lualaba (ancienne province du Katanga) ; le Maniema ; le Haut-Uélé et la Tshopo (ancienne Province orientale)[5]. Sur les villes, les données montrent qu'au moins 15 d'entre elles ont été étudiées. La majorité de ces études concerne Kinshasa et Lubumbashi. La liste des villes non étudiées à ce jour est longue : Kenge (actuelle province du Kwango), Inongo (Maï-Ndombe), Matadi (Kongo Central), Lisala (Mongala), Gbadolite (Nord-Ubangi), Gemena (Sud-Ubangi), Boende (Tshuapa), etc.

---

5 Signalons la publication, par le Musée royal de l'Afrique centrale (MRAC, Tervuren), de neuf volumes édités sous forme de monographies provinciales (sous la direction de Omasombo, J.). Ils ont été publiés dans l'ordre ci-après : (1) Maniema (2011) ; (2) Haut-Uele (2011) ; (3) Kwango (2012) ; (4) Sud-Ubangi (2013) ; (5) Kasaï Oriental (2014) ; (6) Bas-Uele (2014) ; (7) Tanganyika (2014) ; (8) Mongala (2015) ; (9) Équateur (2016).

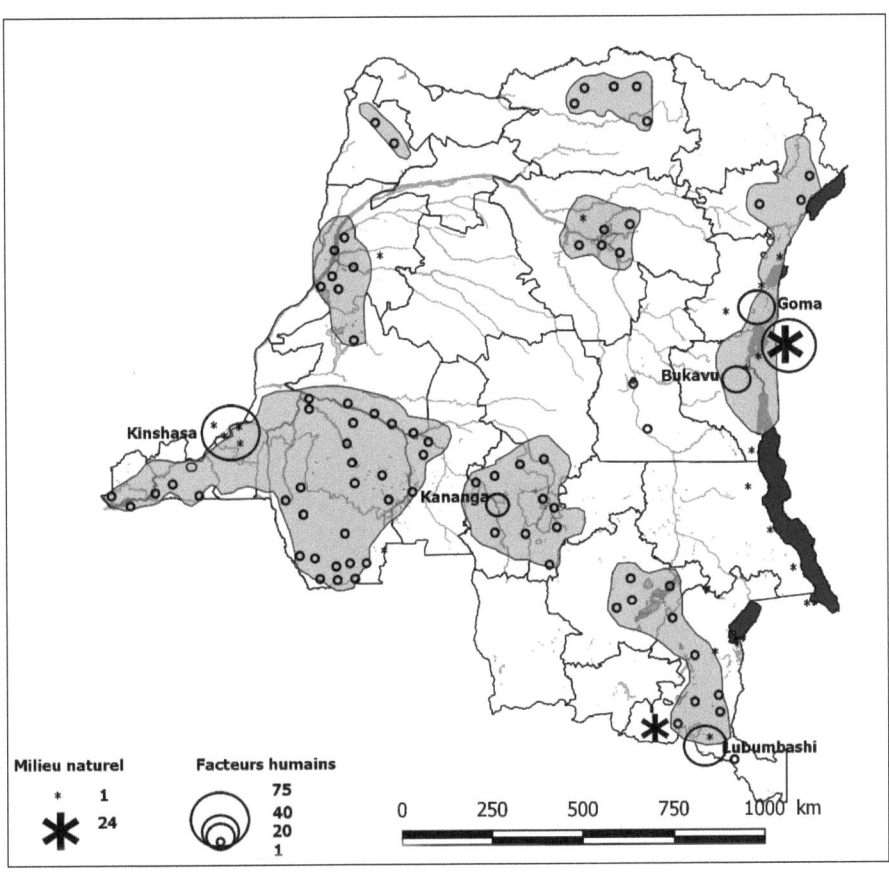

(D'après une adaptation de la carte de H. Nicolaï, 2009, Belgeo | 3-4, p. 359)

Figure 24. Les régions couvertes par les recherches géographiques

Nous avons retenu ici les principales aires de localisation des études géographiques répertoriées dans « Progrès de la connaissance du Congo, du Rwanda et du Burundi de 1993 à 2008 » (Nicolaï, 2009). Selon l'auteur, « la carte confirme dans le domaine des sciences humaines, la forte proportion des études menées en milieu urbain (un peu plus de 40%) et, pour l'ensemble des recherches, une localisation prédominante sinon exclusive, d'une part au sud-ouest d'une ligne allant du confluent Congo-Kasai au sud du lac Tanganyika et, d'autre part dans les hautes terres orientales (Kivu, Ituri, Burundi, Rwanda) ». D'après cette description, notre schématisation dégage au moins quatre aires principales de concentration des études (l'axe Bas-Congo/Kwango-Kwilu, l'axe central du Kasaï, le Katanga méridional, l'Est kivutien...), à côté de quelques noyaux épars sur le territoire congolais.

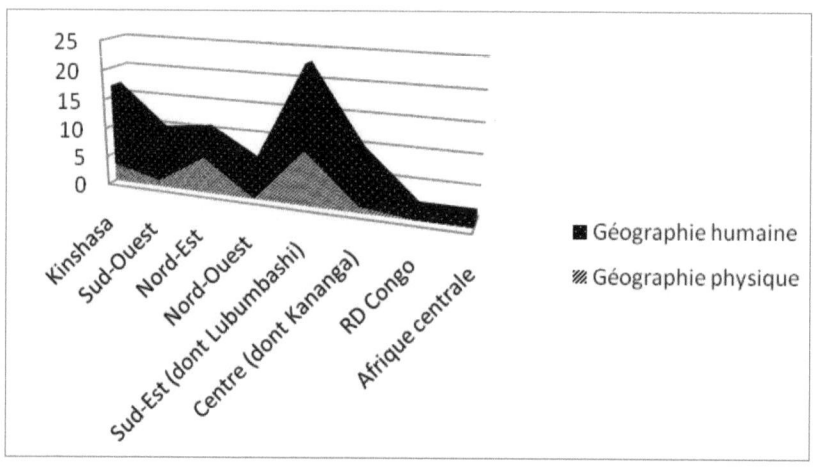

Figure 25. Ventilation des travaux de doctorat par région et type d'études géographiques

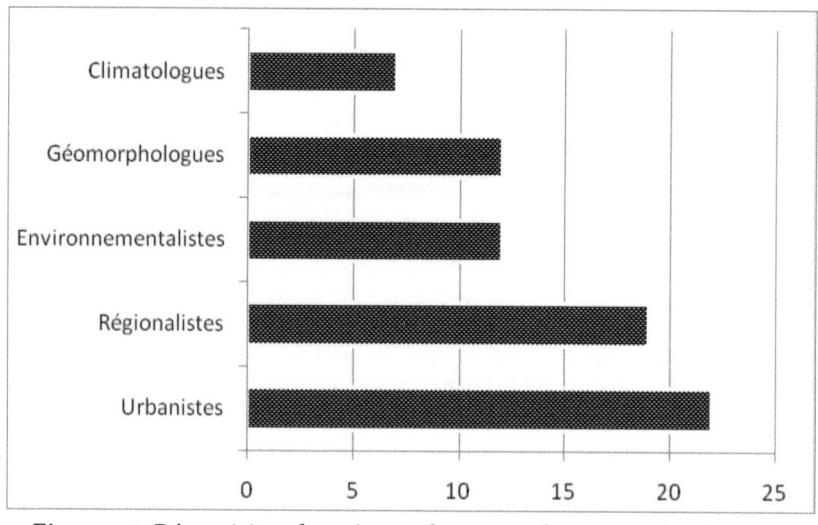

Figure 26. Répartition des géographes congolais par spécialisation sur base des thèses de doctorat

Tableau 27
Les études géographiques disponibles à travers les provinces en RD Congo

Ancienne province	Nouvelle province (2006)	Études régionales	Villes	Études urbaines
1. Bandundu	1. Kwango	OUI	Kenge	
	2. Kwilu	OUI	Bandundu Kikwit	OUI OUI
	3. Mai-Ndombe	OUI	Inongo	
2. Bas-Congo	4. Kongo central (Cataractes)	OUI	Matadi Mbanza-Ngungu	OUI
3. Équateur	5. Équateur		Mbandaka (Coquilhatville)	OUI
	6. Mongala		Lisala	
	7. Nord-Ubangi		Gbadolite	
	8. Sud-Ubangi (Bonwase)	OUI	Gemena	
	9. Tshuapa		Boende	
4. Kasaï Occidental	10. Kasaï Central		Kananga	OUI
	11. Kasaï (Sud-Est, bassin du Kasaï)	OUI	Tshikapa	OUI
5. Kasaï Oriental	12. Kasaï Oriental (Espace luba-kasayi)	OUI	Mbuji-Mayi Muene-Ditu	OUI OUI
	13. Lomami		Kabinda	
	14. Sankuru		Lusambo	
6. Katanga	15. Haut-Katanga	OUI	Lubumbashi (Élisabethville) (Likasi/Jadotville)	OUI OUI
	16. Haut-Lomami		Kamina	OUI

Ancienne province	Nouvelle province (2006)	Études régionales	Villes	Études urbaines
	17. Lualaba		Kolwezi	OUI
	18. Tanganyika (Mweru)	OUI	Kalemie Manono	OUI OUI
7. Kinshasa	19. Kinshasa		Kinshasa (Léopoldville)	OUI
8. Maniema	20. Maniema		Kindu	
9. Nord-Kivu	21. Nord-Kivu (Lubero, pays Nande)	OUI OUI OUI	Goma Butembo	OUI
10. Province Orientale	22. Bas-Uélé	OUI	Buta	
	23. Haut-Uélé		Isiro	
	24. Ituri	OUI	Bunia	
	25. Tshopo		Kisangani	OUI
11. Sud-Kivu	26. Sud-Kivu	OUI	Bukavu	OUI
RDC		OUI		OUI

En guise de synthèse, on peut regrouper les régions congolaises par ensembles géographiques d'étude. La carte suivante reprend, sur cette base, les principales aires territoriales d'études telles qu'elles se dégagent de l'état actuel de la recherche géographique en RD Congo (figure 27). On voit se dégager deux blocs : d'une part, le « Congo utile », c'est-à-dire celui dont on a enregistré au moins une étude géographique d'importance et, d'autre part, le « Congo ignoré », non connu au travers d'une quelconque étude géographique. Dans le tableau suivant, on a repris d'autres informations utiles, en y indiquant les fréquences des études et les auteurs concernés (tableau 28). Sur le plan de la *territorialité*, en dehors des études doctorales relevées ici, d'autres travaux concernant le territoire congolais, ont souligné l'écartèlement des réseaux et leur non intégration. Cette caractéristique est une des tendances lourdes de l'espace national congolais, mise en évidence par certains géographes (Bruneau et Simon, 1991 ; Pourtier, 2008). C'est là toute la problématique de l'organisation spatiale et de l'aménagement du territoire d'un espace-continent comme la RD Congo, dont les instances étatiques ont essayé de prendre en compte des éléments essentiels, dans la définition du schéma national d'aménagement du territoire (BEAU, 1982, 1988, 1990). On nous apprend que les pouvoirs publics sont en passe de revisiter ces études, en vue d'une nouvelle proposition d'aménagement du territoire national.

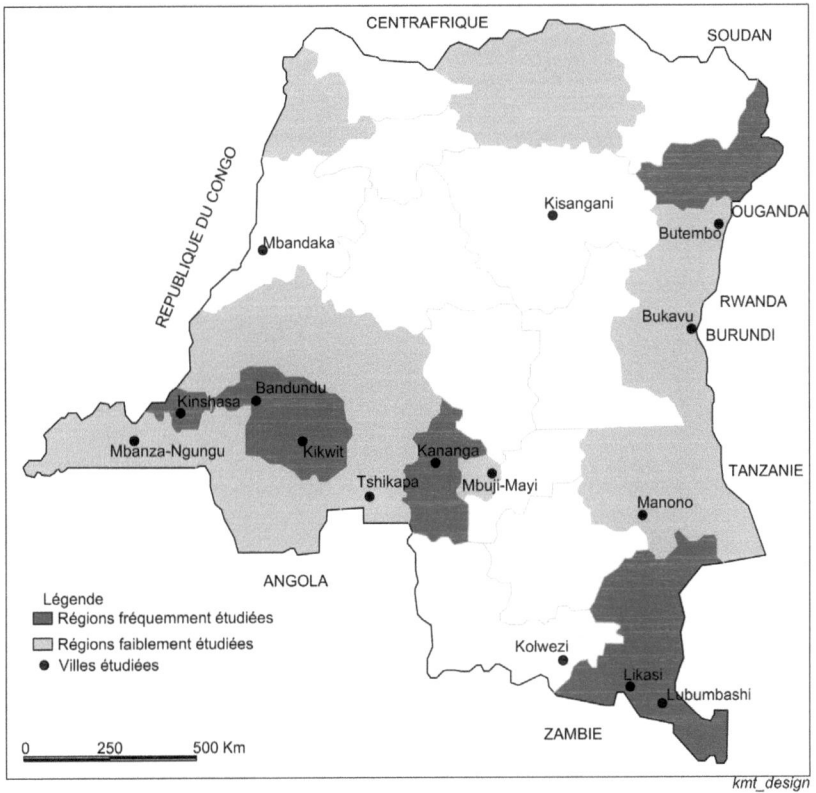

Figure 27. Les aires territoriales des études géographiques au Congo (RDC)

Cette carte est une schématisation de la situation de l'état de la recherche géographique. Elle a été élaborée sur base de la recension des études répertoriées. Elle se complète avec l'une des cartes précédentes, issue de la localisation des références bibliographiques entreprise par Nicolaï (2009) (voir figure 24). La schématisation intègre ici les actuelles provinces, ainsi que quelques villes ayant été étudiées par les géographes. La connaissance géographique de l'espace national se résume globalement à quelques noyaux déjà mis en évidence : l'axe Kongo Central/Kinshasa/Kwango-Kwilu et Kasaï central ; les dorsales Sud-Est (Katanga méridional) et Est (les Kivu jusqu'à l'Ituri), ainsi que des noyaux épars, du reste faiblement étudiés (Sud-Ubangi, Bas-Uele). Une quinzaine de villes, dont quelques-unes situées en dehors des axes signalés, encadrent l'ensemble.

Tableau 28
Les régions congolaises étudiées dans les thèses de doctorat en géographie (1956-2016)

Provinces (Anciennes subdivisions)	Espaces géographiques	Fréquences	Auteurs
Kinshasa	Kinshasa, Kinshasa-Est, Kinshasa-Ouest	18	de Maximy, Dheudjo, Guérandel, Holenu, Kabu, Kanene, Katalayi, Kayembe, Makanzu, Monga, Mukendi, Musenga, Mwanza, Nshimba, Pain, Ramazani, Van Caillie, Yina
Bandundu (et Sud-Ouest)	Bandundu, Kikwit, Kwilu, Kwango-Kwilu	5	Maboloko, Mashini, Mpuru, Nicolaï, Noti
Bas-Congo	Bas-Congo, Cataractes, Mbanza-Ngungu	5	Diabonda, Matezo, Mpasi, Mubalutila, Mukoka
Équateur	Mbandaka, Secteur Bonwase (Gemena)	2	Bikoko, Mawengo
Kasaï	Bassin du Kasaï, Kananga, Luba-Kasayi, Mbuji-Mayi, Muene Ditu, Tshikapa	11	Beguin, Kabamba, Kabatusuila, Kabwana, Kisangala,

ESPACES GÉOGRAPHIQUES

Provinces (Anciennes subdivisions)	Espaces géographiques	Fréquences	Auteurs
			Matand, Matadi, Nyoka, Tshiunza, Tshimanga, Usasa
Katanga (Shaba)	Biano (plateau), Kamalondo (dépression), Kamina, Kasumbalesa, Katanga, Kolwezi, Likasi (Jadotville), Luanza, Lubumbashi (Élisabethville), Manono, Mufuviya-Lufira (dépression), Mweru, Shaba méridional	23	*Alexandre-Pyre*, Amisi, Asumani, Balabala, Batubenga, Binzangi, *Bruneau*, Bukome, Bushabu, *Chapelier*, Dikumbwa, Kakese, Kamanda, Kasereka, Lelo N., Mansila, Mbenza, Mukalayi, Ngoy Kitwa, Nsiami, Ntombi, Solotshi, *Wilmet*
Kivu et Ituri	Butembo, Kahuzi-Biega (parc), Ituri, Lac Kivu, Lubero, Pays nande	11	*Brignol*, Byamungu, *Calgio*, Ilunga, Kakule, Kasay, Mbuluyo, Muhindo, Rumuengeri, Vilimumbalo, Yamba

Provinces (Anciennes subdivisions)	Espaces géographiques	Fréquences	Auteurs
Province Orientale	Kisangani, Babua (Paysannat)	4	Baya, Ekombe, Idring'i, Kadima
Autres RDC (Indéterminés)		5	*Denis*, Mangala Mbafumoja Miti (?) *Piermay*
Total		84	

N.B. Les noms des géographes non congolais sont repris en italique.

La voie ouverte vers une « Géographie du Congo (RDC) » : quelques indications utiles

La nécessité d'un ouvrage géographique de référence pour l'ensemble de l'espace congolais n'est plus à démontrer d'autant que les différents matériaux d'analyse réunis dans de nombreuses publications répertoriées sont présents et peuvent être mobilisés dans un projet global[6]. Ceci se situerait dans le programme de vulgarisation des connaissances sur l'espace national. Les articulations suivantes peuvent être proposées comme ossature de l'analyse à entreprendre.

Encadré 16
Projet d'ouvrage sur La géographie du Congo (RDC).
Les principaux axes d'analyse de l'espace national

Contenu d'un projet global

(1) Fondements du territoire. La formation de l'espace congolais ; (2) L'espace. Les milieux naturels et la diversité des écosystèmes ; (3) Les hommes, les peuples, les cultures. Vers la constitution d'une conscience nationale ; (4) Le territoire congolais : espaces et mouvances territoriales, recompositions et restructurations ; (5) Géographie, ressources et contraintes d'exploitation et de mise en valeur ; (6) Infrastructures de base, aménagement du territoire et essor national ; (7) La culture, le social.

---

6 À l'image de la « Géographie de la Belgique » (sous la direction de Denis, 1992), on pourrait avancer vers la réalisation d'une « Géographie du Congo (RDC) ».

> Vers quelle destinée de la RD CONGO ? ; (8) La vie institutionnelle, gouvernance et démocratie. Vers quel projet national ? ; (9) Perspectives d'émergence et de développement national ; (10) La RD CONGO entre régionalisation et mondialisation.

Voilà les principales articulations d'un projet de recherche, sans doute ambitieux, mais qu'il serait intéressant d'initier. Un tel projet, dont le contenu reste discutable, car n'étant pas définitif, n'aura de chance d'aboutir que s'il est porté par l'ensemble de la corporation des géographes ou tout au moins par une structure opérationnelle qui encadrerait sa réalisation. Dans les paragraphes qui suivent, on répondra en fin de compte à l'une des questions de départ, posées au début de ce chapitre : quel bilan peut-on ressortir en termes de progrès et/ou de déclin sur la connaissance de l'espace congolais ? Quelques indications permettent d'y répondre de manière statistique (tableau 29, figures 28 et 29).

C. Vers le progrès ou le déclin de la connaissance géographique sur le Congo (RDC) ?

Les références comptabilisées comprennent à la fois les ouvrages et articles sur différents aspects liés à la *géographie congolaise*, de même que les thèses de doctorat et d'autres études signalées. On peut suivre de près la dynamique qui se dégage. Au début de la décennie 1950, quelques publications sont consacrées à la géographie humaine du Congo belge (Gourou, 1950, 1952, 1956). À l'indépendance, plusieurs études sont des publications dont les recherches géographiques avaient été entreprises peu avant. La période politique tumultueuse du Congo-Kinshasa, se marque par un tassement du nombre d'études publiées. L'éveil s'amorce véritablement durant les décennies 1980 et 1990. Les périodes de progrès correspondent à l'accélération de la présentation des thèses de doctorat élaborées par les chercheurs congolais et au coup de pouce donné par la coopération universitaire dans la géographie d'outre-mer. La production de la décennie suivante semble s'être ralenti. Cette perte de vitesse serait due à la cessation de la coopération universitaire. La reprise notée depuis 2010, traduit l'émergence des réseaux de formation dans les différentes institutions universitaires. En dépit des difficultés organisationnelles, les universités congolaises ont repris avec la présentation des travaux de doctorat (tableau 29).

Tableau 29
Évolution du nombre de publications géographiques sur le Congo-Zaïre par période (1940-2016)

Année	Nombre	Année	Nombre	Année	Nombre
1940	1	1970	0	1994	8
1948	1	1971	3	1995	12
1949	1	1972	3	1996	5
	(3)	1973	3	1997	4
1950	3	1974	0	1998	8
1951	2	1975	4	1999	7
1952	3	1976	0		(121)
1953	2	1977	2	2000	4
1954	3	1978	5	2001	6
1955	2	1979	7	2002	6
1956	4		(27)	2003	5
1957	2	1980	10	2004	3
1958	3	1981	7	2005	5
1959	4	1982	16	2006	4
	(28)	1983	14	2007	5
1960	2	1984	8	2008	6
1961	3	1985	6	2009	8
1962	1	1986	5		(52)
1963	3	1987	9	2010	8
1964	1	1988	17	2011	13
1965	2	1989	10	2012	12
1966	1		(102)	2013	11
1967	1	1990	14	2014	27
1968	1	1991	26	2015	8
1969	2	1992	18	2016	8
	(17)	1993	19		(89)
TOTAL : 439					

(Source : tableau réalisé à partir des éléments comptabilités de la sélection bibliographique contenus dans le présent ouvrage).

Au total, les renseignements disponibles montrent un pro-grès dans la connaissance géographique (tableau 30). La production des ouvrages publiés sur la *géographie congolaise* compte pour 18% du total (soit 79 ouvrages repérés). Il est possible que d'autres études existent, dont on n'a pu trouver de traces pour les reprendre ici. Les travaux de doctorat, longuement commentés dans cet ouvrage, représentent 19,1% de l'ensemble. Les articles et autres travaux publiés sont en nombre relativement important, soit 276 au total (62,9%).

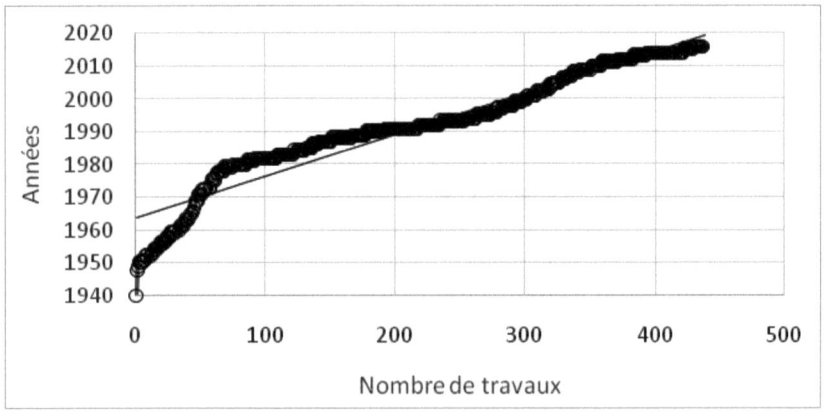

Figure 28. Production des travaux de géographie sur le Congo (RDC) (1940-2016)

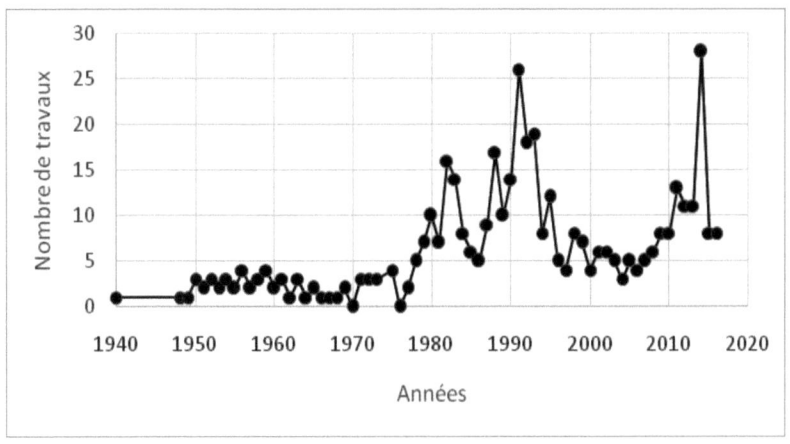

Figure 29. Évolution périodique du nombre de travaux sur le Congo (RDC) (1940-2016)

La majeure partie des publications indiquées sont pour l'essentiel le fait des auteurs congolais. On remarque ainsi progressivement une sorte d'*africanisation* de la recherche congolaise, à travers une appropriation de plus en plus présente des sujets de recherche. Il reste, bien entendu, à relativiser cette situation, la portée des études en présence étant souvent très réduite du point de vue de l'extension spatiale. En outre, des pistes épistémologiques nouvelles sont loin d'être soulevées dans la plupart de ces études. Dans la perspective d'une recherche documentaire plus poussée, la ventilation de toutes ces données permettra d'affiner les tendances et la dynamique de la production scientifique en RD Congo.

Tableau 30
Ventilation globale des études référencées sur le Congo-Zaïre (1940-2016)

Types de Publications	Ventilation par auteur			Total	
	Congo (RDC)	Étrangers	Mixtes		%
Ouvrages publiés	33	41	5	79	18,0
Thèses de doctorat	74	10	-	84	19,1
Articles et autres travaux publiés	158	71	47	276	62,9
TOTAL	**265**	**122**	**52**	439	
%	60,4	27,8	11,8	100%	

On reprendra les remarques signalées ci-avant sur les difficultés de la production scientifique congolaise dans les conclusions qui suivent. À la base de la situation mitigée de la recherche en RD Congo, il faut noter la faible part des budgets publics consacrés à ce secteur. Il en est de même des autres secteurs socioculturels (éducation, enseignement supérieur et universitaire, santé publique, culture et arts, etc.). La recherche congolaise évolue ainsi dans une précarité et une léthargie généralisées.

En guise de conclusion

En bouclant ce chapitre sur les espaces géographiques du Congo (RDC), il n'est pas évident de trouver une formulation qui tienne compte de tous les contours de la recherche congolaise et de la situation spécifique de la discipline géographique. L'analyse sur les espaces géographiques étudiés a montré quelques lignes de fragilité. Il en est ainsi, par exemple, du point de vue de la faible extension spatiale des études ou de l'absence des moyens à mettre en œuvre pour les recherches de terrain.

Il y a aussi une absence évidente de perspectives scientifiques. D'où l'idée émise d'initier un projet global portant sur un ouvrage de référence sur « La Géographie du Congo (RDC) ». On peut emprunter à un auteur s'intéressant à la *géographie congolaise* les réflexions suivantes en termes de faiblesse de perspectives :

> « *Dans des pays déchirés par des événements dramatiques, des guerres civiles, des passages de troupes armées diverses, l'effondrement de l'économie et de l'État et la crise de l'enseignement et des universités, cette période [1993-2008] n'a guère été propice à une recherche scientifique détachée des contingences matérielles. Cela se marque dans les thèmes étudiés. Il y a eu pléthore de thèmes politiques traités souvent par des observateurs extérieurs. Mais pour les autres domaines [...], il y a eu peu d'orientations nouvelles. On a progressé très modérément dans les domaines habituels. On éprouve, à maintes reprises, l'impression de redites, plusieurs auteurs traitant parfois des mêmes sujets en allant jusqu'à utiliser des titres à peu près identiques. Le domaine rural, très négligé, a été traité souvent à partir de recherches antérieures [...]. Les études urbaines ont été nettement plus fournies mais sur des thèmes déjà abordés dans la décennie antérieure. Là aussi il y a surabondance de certains sujets comme par exemple les activités du secteur informel qui tend à être considéré désormais comme un élément permanent du système économique et social [...]* » (Nicolaï, 2009, *op. cit.*).

Ces remarques soulignent ce qui apparaît, à nos yeux, comme autant des marques de faiblesse de la recherche congolaise : manque de moyens matériels et contingences matérielles, faible capacité d'investigation dans des nouveaux sujets de recherche, tentative inachevée de couverture du territoire par rapport aux champs d'études, etc.

Sur le plan quantitatif, on peut toutefois noter une progression globale dans la recherche congolaise, du point de vue de la production scientifique. Il convient à présent de décortiquer le rôle des différents acteurs et d'indiquer la portée de leurs études par rapport à la dynamique d'ensemble de la *géographie congolaise*.

Textes de références
Chapitre 4 – Espaces géographiques[7]
Une sélection de production scientifique relativement importante.
Les tendances lourdes de l'espace congolais

> BEAU (1982a), *Aménagement du Territoire. Esquisse d'un Schéma National*, Département des Travaux Publics et Aménagement du Territoire (TP/AT), Kinshasa janvier, 27 p.

---

[7] On ne reprendra pas dans cette section toutes les références citées relatives aux études se rapportant aux espaces géographiques congolais. Les plus pertinentes de ces références, notamment les ouvrages et les thèses de doctorat, seront regroupées en fin de volume. Un lexique alphabétique général, reprenant les auteurs cités et également placé en fin d'ouvrage, permet de repérer nombre de ces études.

BEAU (1982b), *Aménagement du Territoire : analyses préliminaires et orientations*, Département des Travaux Publics/Aménagement du Territoire, République du Zaïre, Kinshasa, juin.

BEAU (1988), *Schéma National d'Aménagement du Zaïre. Rapport géographique*, Mission Française de Coopération, F. Damette-Groupe Huit, décembre, 84 p.

BEAU (1990), « Aménagement du Territoire et développement national », *Zaïre-Afrique*, n° 244-245, avril-mai, pp. 259-271.

BRUNEAU, J.C., SIMON, T. (1991), « Zaïre, l'espace écartelé », *Mappemonde*, n° 4, pp. 1-15.

BRUNEAU, J.-C. (2009), « Les nouvelles provinces de la République Démocratique du Congo : construction territoriale et ethnicités », *L'Espace Politique* [En ligne], 7 | 1, mis en ligne le 30 juin 2009. URL : http://espacepolitique.revues.org/1296; DOI : 10.4000/espacepolitique.1296

IPANGA TSHIBWILA (1992), « Organisation de l'espace zaïrois par la distribution de la population », *L'Espace Géographique*, 4, pp. 304-320.

LELO NZUZI, F. (2013), « Une République démocratique du Congo balkanisée ? Les retombées d'un tel émiettement », *Congo-Afrique*, n°477, Kinshasa, juillet-août, pp. 476-487.

NICOLAÏ, H. (2009), « Progrès de la connaissance du Congo, du Rwanda et du Burundi de 1993 à 2008 », Revue Belge de Géographie, *Belgeo*, 3-4, 2009, pp. 247-404.

NICOLAÏ, H., GOUROU, P., MASHINI, D.M. (1996), *L'espace zaïrois. Hommes et Milieux (Progrès de la connaissance de 1949 à 1992)*, Collection « Zaïre – Histoire & Société », L'Harmattan, Paris, Institut Africain – CEDAF, Bruxelles, 607 p.

OMASOMBO TSHONDA, J. (sous la direction de, 2011), *Maniema. Espace et vies*, Monographie, Volume 1, Musée royal de l'Afrique centrale, Tervuren, 301 p. ; (2011), *Haut-Uele. Trésor touristique*, Volume 2, 442 p. ; (2012), *Kwango. Le pays des Bana Lunda*, Monographie, Volume 3, 502 p. + annexes ; (2013), *Sud-Ubangi. Bassins d'eau et espace agricole*, Volume 4, 441 p. + annexes ; (2014), *Le Kasaï Oriental. Un nœud gordien dans l'espace congolais*, Volume 5, 457 p. ; (2014), *Bas-Uele. Pouvoirs locaux et économie agricole : héritages d'un passé brouillé*, Volume 6, 516 p. ; (2014), *Tanganyika. Espace fécondé par le lac et le rail*, Volume 7, 462 p. ; (2015), *Mongala. Jonction des territoires et bastion d'une identité supra-ethnique*, Volume 8, 372 p. ; (2016), *Équateur. Au cœur de la cuvette congolaise*, Volume 9, 513 p. + annexes.

POURTIER, R. (1992), « Zaïre : l'unité compromise d'un sous-continent à la dérive », *Hérodote*, n° 65-66, pp. 264-288.

POURTIER, R. (2008), « Reconstruire le territoire pour reconstruire l'État : la RDC à la croisée des chemins », in Nouveau voyage au Congo : les défis de la reconstruction, *Afrique contemporaine*, n°227 (228-3), pp. 23-52.

POURTIER, R. (2009), « L'État et le territoire : contraintes et défis de la reconstruction », in TREFON, T. (sous la direction de), *Réforme au Congo (RDC). Attentes et désillusions*, Cahiers Africains, African Studies, n° 76, Tervuren, Musée Royal de l'Afrique Centrale, Paris, L'Harmattan, pp. 35-48.

POURTIER, R. (2009), « Le Kivu dans la guerre : acteurs et enjeux », *EchoGéo* [En ligne], Sur le Vif, mis en ligne le 21 janvier 2009, consulté le 07 mars 2017. URL : http://echogeo.org/10793 ; DOI : 10.4000/echogeo.10793

SHOMBA KINYAMBA, S., OLELA NONGA, D. (2015), *Monographie de la ville de Mbujimayi*, Éditions M.E.S., Kinshasa, 104 p.

Chapitre 5

Les acteurs de la géographie congolaise

Profils et itinéraires

> *Les acteurs géographiques sont des « **Acteurs spatiaux** » c'est-à-dire l'ensemble des agents (individu, groupe de personnes, organisation) susceptibles d'avoir, directement ou indirectement, une action sur les territoires [...]. Ils ont leurs représentations mentales et patrimoniales, leurs pratiques socio-spatiales des territoires ; leurs intérêts, leurs objectifs et donc leurs stratégies [...].*
>
> www.geoconfluences.ens-lyon.fr/

A. Sélection globale des acteurs et focus par champs d'intérêt géographique
B. Profils et itinéraires des géographes congolais : unité et diversité dans la formation

Qui sont-ils finalement, les géographes congolais, « acteurs spatiaux » et promoteurs de la recherche géographique, à travers les espaces régionaux et l'espace national ? On entreprendra dans ce cinquième chapitre leur identification (A) et on fournira les renseignements liés à leurs profils et itinéraires (B). Les acteurs dont il est question, choisis parmi les géographes universitaires, ont été sélectionnés au départ des informations compilées dans cet ouvrage. Il s'agit des acteurs du savoir géographique. Ces derniers ont investi un ou plusieurs champs de recherche de la discipline. Sur cette base, le répertoire commenté contenu dans ce chapitre fournit un « *who's who* » des géographes congolais. L'intérêt de ces indications est de constituer une base des données montrant la place prise par ces acteurs au sein du monde universitaire.

A. Sélection globale des acteurs et focus par champs d'intérêt géographique

Un essai de classification des géographes congolais par spécialisation est possible, sur base de leurs recherches initiales pour le doctorat (tableau 31). Il y a certes des chevauchements pour certains acteurs, en raison du caractère transversal de certains thèmes de recherche. En outre, entre les deux branches connues de géographie humaine et géographie physique, il nous a semblé que la catégorisation gagnerait à être nuancée. Il en est de même de celle tenant compte des spécialisations telles que géographie économique, géographie des transports, géographie rurale, etc., nous avons opté pour la classification ici reprise. Celle-ci tient compte du terrain de recherche ayant accueilli les géographes concernés. Ne dit-on pas que « le terrain fait le métier » ? Nous ajouterons que l'espace fait le géographe. On distingue ainsi, en prenant en compte les précisions qui viennent d'être évoquées, les principaux groupes suivants : (1) les géographes urbanistes (29,9%) ; (2) les géographes régionalistes (28,6%) ; (3) les géographes environnementalistes (16,9%) ; (4) les géomorphologues (15,6%) ; et (5) les climatologues (9,1%). Les pourcentages exprimés tiennent compte du total de 77 géographes congolais recensés parmi les acteurs ainsi retenus dans la sélection. Dès lors, il serait intéressant de passer en revue les différentes catégories retenues, selon leur ordre d'importance. Cet inventaire débouchera au répertoire des géographes congolais, classés par école géographique.

À chacune des catégories retenues, des remarques s'imposent au vu de certaines analyses. Dès le début, les études sur les villes n'ont pas échappé aux caractéristiques classiques des monographies urbaines. Celles-ci étaient placées dans le cadre de la connaissance de la croissance urbaine du monde tropical (Lasserre, 1989 ; Vennetier, 1993). Par la suite, on a vu se produire des essais vers d'autres aspects de connaissance du phénomène urbain.

Tableau 31

Essai de classification des géographes congolais par spécialisation sur base de leurs thèses de doctorat (1956-2016, 2017)

Études urbaines	Études régionales	Études sur l'environnement	**Géomorphologues**	**Climatologues**
Baya, Bikoko, Bukome, Bushabu, Dheudjo, Idring'i, Kabu, Kabwana, Kakese, Kabatusuila, Kamanda, Kanene, Katalayi, Lelo, Mansila, Mpuru, Mukalayi, Mukendi, Mwanza, Ngoy, N'shimba, Ramazani, Usasa	Amisi, Batubenga, Diabonda, Ekombe, *Ipanga (1)* Kabamba, Kasay, Kayembe, Lukusa, Maboloko, Mangala, Mashini, Matezo, Mbafumoja, Mbenga, Mubalutila, Mukoka, Noti, Nyoka, Solotshi, Tshimanga, Tshiunza	Asumani, Binzangi, Dikumbwa, Holenu, Kadima, Kakule, Matadi, Matand, Mawengo, Monga, Musenga, Nsiami, Yina	Balabala, Byamungu, Ilunga, Kasereka Kayembe, Makanzu, Mbenza, Mbuluyo, Miti, Rumuengeri, Vilimumbalo Yamba	*Assani (1)*, *Kalombo (1)*, Kisangala, *Mbuyu (1)*, Mpasi, Muhindo, Ntombi,
23	**22**	**13**	**12**	**7**

Source : Synthèse des tableaux antérieurs

N.B. Les auteurs de thèses récentes, présentées après 2016, ont été rajoutés dans le tableau.
(1) Les géographes signalés ont présenté leur thèse sur des régions d'étude hors RDC (Belgique).

Les géographes régionalistes ont réalisé des études territoriales sur le Congo (RDC). Au fil des années, ces études ont concerné des ensembles géographiques identifiables. Elles ont progressivement émergé vers des thématiques plus ou moins vastes. L'analyse de quelques-uns de travaux répertoriés montre que les chercheurs congolais n'ont pas poursuivi avec la voie quelque peu encyclopédique des études antérieures. Dans les travaux actuels, la région est considérée comme un cadre spatial dans lequel interagissent diverses stratégies et divers rapports territoriaux (déploiement des actions de développement, dynamique des relations villes-campagnes, etc.). Les espaces régionaux sont assurément en mutation (Ipanga, 1992 ; Nicolaï, 1993, 1996). Les études liées à l'environnement ont concerné très tôt l'analyse des écosystèmes tropicaux, avant d'aborder des questions plus spécifiques. Le but des études géographiques – y compris celles touchant à l'environnement – étant de relever les réalités de terrain, leur intérêt est de toucher à la fois aux questions environnementales, hydrologiques, climatiques et autres. La plupart de ces domaines ont été couverts par les géographes congolais, à travers les études passées sous revue, en grande partie sans liens solides avec les préoccupations exprimées par l'évolution des sociétés. Par exemple, avec les phénomènes actuels de réchauffement climatique, quelle est la place des géographes dans les débats en cours ? Il nous semble s'observer un silence inexplicable de la part des acteurs de terrain que sont les géographes.

B. Profils et itinéraires des géographes congolais : unité et diversité dans la formation

Les développements qui précèdent ont permis de faire le point sur la recherche géographique en RD CONGO, dans toute sa diversité. Il convient à présent de mettre un nom à chaque visage, en identifiant les profils et itinéraires des géographes répertoriés. La liste commentée avec ce répertoire n'est pas limitative. En effet, les plans de carrière étant évolutifs, il n'est pas exclu que de nouveaux géographes fassent leur entrée dans le répertoire. Quel est le « who's who » des géographes congolais ? Trois groupes ont été déterminés, en fonction de l'origine liée à leur formation initiale ou en fonction de leurs attaches professionnelles : (1) les géographes de l'école de Kinshasa, c'est-à-dire les anciens de l'Institut Pédagogique National et ceux attachés à l'Université Pédagogique Nationale (UPN) ; (2) les « Kasapards » de l'école de Lubumbashi ; (3) les autres géographes aux origines diversifiées dont notamment ceux nouvellement diplômés à l'Université de Kinshasa (UNIKIN). À l'intérieur de chacun de ces groupes, les entrées des acteurs sont présentées selon l'ordre alphabétique du nom principal, ce qui permet de retrouver aisément un nom parmi les géographes répertoriés. Au sujet des « écoles » géographiques, l'ordre de leur présentation ne préjuge nullement de la prééminence des unes sur les autres.

Les géographes de l'école de Kinshasa (IPN/UPN) ont connu des itinéraires diversifiés

Les géographes de l'école de Kinshasa constituent un peu plus du tiers du nombre de géographes répertoriés. Il s'agit dans ce premier groupe des acteurs sortis de l'ex-Institut pédagogique national (IPN) ou, depuis la décennie 2010, de l'Université pédagogique nationale (UPN). Ils ont connu un parcours assez diversifié. Pour leur formation postuniversitaire, la majorité d'entre eux sont passés par l'Institut de Géographie Tropicale de Bordeaux, avant de se retrouver dans différentes universités congolaises en qualité d'enseignant et chercheur. Certains ont été formés dans d'autres universités occidentales (en Belgique, France, Suisse, etc.). Quelques-uns ont été formés à Lubumbashi (trois au total), voire tout récemment, depuis le début des années 2010, à l'Université pédagogique nationale même (UPN, cinq au total) ou à l'Université de Kinshasa (quatre au total). Le rythme de formation des géographes à l'école de Kinshasa est tout de même faible, malgré la relative accélération observée ces dernières années. On compte, depuis 1973 à 2017, soit sur 44 ans, moins d'un géographe universitaire par année (le ratio est de 0,81).

Voici, en ordre alphabétique dans le répertoire qui suit, de Baya (+)/Bikoko (…) à Tshiunza (+)/Usasa, les 36 géographes de l'école de Kinshasa (le graphique les reprend dans l'ordre chronologique de la présentation de leurs travaux de doctorat) (figure 30).

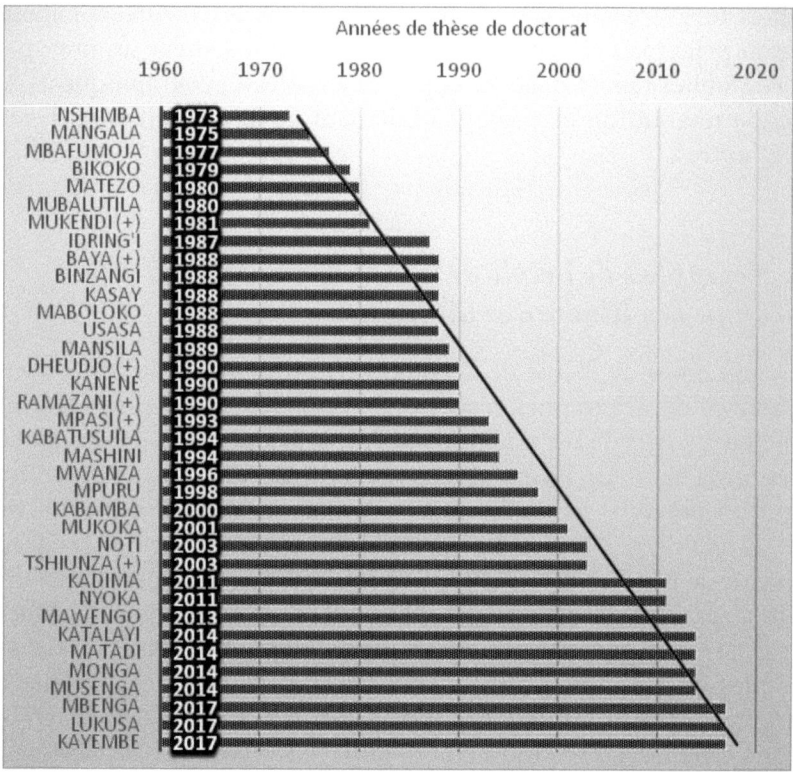

Figure 30. Les géographes de l'école de Kinshasa (UPN, 1973-2017)

Le graphique montre une progression dans la formation des géographes de l'*école de Kinshasa*, la plupart étant restés attachés à l'UPN : de Nshimba (1973) à Mbenga/Lukusa/Kayembe (2017), soit 36 docteurs en géographie, formés sur une quarantaine d'années. Une prouesse aléatoire, due au hasard des itinéraires scientifiques ? Quelques acteurs de la discipline ont, aujourd'hui, été arrachés à l'affection de leurs collègues...

BAYA KI-MALANDA, Xavier (+) (Ancien de l'Université de Bordeaux, 1988 ; ancien de l'Institut Pédagogique National). Sa thèse de doctorat a décrit la situation du petit commerce à Kisangani, dans l'ancienne Province Orientale. L'étude a mesuré l'impact du petit commerce sur l'arrière-pays de cette ville. Quelques articles de ce géographe ont abordé la même problématique de l'éclosion du petit commerce africain à travers les quartiers résidentiels et le centre des affaires ou le mode d'approvisionnement en produits vivriers (Baya, 1987, 1999). Ayant été transféré à l'Université de Kinshasa, ce géographe y est décédé voici plusieurs années.

BIKOKO ESEKA (*Professeur émérite*, Université Pédagogique Nationale, Kinshasa ; ancien de l'Université de Bordeaux, 1979). Ce géographe a mené ses premières recherches sur la ville équatoriale de Mbandaka, et y a consacré une thèse sur l'expansion spatiale et la morphologie urbaine des quartiers. Un article de ce chercheur sur les « Problèmes fonciers et espace urbain » a scruté, pour cette ville, la formation de l'espace urbain en même temps qu'il a fait le point sur la mise en valeur des parcelles, la promotion foncière et immobilière, les modes d'occupation de l'espace et la formation des paysages urbains (Bikoko, 1984). Avec quelques collègues, ce géographe a été admis à l'éméritat, tout en continuant d'assurer un encadrement limité pour certains travaux.

BINZANGI KAMALANDUA, Lambert (*Professeur*, Université Pédagogique Nationale, Kinshasa ; ancien de l'Université de Lubumbashi, 1988). Ce géographe a été transféré à l'époque par le Bureau des Études postuniversitaires (BEPUZA) de l'IPN à Lubumbashi, pour y poursuivre une formation devant conduire au Diplôme d'Études Supérieures (DES) puis au doctorat. Le thème initial de sa thèse était déterminé ainsi : « Aspects socio-économiques du déboisement au Shaba méridional ». La version finale a légèrement remanié l'intitulé de la thèse. Il a depuis lors réintégré l'Université pédagogique nationale (UPN). Les publications de ce chercheur, seul et/ou en collaboration, tournent autour de la problématique du déboisement (Binzangi 1980, 1982, 1983, 2004).

DHEUDJO NDAHORA SAVO (+) (Université Pédagogique Nationale, Kinshasa ; ancien de l'Université de Bordeaux, 1990). Voici comment est présenté le résumé de sa thèse :

> À propos d'un nouveau quartier de la ville de Kinshasa (quartier Ouest), l'auteur se penche sur les processus de formation d'une extension urbaine. Après en avoir décrit le cadre naturel, puis examiné les éléments démographiques, ainsi que le type d'activité économique des habitants, l'auteur en arrive à décrire les caractéristiques de l'urbanisation de ce quartier [...]. Ces caractéristiques comportent les problèmes de gestion de base comprenant une étude des pratiques foncières, des réalisations de logements, d'infrastructures publiques, une étude des services [...]. L'intégration (du quartier) est envisagée sous l'angle des communications, les problèmes existants et les solutions à apporter, et sous l'angle du cadre de vie et de la qualité de la vie. L'étude apporte une appréciation

générale par les habitants sur la qualité de vie dans ce nouveau quartier de Kinshasa et suggère des améliorations (Regards-CNRS-DF) (https://www.rechercheisidore.fr, consulté le 07 mars 2017).

IDRING'I ADE NYORI (Professeur, ancien de l'Université de Bordeaux, 1987). Ce géographe est sorti de l'IPN vers la fin des années 1970. Après la présentation d'une thèse sur les problèmes de l'approvisionnement de la ville de Kisangani en eau, bois et charbon de bois. Un de ses articles a abordé la problématique de l'exploitation artisanale de l'or (Idring'i, 1995). On a signalé, un moment, sa présence à la direction d'un Institut supérieur d'Études agronomiques et vétérinaires (ISEAV) dans l'Ituri (ancienne Province orientale).

KABAMBA KABATA (*Professeur*, Université Pédagogique Nationale, Kinshasa ; ancien de l'Université de Liège, 2000). Sa thèse de doctorat a développé le thème de relations à la ville et territorialité dans la campagne environnante de Kananga. Quelques articles de ce chercheur, en collaboration sont à signaler. Ils concernent notamment les marchés ruraux et les relations ville-campagne autour de la ville de Kananga (Kabamba et Ntumba, 1991), les points de vente périphériques de la ville (Kabamba et Nyoka, 1998), ou encore, la dynamique territoriale du « kasayi » (Kabamba, 2000) ou la pauvreté et la marginalisation rurales en Afrique au sud du Sahara (Mwanza et Kabamba, 2002). Outre ses activités académiques, ce géographe a collaboré avec la Commission Électorale Nationale Indépendante (CENI) en RD Congo. Il est parmi les membres co-fondateurs ayant relancé, à Kinshasa, les activités du Centre d'Information et de Documentation de la Géographie du Congo (CIDGC).

KABATUSUILA MPANU-PANU, Prosper (*Professeur associé*, Université Pédagogique Nationale, Kinshasa ; ancien de l'Université de Bordeaux, 1994). Sa thèse de doctorat était intitulée : « Organisation spatiale, cadre de vie et crise de l'environnement à Kananga (Zaïre) ». Ce géographe a aujourd'hui réintégré l'UPN où il fut, un moment, chef du département de Géographie-Sciences de l'environnement. Il a publié un livre sur la question des frontières, dont voici le résumé :

> [...] Notre objectif majeur fut de contribuer à la réflexion sur le rôle de l'État en République Démocratique du Congo, en particulier dans sa gestion des frontières [...]. Ainsi, notre problématique fut contenue dans ces questionnements : quel type de frontière pourrait favoriser le développement de ce pays et faciliter son intégration dans de grands

ensembles économiques de la région ? Voici en première partie un état des lieux permettant de comprendre les enjeux passés et présents de cet espace tant convoité. Il s'agit d'un balisage effectué sur les réalités historiques, physiques, sociales et économiques. La seconde partie portera sur les questions liées aux impacts économiques, écologiques et stratégiques des frontières (Kabatusuila, 2013).

KADIMA KAMUNUKAMBA, Célestin (*Professeur*, Université Pédagogique Nationale, Kinshasa, 2011). Ce géographe, après avoir enseigné à Kisangani, a réintégré l'UPN, où il a présenté sa thèse localement, sous le titre : « Le système urbain de Kisangani et son impact sur l'exploitation des écosystèmes forestiers ( ) ». Son champ d'intérêt semble s'être fixé sur la ville de Kisangani, dans l'étude de ses aspects liés aux dynamiques environnementales (Kadima et Kyale, 2014, 2015). Il est aujourd'hui chef du département de Géographie-Sciences de l'Environnement.

KANENE MPALI SITELA, Esther (*Professeure associée*, Université Pédagogique Nationale, Kinshasa ; ancienne de l'Université de Liège, 1990). Sa thèse était intitulée : « Les marchés de Kinshasa : structure, localisation et leur rôle dans la distribution des biens et des services. Étude de géographie économique ». On peut signaler une publication annonçant cette recherche dans quelques numéros du *Bulletin Géographique de Kinshasa – Géokin* (Kanene, 1990, 1992). Cette géographe est, dès sa création, membre du Centre d'Information et de Documentation de la Géographie du Congo (CIDGC). Ayant réintégrée l'UPN, cette géographe est parmi les formateurs au département de Géographie-Sciences de l'Environnement.

KASAY KATSUVA LENGA-LENGA, Alphonse (*Professeur ordinaire*, Université de Lubumbashi, 1988 ; ancien de l'Institut Pédagogique national, Kinshasa). Sa thèse de doctorat était intitulée : « Dynamisme démo-géographique et mise en valeur de l'espace en milieu équatorial d'altitude, cas du pays nande au Kivu septentrional ». On signale ce géographe comme enseignant dans les Universités de Lubumbashi et Goma. Ses publications portent sur cette région d'altitude, avec une préoccupation tournée sur diverses problématiques : la naissance du phénomène urbain en pays nande (Kasay et Bruneau, 1981) ; le problème des transports régionaux dans le Kivu (Kasay, 1982), démographie et planning familial dans la région du Lac Edouard (Kasay et Ndakit, 1985), etc.

KATALAYI MUTOMBO, Hilaire (*Professeur associé*, Université Pédagogique Nationale, Kinshasa ; ancien de l'Université de Bordeaux, 2014). Sa thèse est l'une des dernières sur le Congo (RDC) à être présentée à Bordeaux. Le thème de l'étude était : « Urbanisation et fabrique urbaine à Kinshasa : défis et opportunités d'aménagement » (En ligne : https://tel.archives-ouvertes.fr/tel-01151044, consulté le 15 mars 2017). Avec l'étude à Kinshasa de la « Ville Haute ouest », l'auteur a porté « *une analyse d'une urbanisation non maîtrisée et ses conséquences qui compromettent la qualité de la vie urbaine et une tentative des perspectives nouvelles d'aménagement urbain* ». Voir aussi un de ses articles paru dans la revue *Congo-Afrique* (Katalayi, 2015).

KAYEMBE MPINGUYABO, Célestin (ancien de l'Institut Pédagogique National – IPN, Kinshasa ; enseignant à l'ISP/ Mbuji-Mayi, docteur de l'Université de Kinshasa, 2017). Ce géographe non concerné dans la sélection des études discutées dans le présent ouvrage.

LUKUSA MUKUNAYI (ancien de l'Institut Pédagogique National – IPN, Kinshasa ; enseignant à l'ISP/Mbuji-Mayi, docteur de l'Université de Kinshasa, 2017). Comme le précédent, ce géographe non concerné dans la sélection des études discutées dans le présent ouvrage.

MABOLOKO NGULAMBANGU, Cherry-Ernest (*Professeur émérite*, Université Pédagogique Nationale, Kinshasa ; ancien de l'Université Libre de Bruxelles, 1988). Avec son imposante thèse de doctorat sur l'espace industriel du Sud-Ouest, ce chercheur s'est spécialisé en géographie économique et en géographie régionale (industrialisation des espaces, sites industriels désaffectés), et surtout aux méthodes et à l'étude des sources pour comprendre cette dynamique (Maboloko, 1988, 1989, 1990). Voir, pour les principaux articles de ce chercheur, les thèmes abordés ci-dessous, en collaboration avec d'autres géographes : le rôle du contrôle étatique dans la production de l'espace d'une ville secondaire (Maboloko et Mbenga, 1995) ; le problème de frontière, confronté à la présence des richesses minières et la pauvreté (Maboloko et Nicolaï, 1999) ; ou encore la question des sites industriels désaffectés (Maboloko et Mpuru, 2016). Au début de la décennie écoulée, ce chercheur a établi un bilan de la recherche à travers les thèses de doctorat pour la période 1958-1998 (Maboloko, 2000). Il a une bonne implication dans l'enseignement de la didactique de la géographie (Maboloko, 1995 ; Maboloko et Mbwibwa, 2013). On note sa forte collaboration au Centre d'Information et de

Documentation de la Géographie du Congo (CIDGC), en qualité de membre-fondateur et coordonnateur de cette structure. En marge de ses multiples activités d'enseignement et de recherche, il a exécuté, dans un passé récent, un mandat de député à l'Assemblée nationale (2006-2011). Il est aujourd'hui admis à l'éméritat, mais continue d'assurer l'encadrement de plusieurs recherches sur le terrain. Dans un article sur la « géoscopie d'une région congolaise », il retrace l'« expression de l'engagement d'un géographe dans la pratique de la géographie au service de la société » :

> L'auteur retrace son itinéraire, sa progression et son engagement personnel en s'appuyant sur ses expériences, de la géographie locale – ses représentations – à la géographie recentrée autour du concept central de la géographie... Il exprime cet engagement personnel au bénéfice de la société, de sa région et de son milieu à travers de nombreux travaux des jeunes chercheurs qu'il a dirigés aussi bien au graduat, en licence qu'au doctorat et portant sur les façonnements des espaces sociaux du Kwilu – tant en géographie qu'en économie rurale et agro-industrielle (Maboloko, 2014).

MANGALA MAPONDA, Georges (*Professeur ordinaire*, Université Pédagogique Nationale, Kinshasa ; ancien de l'Université Louis Pasteur de Strasbourg, 1975). Ayant présenté une thèse sur le thème : « Transports et urbanisation en République du Zaïre : transports routiers et régionalisation », ce géographe accomplit, depuis plusieurs années, sa carrière d'enseignant à Kinshasa.

MANSILA FU KIAU (ancien de l'Institut Pédagogique National, puis de l'Université de Lubumbashi, 1989). Sa thèse de doctorat était intitulée : « Kolwezi, l'émergence d'une ville minière au Zaïre méridional ». Les articles de ce géographe touchent à la problématique de l'urbanisation de quelques villes congolaises (Mansila, 1983 ; Bruneau et Mansila, 1983, 1986). Un de ses articles a concerné le littoral congolais (Mansila et Mansiantima, 2002). Ce géographe dirige un institut supérieur à Luozi, dans le Kongo Central.

MASHINI DHI MBITA MULENGHE, Jean-Claude (*Professeur*, Université Pédagogique Nationale, Kinshasa ; ancien de l'Université Libre de Bruxelles, 1994). Notre thèse de doctorat avait pour thème : « Développement régional et stratégies spatiales dans le Kwango-Kwilu (Sud-Ouest du Zaïre) » (version remaniée en 2 volumes). Notre passage au Laboratoire de Géographie humaine de l'Université Libre de Bruxelles a été pour nous l'occasion de publier, en collaboration avec nos anciens maîtres en géographie, un imposant ouvrage de référence sur le Congo-Zaïre. Voici comment l'éditeur présentait cet ouvrage :

> [...]. Les auteurs de cet ouvrage ont retenu surtout les éléments qui permettent de comprendre les relations entre le milieu naturel et les sociétés humaines ainsi que la façon dont ces sociétés ont organisé leur espace dans cet immense pays. Ils ont analysé de ce point de vue ce que peuvent apporter les études des climatologistes, des géologues, des géomorphologues, des pédologues, des biologistes, des médecins, des démographes, des historiens, des anthropologues, des agronomes, des économistes, des spécialistes des milieux urbains et des géographes. L'ouvrage [...] montre les progrès de la recherche pendant plus de quarante ans et la part croissante prise par les chercheurs africains. C'est en même temps un tableau général du Zaïre qui sera utile à tous ceux qui s'intéressent à ce pays (Nicolaï, Gourou, Mashini 1996).

À côté de plusieurs de nos articles, deux ouvrages indiquent particulièrement l'orientation prise par nos recherches en matière de géographie du développement mais aussi en ce qui concerne la gestion territoriale. Dans notre première livraison, l'ouvrage sur le développement régional résume la problématique de la recherche menée dans le Kwango-Kwilu et tente de l'élargir à celle du développement de la RD CONGO (Mashini, 2013). L'autre ouvrage, qui est le fruit d'une expérience passée au cabinet du Premier ministre, est un regard et un témoignage sur la gouvernance en RD CONGO (Mashini, 2014). En marge de ces deux publications, plusieurs articles ont été produits, dont les deux plus récents retraçant la dynamique, d'une part, de la géographie scolaire et, d'autre part, de la géographie universitaire (Mashini, 2017a et b : voir bibliographie *in fine*)[1]. Dans le cadre de la corporation, comme déjà signalé, nous sommes parmi les membres co-fondateurs ayant relancé le Centre d'Information et de Documentation de la Géographie du Congo (CIDGC). Nous tenons à ce jour le secrétariat scientifique dudit centre, avec en charge le suivi de la rédaction du *Bulletin Géographique de Kinshasa – Géokin*. Le point focal de nos recherches est le présent ouvrage sur la géographie en RD CONGO. À côté des cours donnés en géographie, nous sommes présentement le chef du département Hôtellerie, Accueil et Tourisme de l'Université Pédagogique Nationale (UPN).

---

1 Sur nos recherches, voir les ouvrages signalés : Mashini Dhi Mbita M. (D.M.), J.-C. (1996, 2013, 2014). Articles sélectionnés : 1986, 1987, 1994, 1995, 1998, 2013a et b, 2014, 2017).

MATADI PASA MAKINA, Jacques (*Professeur associé*, Université Pédagogique Nationale, Kinshasa, 2014). Ce géographe, qui est parmi ceux ayant évolué localement, a exploité dans sa thèse le thème : « La gestion de déchets ménagers solides dans la ville de Tshikapa : une approche géo-environnementale et socio-économique ». Aucune publication de ce chercheur n'est, à notre connaissance, signalée à ce jour. Il nous revient qu'il a récemment été désigné en qualité de directeur général intérimaire de l'Institut Supérieur Pédagogique de Tshikapa, institution où il assurait déjà une charge académique et où, du reste, il avait débuté ses études supérieures en géographie.

MATEZO BAKUNDA, Honoré (Professeur à l'Institut Supérieur Pédagogique de la Gombe, Kinshasa ; ancien de l'Université de Bordeaux, 1980). Après sa thèse de doctorat sur « Mbanza-Ngungu (Zaïre) et son arrière-pays », cet ancien de l'IPN a réintégré comme enseignant l'ISP/ Gombe à Kinshasa où il évolue. En outre, il a dirigé un moment l'Institut Géographique du Congo (IGC) en qualité de directeur général, permettant à cette institution de chercher des partenariats pour relancer le projet de cartographie d'ensemble de la RD CONGO.

MAWENGO MWALIBA, Marie-Jeanne (*Professeure associée*, Université Pédagogique Nationale, Kinshasa, 2013). Après avoir décroché, après ses études de géographie, un diplôme d'études supérieures spécialisées en Aménagement et Gestion intégrés des forêts et territoires tropicaux, cette géographe a poursuivi inlassablement ses recherches dans ce domaine. Sa thèse de doctorat a été défendue localement à l'UPN, sous le thème : « Évolution du couvert végétal d'une région congolaise. Secteur de Bonwase (Gemena, Équateur) ». Elle est devenue membre du Centre d'Information et de Documentation de la Géographie du Congo (CIDGC). En marge de ses activités d'enseignement, cette géographe évolue présentement comme membre du Conseil économique et social ; elle est active dans la commission de l'environnement et des ressources naturelles.

MBAFUMOJA PALUKU, Christophe (*Professeur*, Université Pédagogique Nationale, Kinshasa ; ancien de l'Université de Bordeaux, 1977). Après sa thèse de doctorat intitulée « Les transports ferroviaires et fluviaux au Zaïre », ce géographe a intégré l'ex-IPN comme enseignant. Au moment de la mutation de cette institution comme université en février 2005, il en était le directeur général. Après cette fonction, il a collaboré jusqu'il y a peu avec la Commission Électorale Nationale Indépendante (CENI) pour les élections.

MBENGA MPIEM-LEY, Urbain (Université Pédagogique Nationale, thèse de doctorat présentée à l'Université de Kinshasa). Ce géographe, qui était jusqu'ici chef des travaux, vient de défendre sa thèse en avril 2017 dans cette dernière université, sur le thème : « Étude géographique de la diffusion et la territorialisation d'un fait. Cas de la Communauté du Christ en République Démocratique du Congo ». On peut signaler quelques publications menées en collaboration avec d'autres géographes (Maboloko et Mbenga, 1995) et Mbenga et Mafuta (2014). Ce dernier article concerne l'émergence d'un pôle ecclésiastique au Sud-Ouest du Congo. Avec la promotion de ce chercheur au niveau du doctorat, on retiendra le fruit de la volonté et de la persévérance dans la recherche. Signalons que ce chercheur est en bonne voie pour décrocher une nomination à l'Université pédagogique nationale (UPN) au titre de *professeur associé*.

MONGA KASONGO, Claude (*Professeur associé*, Université Pédagogique Nationale, Kinshasa, 2014). Sa thèse de doctorat porte le titre : « Nécessité de réaménagement des installations hygiéniques dans la ville de Kinshasa ». On n'a pas connaissance d'autres publications de ce chercheur. Il est parmi les anciens de l'UPN à présenter localement les fruits de leurs recherches. Cette volonté reste à encourager pour marquer l'émulation auprès des autres chercheurs.

MPASI ZIWA MAMBU, Fidèle (+) (ancien de l'Université Libre de Bruxelles, 1993). Ce géographe, sorti de l'IPN, a présenté une thèse de doctorat intitulée : « Les climats, les bilans hydriques du Bas-Zaïre et quelques implications dans les domaines de l'agriculture et de l'environnement ». Au moment de la création du Centre d'Information et de Documentation de la Géographie du Congo (CIDGC), il faisait partie des membres-fondateurs de cette structure. On retrouve dans les différents numéros du *Bulletin Géographique de Kinshasa – Géokin* quelques-uns de ses articles (Mpasi, 1991, 1995). La dernière publication de ce chercheur était liée aux rites agraires et techniques agricoles, au titre d'une analyse d'ethnoclimatologie. Ce géographe est aujourd'hui décédé, sans avoir eu à intégrer une institution d'enseignement et de recherche.

MPURU MAZEMBE BIAS, René (*Professeur*, Université Pédagogique Nationale et Institut Supérieur d'Architecture et d'Urbanisme, Kinshasa ; ancien de l'Université de Bordeaux, 1998). Sa thèse de doctorat était intitulée : « Urbanisation et crise alimentaire à Kikwit

(Congo) : stratégies d'adaptation aux contraintes d'approvisionnements vivriers et alimentaires, et incidences sur la société urbaine ». Ce géographe est présentement le directeur général de l'Institut supérieur d'Architecture et d'Urbanisme, une institution technique consacrant la formation dans ces domaines. La collaboration à titre professionnel de ce chercheur avec le BEAU (Bureau d'Études d'Aménagements Urbains), permet de le ranger parmi les géographes-aménageurs. Avec cette institution, il a participé à des enquêtes urbaines dans la plupart des grandes villes du pays. Il assure des enseignements à titre partiel aussi bien à l'Université Pédagogique Nationale, dont il est ressortissant, que dans certaines autres institutions scientifiques, dont l'ISP/Kikwit. Il coiffe la structure de coordination de l'École de formation doctorale en architecture et urbanisme, organisée en collaboration avec l'ARES (Académie de Recherche et d'Enseignement Supérieur), dans le cadre de la coopération universitaire incluant certaines universités de la Fédération Wallonie-Bruxelles et des institutions congolaises. Il est parmi les co-fondateurs ayant relancé, à Kinshasa, le Centre d'Information et de Documentation de la Géographie du Congo (CIDGC). Outre ses diverses publications, on peut noter parmi les dernières celles ayant un lien direct avec la réflexion géographique en liens avec la commercialisation et l'urbanisation résiliente des petites villes du Kwilu (Mpuru, 2012, 2014). Voir aussi, en collaboration, d'autres articles sur les façonnements et usages des espaces désaffectés du Kwilu (Maboloko et Mpuru, 2016) ou sur le dynamisme d'un petit bourg-mission du Kwilu (Mpuru, 2017).

MUBALUTILA MBIZI-NE BANOTA (ancien de Institut Pédagogique National et de l'Université de Bordeaux, 1980). Sa thèse de doctorat était intitulée : « Les marchés du Bas-Zaïre ». Cette thèse a été diffusée sur le réseau du Catalogue « Sudoc ». Voirhttp://www.sudoc.fr/041050533,consulté le 19/03/2017. Après quelques années passées comme enseignant dans un pays voisin, ce géographe a regagné le pays où il œuvre à l'Institut Supérieur Pédagogique de la Gombe.

MUKENDI TAMBWE, Louis (+) (*Professeur émérite*, Université Pédagogique Nationale, Kinshasa ; ancien de l'Université de Bordeaux, 1981). Il a été parmi les premières générations des anciens de l'ex-IPN à être admis en formation doctorale en France. Sa thèse de doctorat s'intitulait : « Petits métiers et activités de survie des citadins de Kinshasa ». Il fut, au moment de son décès, chef du département

Géographie-Sciences de l'environnement à l'Université Pédagogique Nationale (UPN).

MUKOKA ZEVO, Thomas (*Professeur associé*, Université Pédagogique Nationale, Kinshasa ; ancien de l'Université de Genève, 2001). Il a enseigné à l'Institut Supérieur Pédagogique de Kananga avant de s'inscrire au doctorat à Genève. Sa thèse a porté sur le thème : « La République Démocratique du Congo. De la dépendance à un développement autocentré : le cas des Cataractes (Bas-Congo) ». On peut signaler une de ses publications antérieures, faisant le lien entre transport routier et sous-développement dans les zones rurales du Kasaï Occidental (Mukoka et Nkongolo, 1987).

MUSENGA TSHIEY, Virginie (*Professeure associée*, Université pédagogique nationale, Kinshasa ; ancienne de l'Université de Kinshasa, 2014). Sa thèse de doctorat dans cette dernière université avait pour thème : « L'organisation de l'environnement urbain et les perspectives d'aménagement durable de la ville de Kinshasa ».Elle est membre de l'encadrement des activités scientifiques et pédagogiques au département de l'Hôtellerie, Accueil et Tourisme de l'Université Pédagogique Nationale (UPN). En marge de ses activités d'enseignement, cette géographe a été nommée, voici quelques années, en qualité de présidente du Conseil d'administration d'un organisme étatique, l'Institut National pour l'Étude et la Recherche Agronomiques (INERA).

MWANZA WA MWANZA, Hugo (*Professeur associé*, Université Pédagogique Nationale, Kinshasa ; ancien de l'Université Libre de Bruxelles, 1996). Sa thèse de doctorat avait pour thème : « Transport et implantation des équipements socio-collectifs dans une métropole tropicale : Kinshasa (Zaïre) ». Cette thèse a été publiée sous une forme remaniée dans un numéro spécial des *Cahiers du CEDAF*, édités par l'Institut Africain (Bruxelles) (Mwanza, 1998). Il a publié quelques articles, dont quelques-uns en collaboration, sur la pauvreté et la marginalisation rurales en Afrique au Sud du Sahara (Mwanza et Kabamba, 2002) ou sur les transports aériens en Afrique (Mwanza et Dobruszkes, 2007). Il est parmi les co-fondateurs du Centre d'Information et de Documentation de la Géographie du Congo (CIDGC). Outre ses activités d'enseignement, ce géographe a travaillé en qualité de Secrétaire général adjoint du gouvernement, une structure d'appui au cabinet du Premier ministre.

NOTI N'SELE ZOZE, José (Professeur associé à l'Université de Bandundu ; ancien de l'Université de Liège, 2003). Ce chercheur a présenté une thèse sous le thème : « L'impact de la fonction administrative sur le développement de la ville de Bandundu ». Sur cette même ville, il a consacré quelques réflexions par rapport au rôle et aux enjeux géopolitiques (Noti, 2003, 2006). Il a été nommé autorité académique en charge de l'organisation des études à l'Université de Bandundu, structure qu'il a rejoint après sa formation doctorale.

NSHIMBA LUBILANJI, Léopold (*Professeur ordinaire*, Université Pédagogique Nationale, Kinshasa ; ancien de l'Université de Bordeaux, 1973). Ce géographe est l'un des premiers à être inscrit hors du pays pour une thèse de doctorat. Le thème de celle-ci était : « Étude de l'approvisionnement en poisson de Kinshasa (Zaïre). Un problème de croissance urbaine en Afrique noire ». Plusieurs années durant, il est resté enseignant au département de géographie à l'Université Pédagogique Nationale, où il a été plusieurs fois autorité décanale (à l'époque chef de Section des Sciences Exactes à l'IPN). Il a réintégré cette institution après quelques années d'interruption. Il a produit un ouvrage sur les méthodes de recherche en géographie humaine (Nshimba, 2014). De façon prosaïque, il y a fait figurer la citation ci-après, reprise d'un géographe français bien connu, et qui décrit le profil du géographe :

> Naturaliste de vocation, lorsqu'il est confronté aux problèmes concrets, il regarde beaucoup, mais il fait parler les gens. Il s'étonne de leurs réactions, note leurs préférences. Il est soucieux des noms qu'utilisent les autochtones pour désigner les unités du paysage, un mode de vie. Si l'évidence présente ne suffit pas, il recourt aux documents du passé, aux archives. Ainsi s'élabore un métier de géographe, une série des techniques simples et efficaces pour faire parler le paysage, les distributions spatiales et les genres de vie (Paul Claval, 1984 ; cité sur la 4ème de couverture de l'ouvrage susmentionné).

NYOKA MUPANGILA, Frédéric (*Professeur associé*, Université Pédagogique Nationale, Kinshasa, 2011). Ayant longtemps enseigné à l'Institut Supérieur Pédagogique de Kananga, ce géographe en est actuellement le directeur général. Il a consacré à cette ville sa thèse de doctorat sur le thème : « Contribution à l'étude des relations ville-campagnes. Le cas de Kananga (RDC) ». Voir un de ses articles sur les aléas du rôle régional de la même ville (Nyoka, 1983).

RAMAZANI AMADI (+) (Université Pédagogique Nationale, Kinshasa ; ancien de l'Université de Bordeaux, 1990). Sa thèse de doctorat avait pour thème : « Kinshasa-Est (Zaïre) : de l'habitat planifié à la croissance spontanée ». Ce travail est répertorié sur le site www.diffusion-theses.fr de l'ANRT (Atelier National de Reproduction des Thèses), sous la référence 10266. Un de ses articles a donné les grandes lignes de sa recherche sur la croissance périphérique et la mobilité résidentielle dans les quartiers de Kinshasa-Est (Ramazani, 1993). Ce géographe est décédé voici plusieurs années, après avoir réintégré le département de géographie à l'Université Pédagogique Nationale (UPN).

TSHIUNZA KALALA, Christophe (+) (*Professeur associé*, Université Pédagogique Nationale ; ancien de l'Université de Liège, 2003). Sa thèse de doctorat pour thème : « Mutations d'un système spatial rural. Cas du territoire luba kasayi (RDC) ». Au moment de son décès, ce géographe avait déjà réintégré l'Université Pédagogique Nationale (UPN), mais était aussi actif dans le secteur de la reproduction des cartes géographiques sur la RD Congo.

USASA NGUNZA U., Nicolas (ancien de l'Université de Paris VII, 1988). Sa thèse de doctorat était intitulée : « Étude (croissance) de la ville de Kananga (Zaïre) ». On ne dispose pas de renseignements sur cet ancien enseignant de l'Institut Supérieur Pédagogique de Kananga, qui est également un ancien ressortissant de l'Institut Pédagogique National (IPN).

Voilà la trentaine des géographes congolais issus de l'école de Kinshasa (36 au total), structure organisée historiquement autour de l'ancien Institut Pédagogique National (IPN), devenu Université Pédagogique Nationale (UPN). On peut établir le bilan des profils de la manière suivante en ce qui concerne les acteurs répertoriés : géographes urbanistes (15), géographes régionalistes (13), environnementalistes et autres (8). Soit au total plus de compétences en géographie humaine que dans les autres domaines du savoir géographique. Au sujet de leurs origines par rapport à leurs universités d'encadrement, la majeure partie des géographes de l'école de Kinshasa ont été formés en France (notamment Bordeaux : 14 géographes au total), les autres en Belgique (8 au total), en RDC même et dans un autre pays (Suisse : un seul géographe).

Les « Kasapards » ou les anciens de Lubumbashi dont certains se sont « expatriés »

L'école de géographie de l'Université de Lubumbashi (UNILU) a fourni un nombre relativement important de géographes universitaires. La recherche géographique, tournée ici essentiellement vers les sciences de la terre, a concerné dès le départ, la géomorphologie et l'écologie tropicales, mais aussi la géographie physique au sens large, avant de s'intéresser aux activités humaines et économiques de la région cuprifère du Katanga (Shaba). Si beaucoup de ces géographes ont finalisé leurs recherches localement, d'autres ont étudié à l'extérieur du pays. On soulignera le rôle joué par la revue *Géo-Eco-Trop* dans la diffusion des résultats de recherche des géographes de Lubumbashi[2]. La liste ci-après des anciens « Kasapards », donne des indications pour nombre de ces géographes, dont certains se sont aujourd'hui « expatriés » sous d'autres cieux, à Kinshasa ou ailleurs (au moins sept d'entre eux ont quitté Lubumbashi pour d'autres affectations universitaires). Voici, en ordre alphabétique dans le répertoire ci-dessous présenté, de Amisi/Assani/Asumani (…) à Tshimanga, les 30 géographes de l'école de Lubumbashi (le graphique les reprend dans l'ordre chronologique de la présentation de leurs travaux de doctorat) (figure 31).

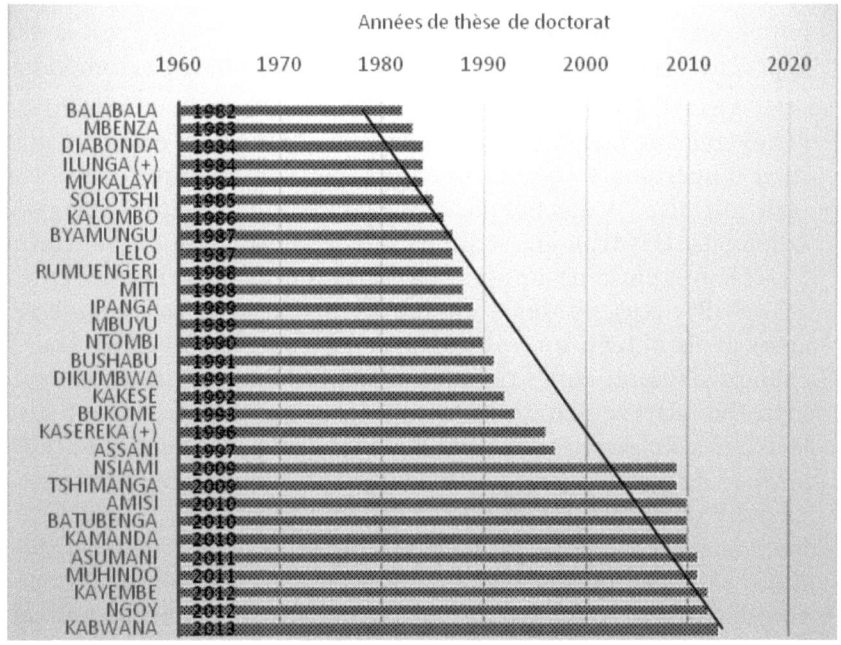

Fig. 31. Les « Kasapards », les géographes de l'école de Lubumbashi (1982-2013)

---

2 Voir le site déjà signalé : www.geoecotrop.be, consulté le 17 mars 2017. Depuis 1977, année de son lancement, cette revue totalise aujourd'hui 40 numéros (2016), la plupart étant disponibles en ligne.

Le graphique montre un tassement dans la formation des géographes de Lubumbashi. Sur une trentaine d'années, de Balabala (1982) à Kabwana (2013), une génération de 30 docteurs en géographie, avec des périodes creuses de formation. Cette situation traduit, entre autres, les aléas de la coopération outre-mer, confrontée à la reprise en main d'un pôle universitaire qui cherche à se maintenir.

AMISI MWANA YAMBA (*Professeur associé*, Université de Lubumbashi, 2010). Sa thèse était intitulée : « Perception de l'impact des activités minières au Katanga. Analyse par l'application de la théorie paysagère de Kevin Lynch ». Ce géographe a tout récemment participé à un colloque international tenu à Lubumbashi, organisé notamment avec le concours de ARES (Académie de Recherche et d'Enseignement Supérieur, Communauté française de Belgique), sous le thème « Architecture, Urbanisme, Paysage et développement territorial : enjeux dans la société congolaise ». Sa contribution, présentée en collaboration avec d'autres géographes de la ville du cuivre, a tourné autour de la thématique : « Développement urbain et dégradation environnementale au sein de l'arc cuprifère katangais : perception des populations locales et apport de l'analyse spatiale ». Il s'agit là d'une approche déjà développée dans la thèse de doctorat de ce chercheur.

ASSANI ALI ARKAMOZE (ancien de l'Université de Lubumbashi et de l'Université de Liège, 1997). Il a présenté sa thèse de doctorat sur un sujet d'hydrologie concernant une région en Belgique. Cette thèse était intitulée : « Recherche d'impacts d'une retenue d'une rivière ardennaise (Hydrologie, sédimentologie, morphologie et végétation) ( ) ». Depuis plusieurs années, il a été recruté à l'Université du Québec à Trois-Rivières, au département des Sciences de l'environnement, après avoir obtenu un postdoctorat à l'Université de Montréal. Ses champs d'intérêt sont la climatologie, l'hydrologie, la géomorphologie fluviale, la dynamique fluviale, les impacts des barrages hydroélectriques sur l'environnement, les changements climatiques (GRIL, Groupe de recherche interuniversitaire en limnologie et en environnement aquatique, https://oraprdnt.uqtr.uquebec.ca, consulté le 17 mars 2017). On peut signaler plusieurs publications de ses publications, en collaboration avec ses collègues de Lubumbashi. Les sujets abordés ont été, respectivement, l'analyse de l'évolution journalière de la température à Lubumbashi (Assani, Kalombo et Mbenza, 1991) ; le commerce des huiles végétales sur le marché de Lubumbashi(Assani, Batubenga, N'Tumba et Solotshi, 1993) ; la santé et la dégradation de l'environnement urbain (Assani, Kakese et Solotshi, 1993) ; la mise au point sur les facteurs explicatifs du climat du Bas-Congo (Assani et Kalombo, 1997), etc.

ASUMANI SALIMINI (*Professeur associé*, Université de Lubumbashi, 2011). Sa thèse était intitulée : « Qualité de l'environnement et santé de la population dans un milieu urbain d'Afrique tropicale. Cas de la ville de Lubumbashi... Approche géographique ». Il a été signalé un moment comme chef du département de Géographie, puis comme membre du bureau décanal de la Faculté des Sciences. Une de ces récentes publications traite de la distribution des stations-services à Lubumbashi et leur impact dans l'organisation spatiale urbaine (Asumani et al., 2017).

BALABALA SHIWANGA (ancien de l'Université de Lubumbashi, 1982). Le sujet de sa thèse était : « Étude métallogénique géostatique : gisement ferrifère de Kasumbalesa au Shaba ». Cette thèse a été répertoriée par le Centre d'études stratégiques du bassin du Congo, sur le site www.cesbc.org, consulté le 17 mars 2017.

BATUBENGA KAYEMBE (*Professeur associé*, Université de Lubumbashi, 2010). Sa thèse était intitulée : « Répartition des produits consommés dans la Gécamines Exploitation à l'échelle mondiale et leur impact sur le développement économique du Katanga (...) ». On retrouve ce chercheur dans quelques articles publiés dans des matières diverses : essai cartographique sur l'environnement et sa dynamique en milieu tropical humide de Lubumbashi (Malaisse, Batubenga, Binzangi, Ipanga et Kakisingi, 1983) ; le commerce des huiles végétales (Assani, Batubenga, N'Tumba et Solotshi, 1993), etc.

BUKOME ITONGWA (*Professeur ordinaire*, Université de Lubumbashi, ancien de l'Université de Liège, 1993). Sa thèse portait sur le thème : « Le commerce de détail à Lubumbashi : localisation et comportements d'achat. Étude de géographie économique ». Un de ses articles, en collaboration avec son encadreur, a annoncé cette recherche doctorale (Bukome et Mérenne-Schoumaker, 1988). Voir aussi une autre publication sur la connectivité et l'accessibilité du réseau routier en RDC (Bukome et Kingoma, 2002).

BUSHABU MBENGELE-MING, Antoine (Institut Supérieur Pédagogique, Kananga ; ancien de l'Université de Liège, 1991). Sa thèse de doctorat était intitulée : « L'organisation urbaine du Shaba (Zaïre) du point de vue économique ». À part quelques-uns de ses articles, dont celui ayant résumé la problématique ainsi que les grandes lignes de sa thèse (Bushabu, 1992), ou un autre sur les besoins énergétiques des ménages à Kananga (Bushabu et al., 2002), ce géographe, ressortissant de l'Université de Lubumbashi, a publié un livre sous le titre de « Ville et aménagement du territoire en République Démocratique du Congo », publié aux éditions de l'ISP/Kananga.

BYAMUNGU BIN RUSANGIZA (ancien de l'Université de Lubumbashi, 1987). Sa thèse était intitulée : « Étude gravimétrique de deux zones de déformation de la plaine africaine : I. Rift Est-Africain et ses bordures de la région des Grands Lacs ; II. La Chaîne Ouest-Congolienne du Congo-Bas-Zaïre ». Après avoir été doyen de la Faculté des Sciences à l'Université de Lubumbashi, ce géographe serait aujourd'hui recteur de l'Université de Bukavu (situation de l'année 2014).

DIABONDA M. (+) (ancien de l'Université Libre de Bruxelles, 1984). Sa thèse de doctorat avait pour thème : « Exode rural à Luozi (Bas-Zaïre) ». Ce géographe, dont il nous revient qu'il est un ancien de Lubumbashi, n'a pas laissé beaucoup de traces dans son domaine de formation. Il est décédé voici plusieurs années, dans un pays africain où il était recruté comme enseignant de géographie.

DIKUMBWA N'LANDU (*Professeur ordinaire*, Université de Lubumbashi, ancien de l'Université de Liège, 1991). On retrouve des publications de ce géographe dès les premiers numéros de la revue *Géo-Eco-Trop*. Ses articles portent sur l'évolution et les perspectives de l'habitat à Lubumbashi (Dikumbwa, 1979), sur l'origine des îlots de forêt dense zambézienne du Katanga méridional (Dikumbwa et Mbenza, 1999), etc. Les grandes lignes de sa thèse intitulée : « L'impact des facteurs économétriques sur les cycles biogéochimiques en forêt dense (…) au Shaba méridional (Zaïre) » ont été développées dans un volume spécial de la revue susmentionnée (Dikumbwa, 1990).

ILUNGA LUTUMBA (+) (ancien de la Vrije Universiteit Brussel, 1984). Sa thèse de doctorat était intitulée : « Le Quarternaire de la plaine de la Ruzizi (étude morphologique et lithostratigraphique) ». Cet ancien de l'Université de Lubumbashi, après avoir intégré l'Institut supérieur de Bukavu, a collaboré à des programmes communs de recherche au Rwanda et au Burundi. Plusieurs de ses articles ont été publiés, dès le lancement de la revue *Géo-Eco-Trop*, sur des sujets liés à ses préoccupations : l'érosion de la ville de Bukavu (Ilunga, 1978) ; la géomorphologie de la plaine de Ruzizi (Ilunga et Alexandre, 1982) ; la morphologie dans le rift du Sud-Kivu (Ilunga, 1991) ; les sites majeurs d'érosion à Uvira (Ilunga, 2006) ; les environs sédimentaires de la plaine de Ruzizi (Ilunga, 2007), etc.

IPANGA TSHIBWILA (*Professeur,* Université de Lubumbashi, ancien de l'Université catholique de Louvain, 1989). Sa thèse de doctorat, présentée sur une région de Belgique, était intitulée : « La localisation des cabinets dentaires : le cas de la Province de Luxembourg ». Ce géographe s'est illustré dans différents champs de recherche, dont la géographie religieuse à Lubumbashi (Ipanga, 1983), l'organisation de l'espace zaïrois par la distribution de la population (Ipanga, 1992), etc. Au moment de la naissance de l'Université de Kolwezi, il était désigné comme recteur de cette nouvelle institution(situation de janvier 2011).

KABWANA NGWEJI (*Professeur associé,* Université de Lubumbashi, 2013). Sa thèse de doctorat avait pour thème : « Urbanisation et organisation de l'espace urbain de la ville de Kananga ». On ne dispose d'aucun renseignement sur le parcours de ce géographe.

KAKESE KUNYIMA BUZUDI, Constantin (*Professeur ordinaire,* Université de Kinshasa, ancien de l'Université de Lubumbashi, 1992). Sa thèse de doctorat avait pour thème : « L'organisation de l'espace urbain d'une ville moyenne ( ) : Likasi au Shaba méridional ». Cette thèse a été répertoriée par le Centre d'études stratégiques du bassin du Congo, sur le site www.cesbc.org, consulté le 17 mars 2017. Ce géographe est parmi ceux qui se sont installés à l'Université de Kinshasa. Quelques-unes de ses publications sont signalées,en collaboration notamment dans la revue *Géo-Eco-Trop,* sur la santé et la dégradation de l'environnement urbain dans la ville de Lubumbashi (Assani, Kakese et Solotshi, 1983), la logique spatiale du micro-commerce ambulant à Lubumbashi (Solotshi et Kakese, 1990), etc. Il est l'auteur d'un ouvrage en géographie humaine dont les coordonnées ne nous ont pas été communiquées.

KALOMBO KAMUTANDA, Donatien (*Professeur,* Université de Lubumbashi ; ancien de l'Université de Liège, 1986). Dès le début, ce géographe avait publié quelques articles dans *Géo-Eco-Trop,* sur l'évolution du régime pluviométrique de la partie orientale du Zaïre (Harjoaba et Kalombo, 1978) ; la contribution à l'étude de l'intensité des pluies à Lubumbashi (Kalombo, 1979). On note beaucoup d'autres articles sur des thématiques variées liées aux études climatiques (Assani, Kalombo et Mbenza, 1991 ; Assani et Kalombo, 1995 ;

Kalombo, 1995, 2001). Un des derniers articles est une note sur l'évolution temporelle des précipitations mensuelles à Mbuji-Mayi (Kalombo, Tshibangu et Tshimanga, 2016). Sa thèse de doctorat fut présentée sur une région de Belgique, et avait pour thème : « La mesure et les facteurs de l'évapotranspiration effective sur le plateau des Hautes Fagnes (Belgique) ». Un récent ouvrage de ce chercheur a été publié aux Éditions universitaires européennes. Il est présenté en ces termes par l'éditeur, qui en souligne la portée de la manière suivante :

> (Cette publication) s'est fixée pour objectif, la mise à disposition des décideurs, des outils susceptibles de les aider à améliorer des stratégies d'adaptation aux effets des changements climatiques. Cette étude pourrait servir aussi en matière d'éducation, de formation et de sensibilisation de la population dans le domaine de l'environnement et du développement durable [...] » (https://www.editions-ue.com, consulté le 18 mars 2017).

KAMANDA WA KAMANDA, Jean-Claude (*Professeur associé*, Université Pédagogique Nationale, Kinshasa ; ancien de l'Université de Lubumbashi, 2010). Sa thèse de doctorat était intitulée : « Disponibilité et accessibilité des services de Planification familiale dans la ville de Lubumbashi ». Ce géographe a intégré l'Université Pédagogique Nationale, où il assume certaines charges d'enseignement et de recherche.

KASEREKA RAIS (+) (ancien de l'Université de Lubumbashi, 1996). Sa thèse de doctorat était intitulée : « Études de sédiments détritiques du littoral septentrional de Mweru (Rive zaïroise) et des bassins de la Ciamfulu et de la Likinda : contribution à l'étude des paléoenvironnements ». On n'a pas trouvé une trace concernant les publications de ce chercheur.

KAYEMBE WA KAYEMBE, Matthieu (*Professeur associé*, Université de Lubumbashi, ancien de l'Université Libre de Bruxelles, 2012). Son travail de thèse était intitulé : « Les dimensions socio-spatiales de l'érosion ravinante intra-urbaine dans une ville tropicale humide. Le cas de Kinshasa... ». Signalons que ce géographe a produit, en collaboration, quelques articles dans le domaine de ses champs d'intérêt : cartographie de la croissance urbaine de Kinshasa (Kayembe, De Naeyer et Wolff., 2009) ; étude des facteurs humains de l'érosion ravinante à Kinshasa (Kayembe et Wolff, 2015) ; estimation de la population dans les zones à risque à Kinshasa (Selembao) (Kayembe, Makanzu et Wolff, 2016), etc.

LELO NZUZI, Francis (*Professeur ordinaire*, Université de Kinshasa, ancien de l'Université de Lubumbashi et de l'Université Laval, 1987). Sa thèse a porté sur le thème : « La planification participative 'indirecte' dans l'aménagement des villes négro-africaines : l'exemple de la ville de Lubumbashi au Zaïre ». Ce géographe est connu par des publications d'ouvrage dans les domaines de l'urbanisme, de l'aménagement du territoire et de l'environnement urbain (Lelo, 1989, 2008, 2011) voire de la pauvreté urbaine (Lelo et Tshimanga, 2004). Son dernier ouvrage porte le titre : « Les bidonvilles de Kinshasa (Lelo, 2017). Il compte également à son actif plusieurs articles sur le déclin de la ville « négro-africaine » (Lelo, 1987), l'apport du diamant artisanal à l'essor de l'économie informelle à Mbuji-Mayi (Lelo, 1995), les retombées de la balkanisation de la RDC sur l'organisation de la vie des relations (Lelo, 2013). Il s'est installé à l'Université de Kinshasa. Un de ses ouvrages postulait la planification et l'aménagement de cette ville en ces termes :

> La ville de Kinshasa croît aujourd'hui anarchiquement. Sa croissance effrénée dévore tous les espaces agricoles urbains et périurbains. Son étalement démesuré, avec des gigantesques quartiers enclavés, est la proie d'énormes difficultés de transports. Sans organisation spatiale, son tissu urbain se densifie et son habitat se taudifie. Kinshasa est une ville à planifier et à aménager d'urgence. Voici des pistes pour son développement urbain durable » (Lelo, 2011).

MBENZA MUAKA (*Professeur ordinaire*, Université de Lubumbashi, ancien de l'Université de Liège, 1983). La thèse de ce chercheur était intitulée : « Évolution de l'environnement géomorphologique des fonds de vallée au cours du Quaternaire dans une région tropicale humide du Katanga ». Il s'est investi dans l'enseignement de la géomorphologie et des matières connexes à l'Université de Lubumbashi. À signaler à son actif plusieurs articles, en collaboration, sur l'évolution géophysique dans le Katanga méridional (Mbenza, 1982 ; Aloni, Mbenza et Alexandre, 1987 ; Mbenza, Aloni et Lubuimi, 1987 ; Mbenza et Assani, 1988 ; Mbenza, Badibanga et Aloni, 1988 ; Mbenza, Aloni et Muteb, 1989 ; Assani, Kalombo et Mbenza, 1991 ; Mbenza, Miti et Aloni, 1991 ; Mbenza et Aloni, 1995 ; Dikumbwa et Mbenza, 1999). Il nous revient que cet enseignant universitaire, après avoir été directeur général d'un institut d'enseignement supérieur à Matadi (Kongo Central), n'a plus réintégré l'Université de Lubumbashi où il a travaillé plusieurs années durant.

MBUYU NUMBI (*Professeur,* Université de Lubumbashi, ancien de l'Université de Liège, 1989). Sa thèse de doctorat était intitulée : « Étude des facteurs influençant les relations pluie-débit/Modèle de prévisions des crues. Application aux bassins alimentant le lac d'Eupen : Helle, Getz et Vesdre ». Ce géographe a réintégré l'Université de Lubumbashi en qualité d'enseignant au département des Sciences de la Terre. Un de ses articles peut être signalé sur les problèmes de l'érosion à Kalemie (Mbuyu et Soyer, 1981).

MITI TSETSA (*Professeur ordinaire,* Université de Kinshasa, ancien de la Katholiek Universiteit Leuven, 1988 ?). Ce géographe, ancien enseignant à Lubumbashi, s'est installé à l'Université de Kinshasa voici maintenant plusieurs années. Il est devenu Secrétaire général administratif (situation 2016). On ne dispose pas de précisions sur l'intitulé de sa thèse malgré diverses tentatives menées dans ce sens. On peut indiquer quelques-uns de ses articles, publiés en collaboration : sur les relations entre l'érosion par rigoles et l'érodibilité des sols dans la périphérie de Lubumbashi (Mbenza, Miti et Aloni, 1991 ; Miti, 1991) ; la crise morphogénique dans le modelé du relief à Kinshasa (Miti, Aloni et Kisangala, 2004) ; les incidences de l'érosion sur le développement et l'urbanisation future de Kinshasa (Miti et Aloni, 2005), etc.

MUHINDO SAHANI, (ancien de l'Université de Liège, 2011). Sa thèse était intitulée : « Le contexte urbain et climatique des risques hydrologiques de la ville de Butembo (Nord-Kivu, RDC) ». Les articles de ce chercheur autour de sa thèse de doctorat, y compris celle-ci, sont référencés sur quelques sites : https://orbi.ulg.ac.be ou https://www.rechercheisidore.fr, consultés le 18 mars 2017.

MUKALAYI KALATA L., (ancien de l'Université de Bordeaux, 1984). Sa thèse de doctorat portait le titre : « Étude géographique de Manono, centre secondaire du Zaïre ». Un de ses articles a été publié dans un numéro de la revue *Les Cahiers d'outre-mer,* sur le paysage urbain de Manono (Mukalayi, 1985).

NGOY KITWA (*Professeur associé,* Université de Lubumbashi). Ce géographe, dont la thèse de doctorat nous a été signalée récemment, a travaillé sur la spécialisation commerciale et la logique de fréquentation des marchés de la ville de Kamina. Il a été recruté dans l'université de cette ville comme enseignant, avant de décrocher un poste de conseiller en aménagement du territoire dans un ministère à Kinshasa.

NSIAMI MABIALA, Catherine (*Professeure associée*, Université de Lubumbashi, 2009). Sa thèse de doctorat était intitulée : « Analyse texturale de l'image panchromatique QuickBird à très haute résolution spatiale. Application à la différenciation des types d'occupation du sol à Lubumbashi ». Cette géographe a décroché son diplôme de licence à l'Université Catholique de Louvain (UCL). On signale son intérêt aux questions environnementales, dont celle de gestion de la forêt. Voir notamment sa communication à un colloque international : « Vers une gestion communautaire de la forêt claire (miombo) au Katanga ».

NTOMBI MUEN KABEYA MANYOTA, Médard (*Professeur ordinaire*, Université de Kinshasa, ancien de l'Université de Liège, 1990). Sa thèse de doctorat portait le titre : « Étude des sondages aérologiques et des images satellitaires de Météostat en vue de l'explication du climat de la région de Lubumbashi (Shaba méridional, Zaïre) ». Comme quelques-uns de ses collègues, cet ancien de Lubumbashi est actuellement basé à l'Université de Kinshasa, dont il nous revient qu'il est chef de département de « Géosciences ». Ce géographe a occupé des fonctions administratives au ministère de l'Environnement à Kinshasa, et a collaboré avec le Centre de recherches géologiques et minières (CRGM). À signaler un de ses articles publiés dans *Géo-Eco-Trop*, sur la date du début de la saison des pluies à Lubumbashi (Ntombi, 1982), et d'autres contributions encore.

RUMUENGERI BONEZA TABAZI (ancien de l'Université de Lubumbashi, 1988). Sa thèse de doctorat avait pour titre : « Le précambrien de l'Ouest du lac Kivu (Zaïre) et sa place dans l'évolution géodynamique de l'Afrique centrale orientale : pétrologie et tectonique ». Cette thèse a été répertoriée par le Centre d'études stratégiques du bassin du Congo, sur le site www.cesbc.org, consulté le 17 mars 2017.

SOLOTSHI MUYUNGA, Pascal (*Professeur ordinaire*, Université Pédagogique Nationale, Kinshasa ; ancien de Lubumbashi et de l'Université catholique de Louvain, 1985). Sa thèse de doctorat avait pour titre : « Contribution à l'étude de l'organisation spatiale d'une région en Afrique tropicale : la dépression de Kamalondo (Shaba, Zaïre) ». Ce géographe, venu de Lubumbashi, est aujourd'hui installé à Kinshasa. Il a dirigé durant quelques années, en tant que doyen, la Faculté des Sciences économiques au sein de l'Université Pédagogique Nationale (UPN). Il assure des enseignements au sein du département de Géographie-Sciences de l'environnement. Quelques-uns de ses articles, en collaboration, peuvent être signalés : évolution démo-géographique de la ville de Lubumbashi (Solotshi et Sortia, 1980) ; la logique spatiale du micro-commerce ambulant à Lubumbashi (Solotshi et Kakese, 1990) ; le commerce de détail et l'organisation de l'espace urbain à Lubumbashi (Solotshi et Panzu, 1991) ; la répartition spatiale et les facteurs géographiques des accidents de circulation à Lubumbashi (Solotshi, Assumani et Assani, 1992) ; ainsi que d'autres articles (Assani, Batubenga, N'Tumba et Solotshi, 1993 ; Assumani, Kakese et Solotshi, 1993), etc. Ce géographe, qui s'est bien intégré à l'Université pédagogique nationale (UPN), a été recteur de l'Université de Kabinda (Kasaï oriental).

TSHIMANGA MULANGALA, Raymond Floribert (Institut Supérieur Pédagogique, Mbuji-Mayi ; ancien de l'Université de Lubumbashi, 2009). Sa thèse était intitulée : « Le rôle de l'artisanat minier du diamant dans l'organisation régionale. Cas de Mbujimayi et ses environs au Kasaï-Oriental ». On a déjà signalé un de ces récents articles, en collaboration, sur l'évolution temporelle des précipitations mensuelles à Mbuji-Mayi (Kalombo, Tshibangu et Tshimanga, 2016).

Au vu du nombre relativement important de ses géographes (30 au total à ce jour), l'école de Lubumbashi apparaît comme un des principaux pôles de formation universitaire en géographie en RD CONGO. La majeure partie de ces géographes sont de la filière de géographie physique. Toutefois, la place des « Kasapards » dans la formation des géographes est aujourd'hui disputée par le pôle de Kinshasa. Les autres géographes listés ci-après ne sont pas classés dans les répertoires signalés ci-avant. Certains ont un parcours que l'on ne saurait préciser (figure 32). On les a regroupés dans cette dernière catégorie du répertoire, à laquelle on a joint également quelques géographes nouvellement diplômés à l'Université de Kinshasa (UNIKIN).

Une dizaine d'autres géographes non classés ailleurs dont ceux de l'Université de Kinshasa

Il faudrait noter que l'Université de Kinshasa a dû bénéficier d'un vent favorable, qui a naturellement attiré vers elle à la fois des enseignants universitaires de haut niveau, mais aussi les étudiants de troisième cycle en géographie, issus des autres institutions d'enseignement qui, elles, ne pouvaient pas organiser un cycle d'études conduisant au doctorat. On retrouve notamment ici les anciens de l'ISP/Bukavu, qui ont eu à être formé pour la géographie physique, et qui ont présenté leur doctorat ailleurs (Mbuluyo, Yamba, Vilimumbalo...). La situation a évolué par la suite, avec la réouverture du troisième cycle à l'Université pédagogique nationale (UPN), qui accueille y compris les chercheurs issus des instituts supérieurs, parmi lesquels les anciens de l'Institut pédagogique national (IPN). Voilà repris en ordre alphabétique dans le répertoire ci-après, de Ekombe/Holenu Mangenda (...) à Yamba/Yina Ngonga, les derniers carrés des géographes non repris ailleurs, parmi lesquels ceux formés à l'Université de Kinshasa (UNIKIN). Notons que les derniers diplômés de cette université sont répertoriés avec leur groupe d'origine (Mbenga, Lukusa et Kayembe).

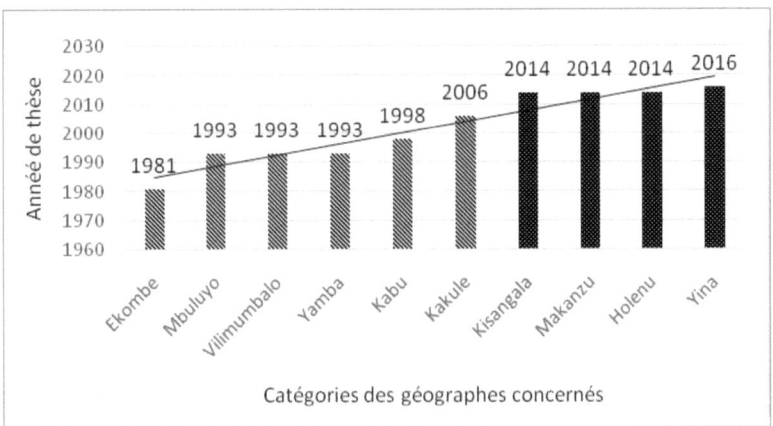

Figure 32. Les autres géographes congolais non cités ailleurs et la nouvelle génération de l'Université de Kinshasa (2014-2017)

Une bataille dans la production doctorale ? Depuis 2014 à ce jour, l'Université de Kinshasa (UNIKIN) est en lice : de Kisangala/Makanzu à Holenu/Yina. On n'a pas su recaser, dans les commentaires qui suivent, d'autres noms des géographes...

EKOMBE ENDEN MANGUNGU (ancien de l'Université de Bordeaux, 1981). Sa thèse de doctorat était intitulée : « Une entreprise de développement rural dans le Haut-Zaïre : le paysannat Babua ». On ne dispose pas de renseignements complémentaires sur ce géographe depuis l'obtention de son doctorat.

HOLENU MANGENDA (Université de Kinshasa). On ne dispose d'aucun renseignement complémentaire au sujet de ce géographe formé localement.

KABU ZEX KONGO NZEZA, J.P. (ancien de l'Université de Paris 1, 1998). Sa thèse de doctorat avait pour thème : « Problème de l'écoulement de la viande bovine locale sur le marché de Kinshasa au Congo (ex-Zaïre) ». L'itinéraire de ce géographe est peu connu. Sa thèse avait été diffusée par le réseau de l'ANRT (Atelier national de Reproduction des Thèses, Lille, 1999) et sur le site www.theses.fr, consulté le 19 mars 2017. Quelques articles de ce chercheur ont été publiés dans des revues internationales, l'un sur la question agraire du Nord-Kivu (Kabu, 1999) et, l'autre, sur le problème de l'approvisionnement en viande locale à Kinshasa (Kabu, 1999).

KAKULE VYAKUNO, Emmanuel (ancien de l'Université de Toulouse 2, 2006). Sa thèse de doctorat était intitulée : « Pression anthropique et aménagement rationnel des hautes terres de Lubero en RDC. Rapports entre société et milieu physique dans une montagne équatoriale ». Cette thèse a également été diffusée sur le réseau de l'ANRT (www.diffusiontheses.fr, consulté le 19 mars 2017).

KAYEMBE MPINGUYABO, Célestin (ancien de l'Institut Pédagogique National – IPN, Kinshasa ; enseignant à l'ISP/Mbuji-Mayi, docteur de l'Université de Kinshasa, 2017). Géographe non concerné dans la sélection des études discutées dans le présent ouvrage.

KISANGALA MUKE, Modeste (Professeur associé, Université de Kinshasa, 2014). Sa thèse de doctorat était intitulée : « Impact des changements climatiques sur la navigabilité de la rivière Kasaï : approches morphologique, hydrographique, climatique et écologique du bassin du Kasaï dans sa partie congolaise ». Ce chercheur a été formé au département des « Géosciences » de l'Université de Kinshasa. Il contribue à l'encadrement et à la recherche dans son domaine.

MAKANZU IMWANGANA, Fils (Professeur associé, Université de Kinshasa, 2014). Sa thèse était intitulée : « Étude de l'érosion ravinante à Kinshasa. Dynamisme pluvio-morphogénique et développement d'un outil de prévention ». Ce géographe déploie ses activités au sein du département des « Géosciences » de l'Université de Kinshasa où il a été formé. Il collabore également avec le CRGM (Centre des Recherches Géologiques et Minières), où il émarge au Laboratoire de Géomorphologie et Télédétection. Quelques-uns de ses articles, en collaboration, peuvent être cités sur les caractéristiques des pluies et ravinement à Kinshasa (Makanzu, Ozer et Moeyersons, 2014) ou sur une analyse topographique des sites d'érosion à Kinshasa (Makanzu, Dewitte, Ntombi et Moeyersons, 2014).

MBULUYO MOKILI, (ancien de l'Université de Liège, 1993). Ce géophysicien, venu de l'Institut supérieur pédagogique de Bukavu où il a passé ses études de licence, a commencé ses publications sur la culture du café et le développement de l'Uele (Mbuluyo, 1986), avant de s'intéresser aux questions géomorphologiques (Mbuluyo, 1991). Sa thèse de doctorat était intitulée : « Géomorphologie de l'Ituri oriental (nord-est du Zaïre). Analyse morphologique et structurelle des effets d'une réactivation du Rift ». On n'a pas de traces de son affectation actuelle.

VILIMUMBALO, S. (ancien de l'ISP/Bukavu puis de l'Université de Liège, 1993). Sa thèse de doctorat était : « Paléoenvironnements et interprétations paléoclimatiques des dépôts palustres du Pléistocène supérieur et de l'Holocène du Rift Centrafricain au Sud du lac Kivu (Zaïre) ». On peut signaler la collaboration de ce chercheur à quelques travaux sur les paléoenvironnements, mais dont les références ne nous ont pas été communiquées.

YAMBA TSHISUNGU, Patrice (ancien de la Vrije Universiteit Brussel, 1993). Sa thèse était intitulée : « Étude lithostratigraphique des dépôts quaternaires de la plaine de Rutshuru (Est-Zaïre), branche occidentale du Rift Est Africain ». Cet ancien étudiant en géographie à Kananga puis de Bukavu a présenté sa thèse après un master en géologie du Quaternaire. On apprend qu'il a réintégré l'ISP/Kananga en qualité d'enseignant.

YINA NGONGA, Didier (l'Université de Kinshasa, 2016). Sa thèse de doctorat était intitulée : « Apport de la géomatique dans l'étude de la prévalence du paludisme à Kinshasa ». Ce chercheur, récemment diplômé de l'Université de Kinshasa, est parmi ceux qui ont accompli leurs études universitaires localement.

Voilà présentés divers profils et itinéraires concernant les géographes congolais qu'on a pu replacer dans divers pôles de recherche, en fonction de leur formation universitaire et de leurs attaches professionnelles. Il s'agit là des principaux acteurs de la géographie congolaise, au sens où ils encadrent les formations universitaires, initient les études et contribuent à l'essor de la discipline en RD Congo. Il est bien évident qu'au vu des aléas de nature diverse, ces acteurs ont connu des itinéraires professionnels variés, leur point commun étant demeuré le même, à savoir l'enseignement universitaire de la discipline géographique, sous ses différentes composantes : géographie humaine (46 géographes), géographie physique (30 géographes), etc. La répartition est déséquilibrée entre les deux branches de la discipline, les spécialisations en géographie humaine et branches connexes étant en nette progression. Dans les méandres de la recherche scientifique et universitaire congolaise, la « géographie des professeurs » s'impose-t-elle vraiment ? Dans l'affirmative, quels seraient les « grands » noms de géographes universitaires que le monde universitaire congolais aura-t-il retenu au fil des différentes générations formées en sciences géographiques ? Les indications contenues dans ce chapitre pourraient permettre de répondre à ces interrogations.

En guise de conclusion

La présence des géographes congolais sur le terrain de la recherche est de plus en plus remarquée. On l'a vu avec la production des travaux dans différents organes de publication. On a également indiqué dans le présent chapitre les différents champs d'intérêt qui se dégagent de ces publications. Le point de repérage a surtout été les thématiques abordées dans les thèses de doctorat. De leur lecture se dégage une typologie et un regroupement des différents acteurs de la géographie congolaise, dont on a décrit l'importance progressive par rapport à la connaissance du pays, dans différents domaines du savoir géographique. Une soixante-quinzaine de géographes congolais ont été répertoriés, dont 36 de l'école de Kinshasa (Université pédagogique nationale), 30 de l'école de Lubumbashi et 10 non cités ailleurs (dont des géographes nouvellement diplômés de l'Université de Kinshasa). Les profils de ces acteurs de la géographie congolaise sont variés, indiquant une diversité des formations.

Il convient à présent, dans le dernier chapitre, d'examiner les perspectives qui s'offrent à ce domaine du savoir. La géographie congolaise, après avoir été mise à l'épreuve de la *territorialité* –, va également être confrontée à d'autres enjeux par rapport à la vie nationale et au renouveau territorial de la RD Congo.

Lexique alphabétique des géographes congolais répertoriés (avec indication de leur lieu d'attache)

A
Amisi Mwana Yamba | Lubumbashi (UNILU)
Assani Ali Arkamoze | Autre (Lubumbashi, Canada)
Asumani Salimini| Lubumbashi (UNILU)

B
Balabala Shiwanga | Lubumbashi (UNILU)
Batubenga Kayembe | Lubumbashi (UNILU)
Baya Ki-Malanda (+)
Bikoko Eseka | Kinshasa (UPN)
Binzangi Kamalandua | Kinshasa (UPN et UNIKIN)
Bukome Itongwa | Lubumbashi (UNILU)
Bushabu Mbengele-Ming, Antoine| Lubumbashi (UNILU) et ISP/ Kananga
Byamungu bin Rusangiza | Lubumbashi (UNILU)

D
Dheudjo Ndahora Savo (+)
Diabonda M. (+)
Dikumbwa N'Landu| Lubumbashi (UNILU)

E
Ekombe Enden Mangungu | Autre (Indéterminé)

H
Holenu Mangenda | Kinshasa (UNIKIN)

I
Idring'i Ade Nyori | Autre (Ituri)
Ilunga Lutumba (+) | Lubumbashi (UNILU)
Ipanga Tshibwila | Lubumbashi (UNILU)

K
Kabamba Kabata, Joseph| Kinshasa (UPN)
Kabatusuila Mpanu-Panu, Prosper| Kinshasa (UPN)
Kabu Zex Kongo Nzeza, J.P.| Autre (Indéterminé)
Kabwana Ngweji | Lubumbashi (UNILU)
Kadima Kamunukamba, Célestin| Kinshasa (UPN)
Kakese Kunyima Buzudi, Constantin| Kinshasa (UNIKIN)
Kakule Vyakuno, Emmanuel| Lubumbashi (UNILU)
Kalombo Kamutanda, Donatien| Lubumbashi (UNILU)
Kamanda wa Kamanda, Jean-Claude| Kinshasa (UPN)
Kanene Mpali Sitela, Esther| Kinshasa (UPN)
Kasay Katsuva Lenga-Lenga, Alphonse| Lubumbashi(UNILU) et Université de Goma
Kasereka Rais (+) | Lubumbashi (UNILU)
Katalayi Mutombo, Hilaire| Kinshasa (UPN)
Kayembe Mpinguyabo, Célestin | Autre (ISP/ Mbuji-Mayi)
Kayembe wa Kayembe, Matthieu| Lubumbashi (UNILU)
Kisangala Muke, Modeste| Kinshasa (UNIKIN)

L
Lelo Nzuzi, Francis| Kinshasa (UNIKIN)
Lukusa Mukunayi Autre (ISP/ Mbuji-Mayi)

M
Maboloko Ngulambangu, Cherry-Ernest| Kinshasa (UPN)

Makanzu Imwangana, Fils| Kinshasa (UNIKIN)
Mangala Maponda, Georges| Kinshasa (UPN)
Mansila Fu Kiau | Autre (ISP/ Gombe, Kinshasa)
Mashini Dhi Mbita Mulenghe, Jean-Claude| Kinshasa (UPN)
Matadi Pasa Makina, Jacques| Kinshasa (UPN) et ISP/ Tshikapa
Matezo Bakunda, Honoré| Autre (ISP/ Gombe, Kinshasa)
Mawengo Mwaliba, Marie-Jeanne| Kinshasa (UPN)
Mbafumoja Paluku, Christophe| Kinshasa (UPN)
Mbenga Mpiem-Ley | Kinshasa (UPN)
Mbenza Muaka | Autre (Indéterminé)
Mbuluyo Mokili| Lubumbashi (UNILU)
Mbuyu Numbi| Lubumbashi (UNILU)
Miti Tsetsa| Kinshasa (UNIKIN)
Monga Kasongo, Claude| Kinshasa (UPN)
Mpasi Ziwa Mambu, Fidèle (+)
Mpuru Mazembe Bias, René| Kinshasa (ISAU et UPN)
Mubalutila Mbizi-Ne Banota | Autre (ISP/ Gombe, Kinshasa)
Muhindo Sahani | Lubumbashi (UNILU)
Mukalayi Kalata L. | Autre (Indéterminé)
Mukendi Tambwe, Louis (+)
Mukoka Zevo, Thomas| Kinshasa (UPN)
Musenga Tshiey, Virginie | Kinshasa (UPN)
Mwanza wa Mwanza, Hugo| Kinshasa (UPN)

N
Ngoy Kitwa | Université de Kamina (Katanga)
Noti N'Sele Zoze, José| Autre (Université de Bandundu)
Nshimba Lubilanji, Léopold| Kinshasa (UPN)
Nsiami Mabiala, Catherine| Lubumbashi (UNILU)
Ntombi Muen Kabeya Manyota, Médard| Kinshasa (UNIKIN)
Nyoka Mupangila, Frédéric| ISP/ Kananga etKinshasa (UPN)

R
Ramazani Amadi (+)
Rumuengeri Boneza Tabazi| Lubumbashi (UNILU)

S
Solotshi Muyunga, Pascal| Kinshasa (UPN)

T
Tshimanga Mulangala, Raymond Floribert
Tshiunza Kalala, Christophe (+)

U
Usasa Ngunza U.| Autre (ISP/ Gombe, Kinshasa)

V
Vilimumbalo S. | Autre (ISP/ Bukavu)

Y
Yamba Tshisungu, Patrice| Autre (ISP/ Kananga)
Yina Ngonga, Didier| Kinshasa (UNIKIN)

Liste des institutions universitaires et autres utilisant les géographes congolais[3]

Bureau d'Études d'Aménagements Urbains (BEAU, Kinshasa)
Centre d'Information et de Documentation de la Géographie du Congo (CIDGC, Kinshasa)
Centre des Recherches Géologiques et Minières (CRGM, Kinshasa)
Commission Électorale Nationale Indépendante (CENI, Kinshasa)
Conseil économique et social (CES, Kinshasa), Commission de l'environnement et des ressources naturelles
Groupe de Recherche interuniversitaire en limnologie et en environnement aquatique (GRIL, Université du Québec à Trois Rivières, Canada)
Institut Géographique du Congo (IGC, Kinshasa)
Institut National pour l'Étude et la Recherche Agronomiques (INERA, Kinshasa)
Institut Pédagogique National (IPN, Kinshasa)
Institut Supérieur d'Architecture et d'Urbanisme (ISAU, Kinshasa)
Institut Supérieur d'Études Agronomiques et Vétérinaires (ISEAV, Ituri)
Institut Supérieur Pédagogique (ISP/Bukavu)
Institut Supérieur Pédagogique (ISP/Gombe, Kinshasa)
Institut Supérieur Pédagogique (ISP/Kananga)
Institut Supérieur Pédagogique (ISP/Mbuji-Mayi)
Institut Supérieur Pédagogique (ISP/Tshikapa)
Université de Bandundu (UNIBAND, Bandundu)
Université de Goma (UNIGOM, Nord-Kivu)
Université de Kamina (UNIKAM, Katanga)
Université de Kinshasa (UNIKIN)
Université de Kolwezi (UNIKOL, Katanga)
Université de Lubumbashi (UNILU)
Université Pédagogique Nationale (UPN, Kinshasa)

---

3 Cette liste est à compléter au fur et à mesure des informations disponibles.

Chapitre 6

La géographie congolaise : enjeux et perspectives

Vers quelles dynamiques nouvelles ?

> *[...] Après un demi-siècle d'exercice de la géographie au service de la formation des ressources humaines, de la connaissance de l'Afrique et de son aménagement, il est important de marquer un temps d'arrêt pour faire un bilan et envisager des perspectives disciplinaires et de recherche de la science géographique et de sa pratique [...].*
>
> Colloque international de Géographie
Tropicale (Abidjan, 2009)
Les Perspectives de la Géographie en Afrique subsaharienne[1].

A. Les géographes face aux enjeux de la gouvernance et du développement
B. Les géographes et le renouveau territorial congolais

Les enjeux de la RD CONGO sont, en grande partie, ceux de la gouvernance, de la démocratie et du développement (GDD). Il reste à savoir dans quel ordre de priorité il faudrait évoquer ces enjeux. Il s'agit, en somme, de trois défis qui conditionnent le devenir des territoires, pour un pays à la dérive. Ce dernier a toujours été présenté comme en situation de « post-conflit » (Pourtier, 1992, 2008, 2009) et en perpétuelle « (re) construction » (Zacharie et Kabamba, 2009). On développera ici la double

---

[1] Koffie-Bikpo, C.Y., Ousmane, D. (sous la direction de, 2009), Rapport de synthèse, L'Harmattan, Paris, Tome 2, p. 21.

perspective suivante : Les géographes congolais face aux enjeux nationaux (A) ; Les géographes face au renouveau territorial (B). Nous passerons en revue quelques orientations dans les angles sus-indiqués.

A. Les géographes face aux enjeux de la gouvernance et du développement

Les concepts en présence permettent d'explorer, du point de vue de la *géographie congolaise*, les pistes de la gouvernance territoriale. Le terme de *géogouvernance* a été utilisé par des géographes pour évoquer « la prise en compte des enjeux spatiaux et le recours aux méthodes et outils de l'analyse spatiale des territoires » (Dubus, Helle et Masson-Vincent, 2010). Cette piste nourrit notre réflexion et permet de préciser, en ce qui nous concerne, la position qui devrait être celle des géographes congolais face à la problématique du management territorial.

Les géographes et la gouvernance territoriale

Dans l'évocation des pistes de réflexions qui suivent, il n'entre nullement dans nos intentions l'idée d'écarter du champ de la gouvernance territoriale les autres spécialistes de géographie, notamment ceux ayant opté pour les sciences de la terre et les branches dérivées. Nous avions eu à rappeler, au tout début de notre ouvrage, les différentes divisions et sous-divisions de la géographie (au nombre total de quinze). La géographie est donc une science plurielle, multidisciplinaire à bien des égards. Nous avons eu à le démontrer suffisamment. Un de nos lecteurs nous a apostrophé, au moment où était bouclé notre présent ouvrage : « Il n'y a pas de géographie sans nature. Comment associez-vous à vos réflexions les experts des Géosciences et d'autres ? »[2]. Pertinente interrogation. Notre réaction à cette interpellation est sans ambiguïté :

> Les géographes, de quelques horizons scientifiques qu'ils viennent, ont le même substrat spatial pour tenter d'infléchir les actions des gouvernants et impulser un développement territorial qui vaille, aux

---
2 Propos du professeur ordinaire émérite C.E. Maboloko Ngulambangu, lors de notre séance ultime des discussions autour des conclusions du présent ouvrage.

différentes échelles (urbaines et/ou rurales, locales, régionales et/ou nationales, etc.). Leur contribution est requise dans le projet global de gestion territoriale que nous préconisons pour les différents territoires – en tant qu'entités géographiques – de la RD Congo.

Notre ouverture de collaboration avec nos collègues de tous bords est ainsi clairement affichée. Revenons au débat proprement dit sur la gouvernance territoriale. Évoquant un certain nombre de considérations sur la gouvernance, voici comment les auteurs de l'article susmentionné précisent leur démarche :

> En géographie, la gouvernance, versant social du développement durable, suppose l'organisation systématique d'un débat public impliquant les citoyens autour des décisions et des projets qui concernent le territoire et son environnement. Il est dès lors essentiel de rendre intelligible, quelle que soit l'échelle de référence, la complexité des enjeux et des dynamiques qui affectent l'organisation spatiale. Les nouveaux outils numériques – Systèmes d'informations géographiques, Web Public – offrent assurément des opportunités pour renouveler les processus de transmission et de partage d'informations et de connaissances sur le territoire. Ce faisant, ils rendent possible le passage d'une simple gouvernance à une véritable *géogouvernance* qui place, au cœur des prises de décision sur les territoires, le citoyen éclairé […] (Dubus, Helle, Masson-Vincent, 2010, *op. cit.*).

Les études sur la gouvernance sont relativement nombreuses, notamment pour les pays d'Europe occidentale[3]. On y découvre nombre de concepts dont l'évocation ne devrait pas laisser indifférents les géographes : gouvernance et développement urbain durable, gouvernance locale, gouvernance des territoires (gouvernance territoriale), gouvernance et décentralisation, gouvernance démocratique, gouvernance des villes, gouvernance politique, etc. Une thèse de doctorat d'un géographe français développe, sur les notions de territoire et de la gouvernance, des outils et méthodes fondés sur des réalités de terrain (Signoret, 2011)[4]. Dans ses réflexions, l'observation (territoriale) est présentée comme un concept « pour mieux aménager l'espace et développer les territoires ». L'auteur évoque la notion d'observatoire, c'est-à-dire un cadre pour observer les changements se produisant dans le territoire, à des échelles diverses. La gouvernance

---
3 On peut citer : Le Gales (1995) ; Heurgon et Landrieu (2000) ; Leloup, Moyart et Pecqueur (2004) ; Da Cunha et al. (2005) ; Guesnier (2005) ; Hermet, Kazancigil et Prud'Homme (2005) ; Kenny (2007) ; Pasquer, Simoulin et Weisbein (2007) ; Signoret (2011) ; Dumont (2012, etc.).
4 Thèse en ligne (www.hal.archives-ouvertes.fr, consulté le 26 mars 2017).

apparaît ainsi comme une approche « entre information et participation ». Et la *gouvernance territoriale* comme le support des « effets structurants du cadre de l'action publique ». Au total, l'auteur propose la notion de *gouvernance par l'observation* : observer et comprendre les changements organisationnels au niveau local. Cette notion met en lumière la « dynamique d'acteurs la construction d'un système d'indicateurs partagés ». On pourrait se fonder sur cette orientation pour asseoir les pistes de la gouvernance territoriale.

Dans le cas de la RD Congo, rappelons qu'un projet intitulé « *Observatoire du changement urbain* » (OCU), a été initié pour la ville de Lubumbashi[5]. Quelques études, dont certaines ont enregistré la collaboration des géographes, ont été publiées dans le cadre dudit projet. Dans la gestion de la gouvernance territoriale proprement dite, un rapprochement doit être fait avec la politique de décentralisation (Mashini, 2013, 2014). On ne dira jamais assez qu'en dépit de quelques avancées, le processus de décentralisation demeure inachevé en RD Congo (Mashini, 2013). Les géographes, ainsi que les autres spécialistes du territoire (urbanistes, aménageurs de l'espace, etc.), sont confrontés à un problème de référentiel en la matière. Une formation doctorale, à laquelle nous collaborons au titre d'encadreur de recherche, tente de se pencher sur cette problématique[6]. Voici comment les objectifs du module « Gouvernance urbaine et gestion territoriale » sont présentés :

> De manière générale, mais particulièrement en RDC, les enjeux d'interventions sur le territoire ne peuvent être réfléchis indépendamment des questions de gouvernance. Cette question est d'autant plus cruciale que le présent projet entend développer chez les doctorants des ressources de consultance pour les autorités territoriales et s'inscrit dans un contexte général de décentralisation, qui renvoie vers des autorités locales et régionales de nouvelles compétences pour lesquelles ils ne sont dans la majorité des cas pas formés. Par ailleurs, il est évident que le projet spatial ne peut se penser indépendamment de ses conditions de réalisation et de faisabilité, et que de nombreuses réflexions existent sur les évolutions des formes de gouvernance, en

---

5 Le projet Observatoire du Changement Urbain a reçu la collaboration des Universités de Liège, de Bruxelles et de Lubumbashi, dans le cadre de la Commission universitaire pour le développement (CUD) (Belgique). Pour des aspects conceptuels de la notion d'observatoire, voir Clignet, R. (éditeur, 1998).
6 Il s'agit d'un programme de formation dans le cadre d'une école doctorale en architecture et urbanisme, basé à l'Institut supérieur d'Architecture et d'Urbanisme (ISAU) et soutenu par l'ARES – Académie de recherche et d'enseignement supérieur, avec le soutien de la Coopération belge au développement. Voir fiche de présentation du programme sur www.ares-ac.be, consulté le 28 mars 2017.

particulier au travers des enjeux de démocratie et de participation. Un accent particulier est mis sur les questions de terminologie qui diffèrent d'un contexte, d'une échelle, d'un organisme à l'autre, quand on qualifie la gestion et les politiques urbanistiques : Gouvernance globale, gouvernance démocratique, décentralisation… (Document interne, Module 6, coresponsables : MASHINI – ISAU, le MAIRE – ULB, janvier 2016).

La gestion territoriale en RD Congo est confrontée à l'absence d'une vision cohérente du développement des différentes provinces qui soit basée sur des données disponibles. Dans le tableau suivant, celles qui existent possiblement sont mentionnées. Il s'agit des documents classifiés avec des études monographiques entreprises par le Musée royal de l'Afrique centrale – MRAC (tableau 32)[7]. Les études monographiques signalées doivent utilement être complétées par d'autres études régionales. On en dénombre à ce jour quelques-unes, menées soit dans le cadre de la coopération bilatérale, soit sur base d'un programme de formation (le cas des mémoires de fin d'études) (tableau 32).

Tableau 32

Les 26 entités provinciales de la RD Congo : état actuel de monographies provinciales et des études géographiques antérieures

N°	Provinces actuelles	Monographies disponibles (1)	Autres études
1	Bas-Uele	*Bas-Uele. Pouvoirs locaux et économie agricole : héritages d'un passé brouillé* (Volume 6, 2014).	
2	Équateur	Équateur. Au cœur de la cuvette *congolaise* (Volume 9, 2016).	Voir en complément la thèse de doctorat sur l'organisation urbaine de Mbandaka (Bikoko, 1979).

---

[7] Projet soutenu financièrement par la Coopération belge (DGD – Direction Générale du Développement) et coordonné par le service Histoire et Politique du Musée royal de l'Afrique centrale (MRAC), à Tervuren (Belgique). Sous la coordination de J. Omasombo.

N°	Provinces actuelles	Monographies disponibles (1)	Autres études
3	Haut-Katanga		Voir beaucoup d'études signalées (Université de Lubumbashi, Université de Liège, etc.). Voir aussi des études de géographie régionale (Wilmet, 1961, Solotshi, 1985, etc.), de géographie urbaine sur les principales villes du Katanga méridional (Chapelier, 1956, Mukalayi, 1984, Mansila, 1989, Bruneau, 1990, Kakese, 1992, Ngoy, 2013, etc.), et des études de géographie économique (Bushabu, 1991, Bukome, 1993, Amisi et Batubenga, 2010) ;etc.
4	Haut-Lomami		
5	Haut-Uele	*Haut-Uele. Trésor touristique* (Volume 2, 2011).	Voir également une étude aujourd'hui très ancienne : « La naissance d'une ville : étude géographique de Paulis, 1934-1957) (Choprix, 1961).
6	Ituri		
7	Kasaï		Voir sur la gestion des déchets solides de la ville de Tshikapa la thèse de doctorat d'un géographe (Matadi, 2014).
8	Kasaï Central		Sur la ville de Kananga et ses environs, une série d'études géographiques existent (Usasa, 1988, Kabatusuila, 1994, Kabamba, 2000, Nyoka, 2011, Kabwana, 2013, etc.).
9	Kasaï Oriental	*Kasaï Oriental. Un nœud gordien dans l'espace congolais* (Volume 5, 2014).	SHOMBA KINYAMBA, S., OLELA NONGA, D. (2015), *Monographie de la ville de Mbujimayi,* Éditions M.E.S., Kinshasa. Voir en complément les thèses de doctorat sur cette région, notamment le travail sur l'espace luba-kasayi (Tshiunza, 2003) et les études sur Mbuji-Mayi, la capitale diamantifère et sa région (Tshimanga, 2009, Kayembe et Lukusa, 2017, etc.).

N°	Provinces actuelles	Monographies disponibles (1)	Autres études
10	Kinshasa		Voir le bilan des études présentées dans le présent ouvrage sur Kinshasa (bibliographie *in fine*). Voir aussi, pour des aspects d'aménagement, deux études institutionnelles : (1) Gouvernement provincial de Kinshasa – Agence Japonaise de Coopération Internationale (JICA, 2010), *L'étude sur le plan de reconstruction urbaine de la ville de Kinshasa* ; (2) SOSAK (2014), Plan général d'aménagement de Kinshasa à l'horizon 2030, Kinshasa regarde vers l'avenir.
11	Kongo Central		Voir des études de géographie, aujourd'hui anciennes, sur Luozi (Nicolai, 1961, Diabonda, 1984, etc.), sur Mbanza-Ngungu et sa région (Matezo et Mubalutila, 1980), sur les Cataractes (Mukoka, 2001). Et une étude plus générale sur les climats du Bas-Congo et les implications dans le domaine de l'agriculture et de l'environnement (Mpasi, 1993), etc.
12	Kwango	*Kwango. Le pays des Bana Lunda* (Volume 3, 2012).	Les études géographiques initiales sur le Kwango sont à retrouver dans les travaux antérieurs (Nicolaï, 1956, 1963). Signalons deux travaux récents de mémoire : (1) KASONGO SABANA, Joseph Ledoux (2016), *Perspectives d'aménagement de la province du Kwango*, Mémoire de licence en Urbanisme, ISAU, Kinshasa ; (2) LUKISA MAYULA, Guy-Joseph (2016), *La décentralisation territoriale face à l'aménagement de l'espace dans le Kwango (exemple du Territoire de Kenge)*, Mémoire de licence en Géographie-Aménagement du territoire, UPN, Kinshasa.

N°	Provinces actuelles	Monographies disponibles (1)	Autres études
13	Kwilu		L'ouvrage « Le Kwilu. Étude géographique d'une région congolaise » (Nicolaï, 1963), fait référence en la matière pour cette région. Voir aussi les thèses de doctorat de Maboloko (1988), Mashini (1994), Mpuru (1997), Noti (2003), etc. Plus près de nous, un mémoire récent : KITAMBALA KAPATA, Hervé (2016), *La contribution des organismes internationaux dans le développement du secteur agricole au Kwilu*, Mémoire de licence en Géographie-Aménagement du territoire, UPN, Kinshasa.
14	Lomami		
15	Lualaba		
16	Mai-Ndombe		Un ancien texte avait déjà relevé les problèmes géographiques du Mai-Ndombe en termes d'accessibilité (Nicolaï, 1972).
17	Maniema	*Maniema : Espace et vie* (Volume 1, 2011).	
18	Mongala	*Mongala. Jonction des territoires et bastion d'une identité supra-ethnique* (Volume 8, 2015).	
19	Nord-Kivu		Voir pour certaines parties de cette province, les études sur le dynamisme démographique en pays Nande (Kasay, 1988), ou sur la pression anthropique des hautes terres de Lubero (Kakule, 2006), etc.
20	Nord-Ubangi		
21	Sankuru		

N°	Provinces actuelles	Monographies disponibles (1)	Autres études
22	Sud-Kivu		Voir l'étude de morphologie urbaine de la ville de Bukavu (Calgio Gaudino, 1973) et l'Atlas de cette ville (Chamaa et al.), etc.
23	Sud-Ubangi	*Sud-Ubangi. Bassins d'eau et espace agricole* (Volume 4, 2013).	Voir en complément la thèse de doctorat sur l'évolution du couvert végétal du secteur forestier de Bonwase (Mawengo, 2013).
24	Tanganyika	*Tanganyika. Espace fécondé par le lac et le rail* (Volume 7, 2014).	
25	Tshopo		Voir, pour la ville de Kisangani, les études sur l'approvisionnement et le commerce urbains (Idring'i, 1987, Baya, 1988). Voir également l'étude sur le système urbain et son impact sur les écosystèmes environnementaux (Kadima, 2011).
26	Tshuapa		

(1) Voir en ligne sur : http://www.africamuseum.be/docs/research/publications/rmca/online/carte_

B. Les géographes et le renouveau territorial congolais

Le renouveau congolais est-il possible, dans l'état actuel du développement économique et social de ce pays ? Des slogans politiques se sont bousculés à travers les époques, sans que de changements substantiels se soient produits : un pays à (re)construire… un pays à (re)démocratiser… un pays à développer…, etc. De l'avis de beaucoup d'observateurs, il faudrait imaginer des stratégies pour une gestion territoriale efficiente. Quelles pourraient être les principales tâches de gestion territoriale sur lesquelles pourraient se fonder, globalement, les actions des géographes ?

On les listera ci-après, en fonction des perspectives de recherche qui ont été abordées ici. Il importe de noter que dans ces matières de gestion territoriale, les rôles des géographes sont difficilement dissociables de ceux des autres spécialistes de terrain, qui se préoccupent des espaces et des territoires (urbanistes, architectes, autres disciplines scientifiques, etc.).

Les tâches pour une gestion territoriale globale : les rôles possibles des géographes

Dans une démarche globale, nous pouvons ainsi lister des tâches essentielles de la gouvernance territoriale, pour lesquelles il nous apparaît que les géographes – tout comme les autres spécialistes du territoire (architectes, urbanistes, etc.) – sont d'un secours précieux. Passons en revue ces différentes tâches, et à chacune des étapes, indiquons-en les principales pistes d'interventions. Il nous faudrait insister sur le fait que les tâches ci-dessous décrites ne sont nullement exhaustives. On peut imaginer des collaborations exclusives avec d'autres corps de métier issus de spécialités géographiques. Ainsi, par exemple, l'étude du cadre physique de toutes les interventions sur le terrain ou l'étude d'impacts (climatologiques, environnementaux et autres), seront pris en charge par les géomorphologues, les climatologues, les environnementalistes, etc. On peut multiplier des exemples de collaboration pluridisciplinaire dans le sens de collégialité des tâches à réaliser sur le terrain. Dans la perspective de la gestion territoriale globale, voici ce qui apparaît à nos yeux comme étant les pistes d'interventions susceptibes d'occuper les géographes.

Encadré 17
Les tâches pour une gouvernance territoriale :
les rôles possibles des géographes en RD Congo

Tâche 1. *Inventaire* : listage des niveaux territoriaux et des principales entités administratives. Nomenclature des Villes, Communes et Territoires (soit au moins 190 entités pour l'ensemble de la RD Congo : 166 villes et territoires et 24 communes urbaines de Kinshasa).
Tâche 2. *Sources documentaires* : recueil des textes régissant les différentes entités. Inventaire des sources documentaires disponibles pour chacune de ces entités.
Tâche 3. *Cartographie actualisée* : élaboration normalisée pour les différentes entités (jusqu'à un niveau plus bas, les secteurs et chefferies, si possible).

Tâche 4. *Choix motivé des aires d'intervention.* Sur base des documents disponibles, choix d'un cadre géographique de référence (une province, une ville ou un ensemble de villes et communes, y compris en milieu rural). Problématique touchant aux questions de la gestion territoriale, du développement local ou régional, de l'intégration régionale (aménagement du territoire, gestion des espaces), etc.

Tâche 5. *Diagnostic régional et sectoriel :* analyse régionale du cadre géographique choisi, en dégageant les atouts (forces, potentialités) mais aussi les freins (faiblesses, contraintes territoriales, problèmes majeurs…).

Tâche 6. *Analyse institutionnelle :* niveau de performance des principales institutions locales et régionales. Les principaux acteurs (institutionnels et informels) et leurs corpus d'interventions.

Tâche 7. *Analyse globale* : entreprendre une analyse la plus détaillée possible concernant les aspects suivants : - Aspects techniques : élaboration de schémas, de cadastres, plans d'Aménagement du Territoire, etc. ; - Aspects politiques : politiques d'Aménagement (niveaux national, régional, local) ; - Aspects juridiques : les dispositions réglementaires qui doivent accompagner la mise en œuvre pratique de l'Aménagement du territoire ; - Aspects socio-économiques : les impacts socio-économiques de l'Aménagement du territoire tant en milieu urbain et rural ; - Aspects financiers : la gestion de l'Aménagement du territoire, les budgets & coûts ; - Aspects environnementaux : les impacts environnementaux et les politiques de lutte contre la dégradation de l'environnement.

Tâche 8. *Analyse des problématiques régionales* : a) La problématique démographique et ses besoins (croissance démographique, santé et nutrition, éducation et formation, habitat, emploi) ; b) La problématique culturelle et sociale (aspects culturels et familiaux, aspects éthiques et religieux, pratiques sociales) ; c) La problématique économique et financière (problématiques de la production, de la commercialisation, du financement et de la mise en œuvre des programmes, niveau économique et niveau de dépendance et de vulnérabilité) ; d) La problématique de l'occupation, organisation et fonctionnement de l'espace régional (dynamique de l'occupation de l'espace régional, problématique des infrastructures et services de transports et communications et de l'enclavement, problématique des équipements collectifs en milieu rural, problématique urbaine générale, relations villes-campagnes, phénomènes influant le plus sur le mode d'occupation de l'espace régional, principales disparités intra régionales) ; e) La problématique institutionnelle (niveau de fonctionnement et efficacité de l'administration territoriale, des autres administrations, organismes

> sous tutelle, des institutions et structures de planification et de développement) ; f) L'appréciation d'ensemble (détermination de l'état du développement à partir de quelques indicateurs significatifs, identification des problèmes fondamentaux).
> **Tâche 9.** *Observatoire urbain et régional* : les grandes lignes de l'observatoire « pour le changement », à adapter par province ou par ensemble provincial. Description de l'état des infrastructures, les principales entreprises, les organismes de développement, etc.
> **Tâche 10.** *Conclusions opérationnelles* : perspectives de développement et d'aménagement et tendances lourdes de planification régionale, en rapport avec l'intégration nationale. Schémas d'aménagement et de développement régional et/ou local.

(Source : Synthèse opérationnelle indiquant la démarche de gestion de la gouvernance territoriale).

La *tâche 1* devrait être facilitée par la présence d'une liste complète des entités administratives (provinces, villes et territoires)[8]. Au sujet de ces entités, il reste à entreprendre une fine délimitation territoriale ou à réactualiser celle-ci. La *tâche 2* se rapportant aux sources documentaires devrait être accomplie avec toute l'attention qui convient. Sous prétexte de l'inexistence de ces sources, la genèse des entités administratives et leur évolution ont souvent été falsifiées, alors que les bases territoriales existent depuis l'époque du Congo belge (Cambier, 1950 ; Massart, 1950). La cartographie actualisée des entités administratives dont il est fait état pour la *tâche 3*, ne devrait pas être confondue avec un simple inventaire des cartes administratives. Il sera question de redessiner les différents réseaux actuels. De la sorte, la RD Congo aura progressivement une cartographie à la fois complète et actualisée. Nombreux spécialistes, exploitant le Système d'Information Géographique (SIG) ou d'autres logiciels spécialisés, pourraient dans ce cadre dresser, en les revisitant, les cartes des risques naturels (érosions ravinantes et autres), la carte des tendances climatologiques et environnementales, la carte des potentialités naturelles, etc.

La *tâche 4* est consécutive au choix motivé des aires d'interventions, dans la perspective de la planification régionale. Une démarche analogue avait été tentée par le PNUD/FAO (1987) dans le cadre de l'élaboration du Schéma d'Aménagement Régional pour l'ancienne province du Bandundu. Les

---
8 Voir plus loin la liste générale des entités administratives de la RD Congo (Annexe n° 3).

grandes aires homogènes ont ainsi montré une structuration de l'espace qu'il convient d'exploiter dans toute démarche de gestion territoriale. Les tâches suivantes se tiennent, dès lors qu'elles touchent au diagnostic régional et sectoriel *(tâche 5)*, à l'analyse institutionnelle *(tâche 6)*, à l'analyse globale de la situation régionale *(tâche 7)* et à l'analyse des problématiques régionales *(tâche 8)*. Ces tâches devraient tenir compte de la spécificité du diagnostic et des analyses groupées à entreprendre, et surtout de la capacité des intervenants à saisir les réalités de terrain. Le diagnostic régional débouche sur la détermination des atouts (potentialités), mais aussi sur l'indication des contraintes (faiblesses), d'après une démarche couramment admise, dite « FFOM » (Forces, Faiblesses, Opportunités, Menaces). Nous avons fortement encouragé cette démarche qui a permis d'aboutir à une esquisse territoriale du schéma d'aménagement de la province (figure 33).

La carte montre toutefois la difficulté de définir une esquisse claire et cohérente de l'aménagement provincial. Au-delà de cet exemple, l'exercice entrepris à la fin de ce chapitre s'est efforcé de dégager un ensemble des tâches de gestion territoriale à réaliser. Cela montre toute la complexité qui attend les spécialistes intéressés par cette problématique. La difficulté est de disposer des éléments cohérents sur lesquels devraient se fonder la réflexion. Les géographes, comme du reste les aménageurs et/ou les urbanistes, doivent se confronter ici à nombre de défis que la politique laxiste de gestion territoriale pratiquée en RD Congo ne permet pas toujours de surmonter. Un effort d'intervention devra être entrepris dans cette direction. Au niveau institutionnel, les autorités ont toujours annoncé une refonte des lois en matière d'urbanisme et d'aménagement du territoire. On attend toujours l'aboutissement de cette démarche et les besoins deviennent pressants. Outre l'absence d'une loi au niveau national, il faudrait également adapter les exigences en la matière par rapport aux attributions dévolues aux entités territoriales décentralisées.

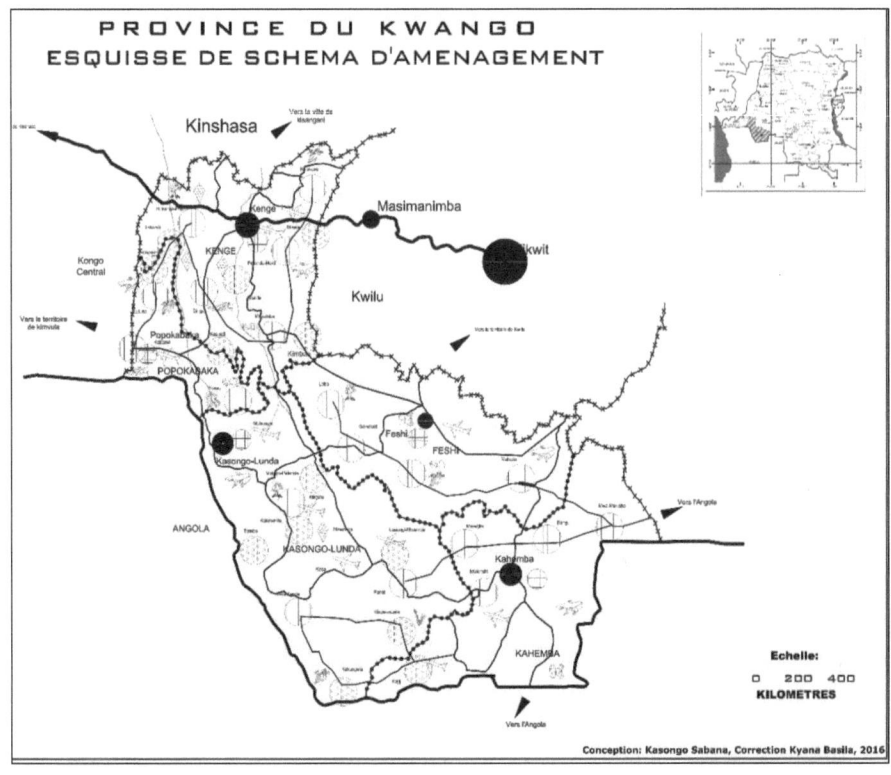

Figure 33. La gestion territoriale. Un exemple de pistes d'aménagement

Un exemple d'esquisse de schéma d'aménagement, au départ d'une sélection des éléments d'infrastructures discutés dans une étude sur les « Perspectives d'aménagement de la province du Kwango » (Kasongo Sabana, 2016)[9]. La légende de cette carte, reprise ci-contre, a été structurée pour permettre une lecture facilitée des informations y contenues. Plusieurs éléments structurants ont été retenus : (i) les limites territoriales de différentes entités administratives et le réseau routier ; (ii) les aires de centralité au départ de la hiérarchie urbaine ; (iii) la hiérarchie des agglomérations. Les potentialités agricoles et minières complètent les autres infrastructures de base reprises sur la carte.

---

9 L'étude citée a été entreprise sous notre direction dans le cadre d'un mémoire en urbanisme présenté à l'Institut supérieur d'architecture et d'urbanisme (ISAU).

LEGENDE

I. LIMITES RESEAUX ROUTIER

- ——— Limite d'Etat
- ✶✶✶✶✶ Limite de Province
- ●●●●●● Limite de Territoire
- ▬▬▬▬ Route Nationale N°1
- ▬▬▬▬ Réseau routier d'intérêt provincial
- ✈ Aérodrome

II. AIRES DE CENTRALITE

- ⊞ VilleS
- ◫ Centre Urbain
- ⊛ Cité Urbaine

III. AGGLOMERATION

- ● Plus de 2 000 000 habitants
- ● 1 000 000 à 2 000 000 habitants
- ● 500 à 1 000 000 habitants

IV. POTENTIALITES AGRICOLES

- Manioc
- Arachide
- Courge
- Maïs
- Riz paddy
- Niébé
- Haricot
- Sésame

V. POTENTIALITE MINIERE

- ◈ Diamant

En tout état de cause, l'analyse institutionnelle repose sur les mécanismes légaux mis en place dans le cadre du processus de la décentralisation territoriale. Dans la recherche des indicateurs, signalons une initiative pertinente ayant conduit le gouvernement à constituer une Cellule d'Analyses des Indicateurs de Développement (CAID). Cette initiative paraît hautement utile pour la gestion territoriale de la RD Congo. Le projet d'ériger un « Observatoire » urbain ou régional voire provincial (*tâche 9*) doit être soutenu. Un tel observatoire aura pour mission essentielle d'analyser les dynamiques, d'interpréter les tendances et de proposer des alternatives à suivre pour baliser le chemin du développement territorial. Cette entreprise, qui mériterait d'être encouragée, est à étendre aux différentes entités provinciales.

La tâche finale concerne les conclusions opérationnelles à dégager, en termes de perspectives (*tâche 10*). Ceci sera possible dès lors que des options seront prises, en termes de politique de planification régionale ou territoriale, ou à tout le moins, dans le cadre de la gouvernance territoriale. Au départ des différentes tâches énumérées ci-haut dans le cadre de la gestion territoriale, il faut en conséquence un laboratoire à idées, avec des expertises fondées sur des réalités *in situ*.

> **En guise de conclusion**
>
> Les axes finaux développés dans ce chapitre sur les perspectives de la *géographie congolaise*, à savoir : (1) les enjeux de la gouvernance et du développement, et (2) la problématique du renouveau territorial, ont montré la complexité à dégager les rôles possibles des géographes dans la gestion territoriale. Nous avons insisté sur la collaboration transversale entre les diverses spécialités géographiques. Nous avons fait l'effort de recentrer nos analyses sur les possibilités offertes aux géographes d'être utiles dans la gestion de l'espace national et des territoires qui le constituent.
>
> À présent, il convient de s'interroger sur les autres perspectives qui s'offriraient à la *géographie congolaise*. Une société savante de géographie est-elle mobilisable, dans les conditions actuelles de l'évolution scientifique et sociale ? Et en soutenant pareille initiative, quelles en devraient être les modalités de matérialisation ? Outre la synthèse globale de nos réflexions, ces questions trouveront réponse dans les conclusions générales qui suivent.

Textes de références
Chapitre 6 – Enjeux et perspectives

DA CUNHA, A. et al. (2005), *Enjeux du développement urbain durable. Transformations urbaines, gestion des ressources et gouvernance,* Presses polytechniques et universitaires romandes, Lausanne.

DUBUS, N., HELLE, C., MASSON-VINCENT, M. (2010), « De la gouvernance à la géogouvernance : de nouveaux outils pour une démocratie locale renouvelée », *L'Espace Politique, Revue en ligne de géographie politique et de géopolitique,* 2010(1), 10.

DURAN, P. (2001), « Action publique, action politique », in J.P. LERESCHE (sous la direction de), *Gouvernance locale, coopération et légitimité,* Pédone, Paris, pp. 369-389.

DUMONT, G.-F. (2012), *Diagnostic et gouvernance des territoires. Concepts, méthode, application,* Armand Colin, Coll. U Géographie, Paris, 304 p.

GUESNIER, B. (2005), *Décentralisation : à la recherche d'échelles spatiales pertinentes pour une gouvernance efficace,* Institut d'Économie Régionale et Financière, Université de Poitiers.

HERMET, G., KAZANCIGIL, A., PRUD'HOMME, J.-F. (2005), *La Gouvernance de la mondialisation,* Paris, Presses de Sciences Po.

HEURGON, E., LANDRIEU, J. (coord., 2000), *Prospective pour une gouvernance démocratique,* Colloque de Cerisy, Éditions de l'aube.

KENNY, S. (2007), *Le Cadre analytique de la gouvernance*, Colloque IHED, Genève.
KOFFIE-BIKPO, C.Y., OUSMANE DEMBÉLÉ (sous la direction de, 2009), *Perspectives de la géographie en Afrique subsaharienne*, Colloque international, L'Harmattan, Paris, Tome 2, Abidjan, 14-17 septembre 2009, Rapport de synthèse.
LE GALES, P. (1995), « Du gouvernement urbain à la gouvernance des villes », [En ligne], *Revue française de science politique*, RFSP, volume 45, numéro 1, pp. 57-95.
LELOUP, F., MOYART, L., PECQUEUR, B. (2004), « *La Gouvernance territoriale comme nouveau mode de coordination territoriale ?* », Revue Géographie, Économie, Société, 2005/4, Vol. 7, 4èmes journées de la proximité, IDEP, Marseille, juin, pp. 321-332.
MABY, J., « Gouvernance et territoire », Séminaire, Université d'Avignon (France), 21 p. [En ligne], www.univ-avignon.fr, consulté le 25 mars 2017.
PASQUER, R., SIMOULIN, V., WEISBEIN, J. (dir., 2007), *La Gouvernance territoriale, pratiques, discours et théories*, Paris.
PNUD – Programme des Nations Unies pour le Développement (s.d.), Indicateurs de gouvernance : Guide de l'utilisateur, Centre des Nations unies pour la gouvernance, 2ème édition, Oslo, 93 p. En ligne : www.undp.org/oslocentre
PNUD/UNDP, A Users' Guide to Measuring Local Governance, http://www.undp.org/oslocentre/flagship/democratic_governance_assessments.html
SIGNORET, Ph. (2011), *Territoire, observation et gouvernance. Outils, méthodes et réalités*, Thèse pour le doctorat, Géographie et aménagement, Université de Franche-Comté, 387 p.

Sur les perspectives offertes par certaines études sur le Congo (RDC)

KASONGO SABANA, Joseph Ledoux (2016), *Perspectives d'aménagement de la province du Kwango*, Mémoire de licence en Urbanisme, ISAU, Kinshasa, 109 p.
KITAMBALA KAPATA, Hervé (2016), *La contribution des organismes internationaux dans le développement du secteur agricole au Kwilu*, Mémoire de licence en Géographie-Aménagement du territoire, UPN, Kinshasa, 122 p.
LUKISA MAYULA, Guy-Joseph (2016), *La décentralisation territoriale face à l'aménagement de l'espace dans le Kwango (exemple du Territoire de Kenge)*, Mémoire de licence en Géographie-Aménagement du territoire, UPN, Kinshasa, 98 p.
MASHINI D.M., J.-C. (2013) *Le développement régional en République démocratique du Congo de 1960 à 1997. L'exemple du Kwango-Kwilu*, Collection « Études Africaines », L'Harmattan, Paris, 342 p.
MASHINI D.M., J.-C. (2014), *Gouvernance en RD Congo. Regard et témoignage*, Academia, Collection « Espace Afrique », Louvain-la-Neuve, 332 p.
MASSART, A. (1950), « Notice et Carte des subdivisions administratives du Congo belge et du Ruanda-Urundi », in *Atlas général du Congo*, Index n° 61, Institut Royal Colonial Belge, Bruxelles.
OMASOMBO, J. (sous la direction de), *Monographies provinciales du Congo*, Musée Royal d'Afrique Centrale, Tervuren, Éditions multiples : (1) Maniema (2011) ; (2) Haut-Uele (2011) ; (3) Kwango (2012) ; (4) Sud-Ubangi (2013) ; (5) Kasaï Oriental (2014) ; (6) Bas-Uele (2014) ; (7) Tanganyika (2014) ; (8) Mongala (2015) ; (9) Équateur (2016).
PNUD/FAO (1987), *Étude de définition d'une politique d'aménagement de l'espace rural. Région du Bandundu. République du Zaïre*, Rapport final, Projet ZAI/86/007, Rome, 84 p. + annexes.

POURTIER, R. (1992), « Zaïre : l'unité compromise d'un sous-continent à la dérive », *Hérodote*, n° 65-66, pp. 264-288.
POURTIER, R. (2008), « Reconstruire le territoire pour reconstruire l'État : la RDC à la croisée des chemins », in Nouveau voyage au Congo : les défis de la reconstruction, *Afrique contemporaine*, n°227 (228-3), pp. 23-52.
POURTIER, R. (2009), « L'État et le territoire : contraintes et défis de la reconstruction », in TREFON, T. (sous la direction de), *Réforme au Congo (RDC). Attentes et désillusions*, Cahiers Africains, African Studies, n° 76, Tervuren, Musée Royal de l'Afrique Centrale, Paris, L'Harmattan, pp. 35-48.
POURTIER, R. (2009), « Le Kivu dans la guerre : acteurs et enjeux », *EchoGéo* [En ligne], Sur le Vif, mis en ligne le 21 janvier 2009, consulté le 07 mars 2017. URL : http://echogeo.org/10793; DOI : 10.4000/echogeo.10793
RÉPUBLIQUE DÉMOCRATIQUE DU CONGO, Gouvernement provincial de Kinshasa (2010), *L'étude sur le plan de reconstruction urbaine de la ville de Kinshasa en République Démocratique du Congo*, Rapport final. Résumé, Agence Japonaise de Coopération Internationale, Kinshasa, mars, pagination multiple.
RÉPUBLIQUE DÉMOCRATIQUE DU CONGO (2011), Ministère de la Décentralisation et Aménagement du Territoire, *Cadre Stratégique de Mise en Œuvre de la Décentralisation (CSMOD)*, document validé, Kinshasa, juillet, 71 p.
RÉPUBLIQUE DU ZAÏRE, Département du Plan (1989), Projet PNUD/ZAI/86/001 – Appui à la Planification, Direction de la Planification Régionale, Kinshasa.
SHOMBA KINYAMBA, S., OLELA NONGA, D. (2015), *Monographie de la ville de Mbujimayi*, Éditions M.E.S., Kinshasa, 104 p.
SOSAK (2014), *Schéma d'Orientation Stratégique de l'Agglomération de Kinshasa*, Groupe Huit - Développement Urbain, Agence Française de Développement (AFD)
TREFON, T. (sous la direction de), *Réforme au Congo (RDC). Attentes et désillusions*, Cahiers Africains, African Studies, n° 76, Tervuren, Musée Royal de l'Afrique Centrale, Paris, L'Harmattan.
ZACHARIE, A., KABAMBA, B. (2009), *La reconstruction congolaise*, Éditions Luc Pire, Bruxelles, 143 p.

Conclusions générales

> *Et quel serait, finalement, l'avenir de la géographie en RD Congo, en tant que discipline scientifique et universitaire ? La géographie congolaise est-elle à la croisée des chemins ? La formation ici est l'arbre qui cache la forêt... Et si on osait d'autres voies de refondation ?*
>
> Jean-Claude Mashini (2017),

A. À la recherche des nouvelles perspectives. La géographie congolaise à la croisée des chemins
B. Pour une société savante de géographie en RD Congo
C. Synthèse globale et considérations finales

Au terme des différentes réflexions développées dans le présent ouvrage, celui-ci s'achève sur une série de considérations finales. Certaines de ces réflexions ouvrent la voie à une « géographie militante, engagée », au service de la connaissance de l'espace et du territoire congolais. Est-ce possible dans un monde en mutation, et dans une nation congolaise à la dérive sur le plan socio-économique ? C'est fort de ces interrogations que nous scruterons l'avenir immédiat et à moyen terme de *la géographie congolaise*. On se limitera ici à cerner trois axes qui intéressent la dynamique connue par la science géographique au Congo (RDC) : la recherche des nouvelles perspectives pour la *géographie congolaise* (A) ; les lignes fondatrices pour une société savante de géographie (B) ; la synthèse globale et les considérations finales (C).

A. La géographie congolaise à la croisée des chemins !

L'essor de la *géographie congolaise* n'est plus à démontrer ; il existe une production scientifique qui émerge. En témoignent des nombreux ouvrages et articles spécifiques tels que répertoriés dans les chapitres qui précèdent. Les perspectives nouvelles de la géographie en RD CONGO sont à envisager dans plusieurs angles, dont : (i) la formation des géographes, (ii) la mise en application des connaissances acquises et l'applicabilité des techniques scientifiques à la matérialisation du savoir géographique. Les précisions ci-après peuvent être fournies, avec un regard personnel, au sujet de ces différents aspects.

La formation des géographes congolais ou l'arbre qui cache la forêt

La question de la formation concerne à la fois l'élaboration des programmes scolaires et académiques et puis la détermination des objectifs globaux et spécifiques par rapport aux différents types de formation. Sous réserve de la révision des programmes annoncée notamment à l'Université pédagogique nationale (UPN), on prendra ici position sur l'un et l'autre des principaux axes de formation déjà connus, en indiquant ce qui nous paraît correspondre le mieux à la *géographie congolaise*.

1. *Des programmes de formation en géographie, une diversité illusoire.* On se limitera à un commentaire sur les programmes universitaires, car ceux de niveau scolaire, tels que revisités par les services ad hoc de l'Enseignement primaire et secondaire, ont été abondamment commentés plus loin (Cfr chapitre 1). Dans les grilles de formation universitaire, au départ de l'illustration des enseignements assurés au département de Géographie-Sciences de l'environnement de l'Université pédagogique nationale (UPN), on a relevé diverses composantes de la formation : (i) les cours basiques en géographie, (ii) les cours dits scientifiques, (iii) les cours généraux, en ce compris les cours à composante psychopédagogique. De cette liste, à part les autres cours concourant à la formation scientifique et générale des apprenants, que dire des cours dits de spécialisation ? On ne semble les trouver

clairement nulle part, sauf au niveau du troisième cycle, réouvert récemment à l'Université Pédagogique Nationale (UPN). Cette lacune mériterait d'être corrigée, car les cinq années d'études universitaires devraient pouvoir conduire à une spécialisation affirmée dans une des branches de la géographie. Ceci devant permettre d'avoir des produits finis au service de la société congolaise.

2. *Des objectifs globaux non définis des curricula de formation, une entorse.* Les institutions d'enseignement supérieur et universitaire en RD CONGO n'ont pas encore pris l'habitude d'afficher en ligne leurs programmes de formation ainsi que les objectifs liés aux différents modules proposés. Sur les différents sites universitaires, les renseignements concernant les études organisées sont particulièrement laconiques[1]. On ne pourrait donc utilement procéder à un examen des modules proposés ni à une comparaison des programmes de formation. Là où des informations existent sur les formations proposées, les documents officiels se limitent à fournir la liste des cours par année de formation, accompagnées du volume horaire (heures théoriques et heures pratiques). Pour notre part, en application des instructions académiques, nous avons proposé aux enseignants placés sous notre encadrement de constituer pour leurs enseignements un canevas complet, reprenant les éléments ci-après : (i) Intitulé du cours et niveau de formation, (ii) Objectifs généraux et spécifiques du cours, (iii) Organisation des enseignements : modules, chapitres, exercices prévus, sélection bibliographique, etc. Il nous semble que la généralisation de cette exigence visant à déterminer au préalable les objectifs de la formation permettrait, non seulement d'assurer la transparence dans les curricula proposés, mais de mettre ceux-ci en cohérence avec les besoins spécifiques de la société congolaise. L'avenir de la discipline dépend en partie de cette démarche, à la fois de clarification et de transparence.

3. *Des conditions d'élaboration des travaux de fin d'études peu contraignantes et laxistes.* Au sujet des travaux des étudiants, nous avons déjà indiqué que la plupart de ceux-ci comportent des lacunes sur le plan de leur conception et de leur réalisation. Sans nous montrer trop

---

[1] L'Université de Lubumbashi renseigne, sans plus de détails, pour les formations organisées en Géographie : « Géographie physique, Géographie humaine et Aménagement du territoire » (www.unilu.ac.cd). Le site de l'Université de Kinshasa est, en cette matière, décevant : page en construction, document non trouvé ! (www.unikin.sciences.free.fr). Quant au site de l'Université Pédagogique Nationale, même constat de carence : « serveur introuvable » pour www.upn-kin.cd, consulté le 18 avril 2017.

critique, si les bases de la scientificité de ces travaux sont à revoir, et les recherches de terrain, souvent quelque peu négligées, sont à renforcer, la plupart des travaux de fin d'études rédigés à la va-vite, menant à des résultats peu discutés et forcément artificiels, doivent respecter les normes de la recherche en vigueur.

Au total, la mise en application des connaissances acquises devrait couvrir les défauts d'un savoir théorique engrangé au fil des années d'études. Au Congo (RDC), ces années couvrent cinq promotions (dont trois ans au niveau du premier cycle et deux ans au niveau du second cycle). Pour une formation plus poussée, il est proposé un troisième cycle d'au moins deux ans pour une spécialisation (Diplôme d'Études Approfondies – DEA), avant d'éventuellement déboucher sur un doctorat. Il s'agit là d'un cheminement normal, encadré par des règles académiques inspirées du système internationalement reconnu de Bologne sur les LMD (Licence-Master-Doctorat). L'enseignement supérieur et universitaire en RD Congo s'est rangé derrière ce système, dont la matérialisation se poursuit, à la recherche d'adaptation par rapport aux standards internationaux. Il devrait être plutôt question d'évoluer vers la conscientisation de différents intervenants éducatifs de façon à engager la société congolaise dans une voie nouvelle d'un savoir utile et confronté aux réalités nationales. Le problème ici n'est pas seulement l'acquisition des connaissances, mais bien leur mise en pratique, au service du développement national. Cette perspective exige, non pas seulement de l'excellence dans la formation, mais de l'engagement pour un changement en profondeur.

B. Pour une société savante de géographie en RD Congo : les voies de la refondation

Une société « savante », qu'est-ce à dire dans le cas de la *géographie congolaise* ? Serait-ce pour pousser à une spécialisation encore plus pointue de ses membres, ou à des connaissances approfondies sur la science géographique et ses diverses variantes (Sciences de la Terre, Géosciences, etc.) ? Assurément non, l'objectif d'un tel regroupement étant notamment « l'émulation, la promotion et la valorisation de savoirs… ». La définition suivante répond à nos aspirations :

> Une société savante, qui souvent aussi portait le nom de société d'émulation, est une association d'érudits. (Elle) est généralement une association regroupant des experts et des amateurs éclairés qui font et publient des travaux de recherche originaux (souvent publiés dans une revue éditée par l'association elle-même). Par leurs travaux et leurs réflexions, ces sociétés font avancer la connaissance dans leur domaine d'activité et jouent souvent un rôle important d'archivage et de valorisation de savoirs et savoir-faire locaux. Elles travaillent souvent avec les musées, les écoles, universités, et en relation avec d'autres sociétés savantes ou des experts faisant référence (…) (www.fr.m.wikipedia.org, consulté le 18 avril 2017).

Comme on le voit, la pratique visant la constitution des sociétés savantes n'est pas un fait nouveau. Sur base des exemples de tels types d'associations, nous proposons d'avancer vers la constitution d'un tel regroupement en RD CONGO. Il sera question ici d'un regroupement des « experts » (les géographes congolais) et des amateurs éclairés (les étudiants en géographie, les consommateurs des travaux de géographie, etc.). Intégrés dans une dynamique associative, les tâches des uns et des autres s'intègreront dans une démarche d'élaboration et de publication des travaux de recherche originaux sur les espaces géographiques. Fidèle à la mission de sociétés savantes, celle regroupant les géographes congolais aura pour mission essentielle, par ses travaux et ses réflexions, à « faire avancer la connaissance dans le domaine d'activité (la recherche géographique) et de « jouer un rôle important d'archivage et valorisation de savoirs et savoir-faire locaux », à identifier pour les différents espaces et territoires, dans le cas de la RD CONGO. Le regroupement de géographie, ainsi préconisé, travaillera comme la plupart des sociétés savantes, avec les écoles, les universités et en relation avec d'autres institutions faisant référence dans le domaine de la recherche en géographie. En ce qui nous concerne, les rapports avec l'Institut Géographique du Congo (IGC) méritent d'être renforcés, de même avec des centres de recherche (dont le CRGM).

Voilà mot pour mot, le cadrage de la mission conférée à la société savante préconisée. Les tenants de cette démarche se reposent sur la dynamique associative, rendue ici opérationnelle par la mobilisation d'un plus grand nombre possible de collaborations. Les géographes congolais seraient-ils enclins à s'associer pour montrer leur ingéniosité à mobiliser les savoirs géographiques au profit du développement national, régional et local ? La réponse nous semble positive, la plupart des collègues approchés par nos soins, de même que les étudiants en fin de formation, se disant disposés à se mobiliser pour ce faire. Il y a lieu de fonder l'espoir sur des réelles possibilités de mobilisation des géographes congolais. Ceux-ci pourraient chercher à définir autrement la nature de leur regroupement. Toutefois, quel que soit le type de structure adopté, un remodelage des structures d'encadrement s'impose(Bongeli, 2017).

Les bases et l'essor du Centre d'Information et de Documentation de la Géographie du Congo (CIDGC)

Les fondements de la Société de géographie que nous préconisons se situent au niveau d'un regroupement opérationnel, le Centre d'Information et de Documentation de la Géographie du Congo (CIDGC). Il s'agit d'un « centre », au sens d'un organisme scientifique et de recherche et d'une société d'intérêt, pouvant mobiliser les collaborations au service de la promotion des connaissances sur la RD Congo. Nous postulons que les géographes congolais ont tout intérêt à s'affirmer comme une corporation susceptible d'impulser une nouvelle dynamique de leur discipline. Une brève présentation de cette structure, en termes d'orientation de travail, des missions et des perspectives d'encadrement peut être entreprise (encadré 18). Nous pouvons reprendre ici les indications originelles de présentation du CIDGC, au moment de son lancement, à Bruxelles, par une équipe de géographes congolais.

Encadré 18
Perspectives offertes par le Centre d'Information et de Documentation de la Géographie du Congo (CIDGC)

Note d'orientation et de présentation

Le Centre d'Information et de Documentation de la Géographie du Congo (CIDGC) est l'organe éditeur du *Bulletin Géographique de Kinshasa – Géokin*.

Le CIDGC est un organisme scientifique et de recherche, qui inscrit son action dans la recherche scientifique et universitaire, mais également dans la perspective d'une recherche opérationnelle, au service de la population et des institutions publiques et/ou privées.

Le CIDGC doit avoir une existence juridique et une adresse physique, à Kinshasa ou dans plusieurs autres villes de la RD Congo.

Selon les perspectives offertes, le CIDGC pourra localiser certaines de ses activités dans une institution universitaire reconnue, tout en veillant à son indépendance.

> Le CIDGC dispose d'une administration et des structures de recherche ou de management spécifiques.
>
> **Missions.** Le CIDGC a pour missions : (1) de mener des études géographiques et autres sur la RD CONGO et sur ses différentes entités (villes, provinces, territoires…), dans le cadre d'une recherche fondamentale et/ou appliquée ; (2) de produire une revue scientifique, le *Bulletin géographique de Kinshasa – Géokin* ;(3) de produire les cartes thématiques prêtes à être exploitées par les divers usagers : administrations publiques, institutions d'enseignements, chercheurs, etc. ; (4) d'organiser un réseau des partenaires (Institutions publiques nationales ou internationales, Universités…) pour soutenir et financer les études géographiques sur la RD CONGO.
>
> **Perspectives.** En vue de remplir ces missions, le Centre d'Information et de Documentation de la Géographie du Congo (CIDGC) est appelé :
>
> - À constituer en son sein un *Observatoire Urbain et Régional*, en vue de suivre les changements qui se produisent dans les différentes entités territoriales ;
> - À s'équiper en outils géomatiques et autres pour les besoins de production scientifique et de publications spécialisées (…) ;
> - À organiser un réseau des collaborations nationales et internationales, incorporant l'ensemble des géographes congolais désireux de contribuer à la matérialisation de l'initiative allant dans le sens de la constitution d'une « Société de géographie » en RD CONGO, etc.
>
> Dépôt légal pour le Bulletin Géographique de Kinshasa – Géokin
> (Bibliothèque Nationale du Congo)
> QV 3.01302-57026

(Source : Archives du CIDGC, 1989).

À tout le moins, avec le Centre d'Information et de Documentation de la Géographie du Congo (CIDGC), il sera question d'assurer une information géographique pertinente, mettant à la disposition des gouvernants et des scientifiques une documentation structurée sur les différents aspects de la *géographie congolaise*. Dans cette perspective, il importe de solliciter des collaborations pour que le *Bulletin Géographique de Kinshasa – Géokin*, obtienne le statut de « revue géographique internationale », ouverte au monde de la géographie, spécialement de la géographie tropicale, en Afrique et dans le monde. Dans les paragraphes qui suivent, nous avons entrepris de présenter une synthèse des principales idées qui ressortent de nos analyses et réflexions. Il nous paraît nécessaire de boucler ces conclusions finales par des recommandations utiles à la bonne compréhension de la dynamique connue par la *géographie congolaise*.

C. Synthèse globale et considérations finales

Les conclusions qui suivent sont étroitement liées aux différentes réflexions développées dans les différents chapitres. Nous en indiquons globalement ci-après les points saillants (tableau 33), dans la mesure où ils intègrent les différents aspects retenus. Ces réflexions finales sont regroupées dans les axes suivants : (1) les constats et tendances par rapport à la dynamique d'ensemble concernant la *géographie congolaise* ; (2) les lignes de forcedes actions entreprises ou à entreprendre ; (3) les faiblesses à surmonter dans la mise en œuvre de ces actions ; (4) les stratégies de (re)dynamisation à promouvoir.

Tableau 33
Réflexions finales et prospectives sur la géographie congolaise

N°	*Constats et tendances*	*Lignes de force*	*Faiblesses à surmonter*	*Stratégies de dynamisation*
1	Nature hybride de la formation scolaire et universitaire en géographie	Appariement de la géographie avec d'autres sciences (environnement, aménagement du territoire, tourisme, etc.)	Faiblesses techniques et logistiques dans les domaines touchant aux formations des « Sciences de la Terre » (Géosciences) et aux autres domaines de la géographie	1) Rechercher de nouvelles variantes dans les formations géographiques dispensées ; 2) Rechercher une adéquation entre la formation géographique et la problématique de la connaissance globale de l'espace national et de l'identité territoriale.
2	Mobilisation vers la géographie citoyenne, intégrant toutes les dimensions des sciences géographiques	Instauration des bases d'une *géographie citoyenne* et d'une *géographie sociale*	Absence d'une bonne gouvernance globale du territoire congolais, à surmonter par le renforcement du rôle des études géographiques, par un « management territorial » global	Instaurer dans la formation le concept de « management territorial ».

N°	Constats et tendances	Lignes de force	Faiblesses à surmonter	Stratégies de dynamisation
3	Mutation de la géographie universitaire vers une géographie d'action	Important réseau d'institutions supérieures et universitaires liées à la géographie et aux sciences connexes et transmettant la formation géographique couplée à la gestion de l'environnement (concentration dans différents pôles)	Tendances vers une *géographie « localisée »* voire *régionalisée* au détriment d'une *géographie nationale*	Renforcer la connaissance de l'espace national par l'initiation des études à portée nationale, y compris au niveau des recherches doctorales. Finaliser le projet global portant sur la « Géographie du Congo (RDC) » (les grandes lignes d'un ouvrage fondateur de référence). Aboutir à la constitution d'une Société savante de Géographie autour du Centre d'Information et de Documentation de la Géographie du Congo (CIDGC).

(Source : Réflexions personnelles).

Nous pouvons à présent évoquer d'autres considérations finales, dont les pistes résument en elles-mêmes les lignes de force essentielles des différentes analyses entreprises dans notre ouvrage. Il s'agit de : (i) la nature hybride de la formation en géographie ; (ii) l'évolution de la recherche et de la production scientifiques ; (iii) une géopolitique différenciée des espaces géographiques ; (iv) les enjeux et perspectives de la reconstruction territoriale.

De la nature hybride de la formation en géographie : Géographie scolaire versus géographie universitaire

1. En RD CONGO, l'appariement de la géographie avec d'autres sciences, notamment l'environnement et l'aménagement du territoire, est de plus en plus présent dans les curricula scientifiques. Aux côtés des « Sciences de la Terre » (Géosciences), la *géographie congolaise* peine à s'installer comme une discipline scientifique indépendante. La question de la spécificité de la formation en géographie demeure posée. La géographie universitaire a introduit de nos jours de variantes dans la formation dispensée, mais leur adéquation avec la nécessité de la connaissance de l'espace national ou des espaces régionaux et locaux reste à démontrer. Il faudrait donc activement travailler sur cette piste d'intégration des connaissances, utile à la bonne harmonisation des programmes et des profils de formation en géographie.

De l'évolution de la recherche et la production scientifiques congolaises

2. La recherche et la production scientifiques sont liées à la géographie universitaire. On a examiné l'influence de la dynamique apportée par la colonisation, à travers des études initiales qui ont fondé les bases de la connaissance progressive de l'espace congolais. Il est apparu, avec les études ultérieures, que la recherche géographique marquait l'éveil de la discipline en RD CONGO. La production scientifique est en progression. L'internationalisation de la recherche conduit au dynamisme connu à ce jour dans le domaine des études géographiques (Mashini, 2017).

Une géopolitique différenciée des espaces géographiques congolais par le jeu des acteurs

3. Les études faites sur les régions géographiques congolaises conduisent vers une « géopolitique différenciée ». La ventilation des travaux réalisés indique le positionnement des différentes régions géographiques à travers les études répertoriées. Cet exercice a dégagé une inégalité dans la couverture de l'espace national du point de vue de la production des connaissances géographiques. Nous avons conclu à la perspective de réaliser un

projet global sur la « Géographie du Congo (RDC) », intégrant à la fois plusieurs dimensions (connaissance des espaces, mise en cohérence des stratégies territoriales, perspectives de développement national, etc.). On a en outre élaboré un « *who's who* » des géographes congolais, dans le cadre d'un répertoire des différents acteurs sur le terrain de la recherche géographique.

Des enjeux et perspectives liés aux voies multiples de la reconstruction nationale

4. L'évolution de la géographie en RD CONGO est liée à celle de la vie nationale, les défis soulevés étant ceux de la gouvernance, de la démocratie et du développement (GDD). Il a été souligné que ces défis conditionnent le devenir de l'espace congolais. La collaboration des géographes gagnerait à être étendue à l'ensemble des spécialités que comporte la discipline, de manière à garantir sur le terrain des interventions solides et variées dans la gestion des espaces territoriaux. Les rôles des géographes ont été circonscrits autour de la thématique de gouvernance territoriale, impliquant la gestion globale des espaces géographiques, elle-même étant ouverte aux divers spécialistes (géomorphologues, climatologues, environnementalistes, etc.). Le but étant de dégager un profil actualisé et une radioscopie intégrale des entités territoriales, des tâches spécifiques ont été assignées aux géographes et aux autres spécialistes de l'espace en vue d'avancer vers une autonomisation des cadres territoriaux et leur meilleure gestion territoriale.

5. Les conclusions finales ont dégagé les idées forces suivantes : (i) les perspectives de (re)dynamisation de la *géographie congolaise* se définissent dans la constitution d'une « Société savante » de géographie ; (ii) une telle initiative devrait se cristalliser autour du Centre d'Information et de Documentation de la Géographie du Congo (CIDGC), dont il faudrait revoir les visées en vue d'intégrer un plus grand nombre possible des géographes ; (iii) la connaissance opérationnelle de l'espace congolais doit être consolidée, sur base de la formulation d'une véritable politique de formation géographique, autour des socles de compétences revisités pour les différents niveaux de formation. La géographie doit, d'ores et déjà, être au service des ambitions multiples : la promotion de la connaissance du territoire national, le renforcement de l'identité nationale, le développement territorial, etc.

En guise de conclusions finales…

On peut retenir quelques réflexions mettant en exergue le « savoir-penser-l'espace » des géographes : (1) La RD Congo est un objet géographique. Le territoire de ce pays au cœur de l'Afrique tropicale est composé des espaces géographiques variés et diversifiés, dont les géographes peuvent mieux en ressortir tant les originalités que les spécificités ; (2) Les espaces géographiques qui composent le territoire congolais doivent être hiérarchisés en vue d'une valorisation de leurs potentialités et un repérage de leurs espaces de vie, avec la possibilité d'en ressortir les perspectives de développement et d'aménagement ; (3) Ces espaces sont sans aucun doute porteurs d'une histoire, qui traduit la mise en valeur imposée par les hommes, dans leur souci de conquête des différents milieux géographiques. Quelles sont les traces laissées par les structures d'encadrement qu'il conviendrait de mettre en exergue ? Quels liens établir entre les espaces géographiques et les sociétés qui les habitent ou les ont colonisés ? (4) La géographie devrait exploiter les opportunités qui se présentent à elle pour valoriser et mettre en avant tant le territoire que les espaces de ce vaste pays ; (5) Les géographes congolais ont devant eux d'immenses défis à relever, au nombre desquels on retiendra le renforcement de la connaissance de l'espace national et des espaces territoriaux, comme cadres d'interventions pour un développement équilibré et soucieux de la destinée d'un pays en constante mutation.

L'avenir de la RD Congo n'est pas du tout bouché, loin s'en faut. De la sorte, la géographie et les géographes congolais ont ici de longues perspectives à explorer… Le présent ouvrage, au-delà des informations qu'il apporte sur le monde de la géographie, a le mérite de mettre en avant divers liens entre les faits géographiques – *la géographie de la RD Congo* – et les faits spatiaux – *leur territorialité* – pour un pays-continent. Puisse le lecteur s'appesantir sur des réflexions ici développées, de manière à bien appréhender la dynamique de la *géographie congolaise*.

Remerciements

Au moment de boucler la rédaction de cet ouvrage, il nous incombe de remercier tous ceux qui ont permis tant soit peu de conduire à son terme cette œuvre.

Il y a en premier lieu les étudiants en Géographie-Sciences de l'environnement de l'Université Pédagogique Nationale (UPN) qui, lors des séances dans le cadre du cours de « Géographie & Société », ont permis par leurs divers questionnements, d'aborder nombre de problématiques développées dans cet ouvrage. À bien des égards, leur curiosité nous a poussé à développer certains aspects susceptibles de leur permettre une bonne connaissance du monde de la géographie. Nous gardons de ces échanges une bonne impression. Qu'ils soient ici encouragés pour l'intérêt affiché face au devenir de la discipline géographique.

Nos remerciements s'adressent également à nos collègues, dont certains ont eu l'amabilité de répondre à notre enquête documentaire ayant permis de cerner les besoins en formation, les attentes ainsi que les différents problèmes connus dans la quête du savoir géographique en RD Congo. Nous remercions en particulier les collègues du Centre d'Information et de Documentation de la Géographie du Congo (CIDGC), avec lesquels nous continuons d'œuvrer à la constitution d'une structure solide pour canaliser les attentes de la communauté des géographes congolais. Nous citons notamment le professeur émérite *Cherry-Ernest Maboloko Ngulambangu*, un des initiateurs de la structure susmentionnée, avec lequel nous avons souvent discuté des perspectives de la géographie congolaise. Ce dernier nous a aimablement fait l'honneur de préfacer le présent ouvrage. Nous n'oublierons pas de remercier le professeur ordinaire émérite *Henri Nicolaï*, notre ancien maître de recherche doctorale au Laboratoire de

Géographie humaine de l'Université Libre de Bruxelles (ULB). Nous avons gardé de notre collaboration d'excellents souvenirs et, à l'image de *Progrès de la connaissance du Congo, du Rwanda et du Burundi* dont il continue de perpétuer l'œuvre, nous avons emprunté la démarche pour rendre compte de l'évolution de la recherche géographique congolaise. Sans lui dévoiler à l'époque l'intention d'écrire cet ouvrage, nous lui avions soumis un texte sur la recherche géographique au Congo (RDC). Il s'est réservé de donner son avis sur ce texte, nous encourageant à le publier. Il nous écrira, plus tard : « Il serait dommage que les informations contenues dans votre texte ne soient pas disponibles pour les géographes qui s'intéressent au Congo (…) ». On aurait pu retrouver dans les pages finales du présent ouvrage, tel que nous l'avions envisagé, la postface que nous avions aimablement demandée à cet éminent géographe d'adresser à nos lecteurs, mais son indisponibilité du moment ne lui a pas permis de répondre à cette demande. Nous croyons toujours pouvoir compter encore longtemps sur la présence de cet africaniste de première heure, sur le terrain de la recherche géographique congolaise.

Enfin, nos remerciements sont adressés à madame Gina Indiang Bilongo, *Graphic Designer*, pour l'infographie et le montage final du présent texte. Les mêmes remerciements sont adressés également à messieurs Roland Kakule, Chef de travaux à l'Université pédagogique nationale (UPN) et doctorant à l'Université de Kinshasa, ainsi que Keita Mangala, assistant à l'Institut d'Architecture et d'Urbanisme (ISAU) de Kinshasa, pour la finalisation de certaines cartes contenues dans le présent ouvrage.

Notre famille a toujours accordée une attention particulière à notre parcours et à nos différentes publications. Que chacune et chacun soient ici personnellement remerciés. Que nos enfants, en particulier, trouvent avec cette production l'expression de notre profond attachement à la cause de notre pays, le Congo (RDC). Au moment où la plupart d'entre eux volent à présent de leurs propres ailes, nous leur souhaitons une vie heureuse et pleine de succès, dans leur vie familiale et professionnelle et, pour le plus jeune d'entre eux, dans le restant de sa vie estudiantine.

Nous songeons également, dans les remerciements ici formulés, à notre épouse et mère de nos enfants, à nos frères et sœurs, ainsi qu'à nos innombrables amis, collègues et connaissances…

Enfin, que toute personne qui lira ces lignes soit assurée de nos aimables sentiments de reconnaissance. En découvrant, avec la lecture de ce livre, les méandres de la *géographie congolaise*, que chacun puisse se soucier du renouveau de la RD Congo et de l'avenir de ce vaste pays au cœur de l'Afrique tropicale.

JCM

Meise (Belgique), printemps 2017

Bibliographie sélective

On ne s'attendra pas à trouver dans cette sélection bibliographique toutes les références qui ont été exploitées dans le présent ouvrage. La plupart d'entre elles ont été indiquées à la suite des différentes parties de l'étude. Celles reprises ici le sont dans la perspective de présenter une vue globale des études proprement liées à la géographie de la RD CONGO.

A. OUVRAGES SUR DIVERS ASPECTS LIÉS À LA TERRITORIALITÉ CONGOLAISE

Sur les ouvrages de portée scientifique, juridique et/ou historique

BONGELI YEIKELO YA ATO, E. (2017), *L'émergence par la science. Pour une recherche scientifique citoyenne au Congo-Kinshasa*, L'Harmattan RD Congo, 300 p.

BOUVIER, P. (2012), *La décentralisation en République Démocratique du Congo de la première à la Troisième République 1960-2011*, Musée de Tervuren, Bruxelles, 368 p.

BRAECKMAN, C., GERARD-LIBOIS, J., KESTERGAT, J., VANDERLINDEN, J., VERHAEGEN, B. et WILLAME, J.-Cl. (2010), *Congo 1960. Échec d'une décolonisation*, Bruxelles, GRIP, André Versailles éditeur, 160 p.

CAMBIER, R. (1950), « Notice et Carte des grandes explorations », in *Atlas général du Congo*, n° 13, Institut Royal Colonial Belge, Bruxelles.

JENTGEN, P. (1952), *Les frontières du Congo belge*, Mémoires in-8°, Tome XXV, fascicule 1, Section des Sciences morales et politiques, Institut Royal Colonial Belge, Bruxelles.

JENTGEN, P. (1953), « Notice et Carte des frontières du Congo belge », in *Atlas général du Congo*, Index n° 15, Institut Royal Colonial Belge, Bruxelles, 1953.

KABATUSUILA, P. (2013), *Les frontières internationales de la République démocratique du Congo : impacts écologiques, économiques et stratégiques en Afrique centrale*, EdiLivre, Collection Universitaire, Paris, 372 p.

LASSERRE, G. (1989), « Travaux de géographie urbaine : Zaïre, Côte d'Ivoire, Bénin », Travaux et documents de géographie tropicale (compte rendu), *Annales de Géographie*, Volume 98, Numéro 545, pp. 116-117. Voir Travaux et documents de géographie tropicale, n° 58, juillet 1987, CEGET-CNRS, Bordeaux-Talence, 168 p.

LUBIKU LUSIENSE, Roger-Nestor (2012), *Les frontières internationales de la RDC : état des lieux et enjeux géostratégiques*, Kinshasa, 151 p.

MABIALA MANTUBA NGOMA (sous la direction de, 2009), *Le processus de décentralisation en République Démocratique du Congo*, Fondation Konrad Adenauer, Kinshasa, 169 p.

MASSART, A. (1950), « Notice et Carte des subdivisions administratives du Congo belge et du Ruanda-Urundi », in *Atlas général du Congo*, Index n° 61, Institut Royal Colonial Belge, Bruxelles.

NDAYWEL è NZIEM, I. (1997), *Histoire du Zaïre. De l'héritage ancien à l'âge contemporain,* Duculot, Louvain-la-Neuve, Afrique Éditions, 918 p.
NDAYWEL è NZIEM, I. (1998), *Histoire du Congo. De l'héritage ancien à la République Démocratique,* Duculot, Louvain-la-Neuve, Afrique Éditions, 955 p.
NGUYA-NDILA MALENGANA, C. (2006), *Frontières et voisinages en RDC,* Édition CEDI, Kinshasa.
PONCELET, M. (2008), *L'invention des sciences coloniales belges,* Karthala, Paris, 420 p.
PONCELET, M. (2011), « Exploration et géographie coloniale : le Congo belge », in *Explorer le monde : les Sociétés de géographie (1880-1960),* Café géographique, 29.11.11, Toulouse, en partenariat avec la Bibliothèques d'Études et du Patrimoine à Toulouse.
ROYAUME DE BELGIQUE, MINISTÈRE DES COLONIES (1949), *Plan décennal pour le développement économique et social du Congo belge,* Volumes 1 et 2, Ed. De Visscher, 601 p.
TREFON, T. (sous la direction de, 2009), *Réforme au Congo (RDC). Attentes et désillusions,* Cahiers Africains, African Studies, n°76, Tervuren, Musée Royal de l'Afrique Centrale, Paris, L'Harmattan.
VAN REYBROUCK, D. (2012), *Congo. Une histoire,* Actes Sud, Paris.
VANTHEMSCHE, G. (1994), *Genèse et portée du « Plan décennal » du Congo belge (1949-1959),* Académie Royale des Sciences d'Outre-Mer, Classe des Sciences Morales et Politiques, Mémoires in-8°, Nouvelle Série, Tome 51, fasc. 4, Bruxelles, 91 p.
VENNETIER, P. (1993), *Géographie des espaces tropicaux : une décennie de recherches françaises,* Bordeaux-Talence, CEGET, Espaces tropicaux, n°12, 269 p.
YOUNG, C. (1968), *Introduction à la politique congolaise,* Éditions Universitaires du Congo, Kinshasa. Kisangani. Lubumbashi, CRISP – Centre de recherche et d'information socio-politiques, Bruxelles, 391 p.
ZACHARIE, A., KABAMBA, B. (2009), *La reconstruction congolaise,* Éditions Luc Pire, Bruxelles, 143 p.

Sur les ouvrages et travaux concernant le Congo-Zaïre ou certaines de ses régions géographiques

ALEXANDRE-PYRE, S. (1969), *Le plateau des Biano (Katanga) : géologie et géomorphologie,* Académie royale des Sciences d'outre-mer, Bruxelles, 1969, 151 p.
BEAU (1982a), *Aménagement du Territoire. Esquisse d'un Schéma National,* Département des Travaux Publics et Aménagement du Territoire (TP/AT), Kinshasa janvier, 27 p.
BEAU (1982b), *Aménagement du Territoire : analyses préliminaires et orientations,* Département des Travaux Publics/Aménagement du Territoire, République du Zaïre, Kinshasa, juin.
BEAU (1988), *Schéma National d'Aménagement du Zaïre. Rapport géographique,* Mission Française de Coopération, F. Damette-Groupe Huit, décembre, 84 p.
BEGUIN, H. (1960), La mise en valeur agricole du sud-est du Kasaï. Essai de géographie agricole et de géographie agraire et ses possibilités d'applications pratiques, *Publications INEAC,* Série scientifique, n° 88, Bruxelles, 289 p.
BRUNEAU, J.-C., PAIN, M. (1990), *Atlas de Lubumbashi,* Centre d'Études Géographiques sur l'Afrique Noire, Université Paris X-Nanterre, 24 cartes en pochette, notice de 133 p.
BUKOME ITONGWA, D. (2010), *Les routes de la RDC : stratégie de désenclavement économique,* Presses Universitaires de Lubumbashi, 160 p.

CHAMAA, M.S., BIDOU, J.E., BOUREAU, P.Y. et coll. (1981), *Atlas de la ville de Bukavu*, Centre de Documentation Regards, Bukavu, 59 cartes.

CHAPELIER, A. (1957), Élisabethville. Essai de géographie urbaine, Académie royale des Sciences coloniales, Classe des Sciences naturelles et médicales, Mémoires in-8°, Nouvelle série, Tome VI, fasc. 5, 168 p. + annexes.

DE MAXIMY, R. (1984), *Kinshasa, Ville en suspens... Dynamique de la croissance et problèmes d'urbanisme. Approche socio-politique*, Éditions de l'Office de la Recherche Scientifique et Technique Outre-Mer, Travaux et Documents de l'ORSTOM, n° 176, Paris, 476 p.

DE MAXIMY, R., FLOURIOT, J., PAIN, M. (1975), Atlas de Kinshasa, Bureau d'Études, d'Aménagement et d'Urbanisme, Kinshasa, 44 planches et notices.

DE SAINT MOULIN, L. (2011, avec la collaboration de KALOMBO TSHIBANDA, J.-L.), Atlas de l'organisation administrative de la République Démocratique du Congo, CEPAS, Kinshasa, 2ème édition revue et amplifiée, 256 p.

DENIS, J. (1956), *Léopoldville : étude de géographie urbaine et sociale*, Éditions universitaires, 49 p.

DE SMET, R.-E. (1962), *Carte de la densité et de la localisation de la population de la Province Orientale (Congo)*, CEMUBAC, 3 cartes au 1/1 000 000, (en coll. avec Annaert-Bruder, A. et Huysecom, C.), notice de 9 p.

DE SMET, R.-E. (1966), *Cartes de la densité et de la localisation de la population de l'ancienne province de Léopoldville (République Démocratique du Congo)*, CEMUBAC, 3 cartes au 1/1 000 000, (en coll. avec Annaert-Bruder, A. et Huysecom, C.), notice de 46 p.

DE SMET, R.-E. (1971), *Carte de la densité et de la localisation de la population de la province du Katanga (République du Zaïre)*, CEMUBAC, 3 cartes au 1/1 000 000, (en coll. avec Annaert-Bruder, A. et Huysecom, C.), notice de 38 p.

DE SMET, R.-E. (1972), Enquête de Fuladu (1959). L'emploi du temps du paysan dans un village Zandé du Nord-Est du Zaïre, Ed. CEMUBAC, Coll. Missions interdisciplinaires des Uélé, 1958-1961, n°8, 396 p.

GOUROU, P. (1955), *La densité de population au Congo belge*, Bruxelles, Académie royale des sciences coloniales.

GOUROU, P. (1959), *(Présentation des problèmes des Uele)*, Quatrième note sur l'organisation des recherches de la 8ème section du CEMUBAC, Bruxelles, 57 p.

GOUROU, P. (1960), Cartes de la densité et de la localisation de la population dans la province de l'Équateur, in Atlas général du Congo, Académie royale des Sciences d'Outre-Mer, Bruxelles, 3 cartes au 1/1 000 000, (en coll. avec Annaert-Bruder, A.), notice de 22 p.

KALOMBO KAMUTANDA, Donatien (2016), Évolution des éléments du climat en RDC. Stratégies d'adaptation des communautés de base, face aux événements climatiques de plus en plus fréquents, Éditions universitaires européennes, 220 p.

LELO NZUZI, F., TSHIMANGA MBUYI, C. (2004, dir.), *Pauvreté urbaine à Kinshasa*, La Haye, Cordaid, 167 p.

LELO NZUZI, F. (2008), *Kinshasa, ville et environnement*, L'Harmattan, Paris, 282 p.

LELO NZUZI, F. (2011), *Kinshasa. Planification et aménagement*, L'Harmattan, Paris, 311 p.

LELO NZUZI, F. (2017), *Les bidonvilles de Kinshasa* (préface de L. de Saint Moulin), L'Harmattan RDC, Kinshasa, 270 p.

MASHINI D.M., J.-C. (2013) *Le développement régional en République démocratique du Congo de 1960 à 1997. L'exemple du Kwango-Kwilu*, Collection « Études Africaines », L'Harmattan, Paris, 342 p.

MASHINI D.M., J.-C. (2014) *Gouvernance en RD Congo. Regard et témoignage*, Collection « Espace Afrique », Academia, Louvain-la-Neuve, 332 p.

MWANZA WA MWANZA (1998), *Le transport urbain à Kinshasa. Un nœud gordien*, Cahiers Africains – Afrika Studies, Institut Africain-CEDAF, L'Harmattan, Paris.

NICOLAÏ, H. (1956), *Problèmes du Kwango*, Extrait du Bulletin de la Société belge d'Études géographiques, Louvain, 28 p.

NICOLAÏ, H. (1961), *Luozi. Géographie régionale d'un pays du Bas-Congo*, Thèse complémentaire, Académie royale des Sciences d'Outre-Mer, Classe des Sciences naturelles et médicales, 95 p.

NICOLAÏ, H. (1963), *Le Kwilu. Étude géographique d'une région congolaise*, CEMUBAC, LXIX, Bruxelles, 469 p.

NICOLAÏ, H., GOUROU, P., MASHINI, D.M. (1996), *L'espace zaïrois. Hommes et Milieux (Progrès de la connaissance de 1949 à 1992)*, Collection « Zaïre – Histoire & Société », L'Harmattan, Paris, Institut Africain – CEDAF, Bruxelles, 607 p.

OMASOMBO TSHONDA, J. (sous la direction de, 2011), *Maniema. Espace et vies*, Volume 1, Musée royal de l'Afrique centrale, Tervuren, 301 p. ; (2011), *Haut-Uele. Trésor touristique*, Volume 2, 442 p. ; (2012), *Kwango. Le pays des Bana Lunda*, Volume 3, 502 p. + annexes ; (2013), *Sud-Ubangi. Bassins d'eau et espace agricole*, Volume 4, 441 p. + annexes ; (2014), *Le Kasaï Oriental. Un nœud gordien dans l'espace congolais*, Volume 5, 457 p. ; (2014), *Bas-Uele. Pouvoirs locaux et économie agricole : héritages d'un passé brouillé*, Volume 6, 516 p. ; (2014), *Tanganyika. Espace fécondé par le lac et le rail*, Volume 7, 462 p. ; (2015), *Mongala. Jonction des territoires et bastion d'une identité supra-ethnique*, Volume 8, 372p. ; (2016), *Équateur. Au cœur de la cuvette congolaise*, Monographie, Volume 9, 513 p. + annexes.

PAIN, M. (1984), *Kinshasa, la ville et la cité*, Éditions de l'ORSTOM, « Études urbaines », Institut français de Recherche scientifique pour le développement en coopération, Collection Mémoires, n° 105, Paris, 267 p.

PAIN, M. (2016), *Kasaï. Rencontre avec le roi des Lele. Carnets de voyage*, Husson éditeur, Belgique, 144 p.

PEETERS, L. (1963), *La géographie du pays Logo au sud d'Aba*, CEMUBAC, Bruxelles, 155 p.

PETIT, P. (2003), *Ménages de Lubumbashi entre précarité et recomposition*, L'Harmattan, Paris.

RAUCQ, P. (1952), *Notes de géographie sur le Maniema*, Académie royale des Sciences coloniales, Classe des Sciences naturelles et médicales, Mémoires in-8°, tome XXI, fascicule 7, Bruxelles, 71 p.

ROBERT, M. (1954), *Contribution à la géographie du Katanga. Essai de sociologie*, Académie royale des Sciences coloniales, Classe des Sciences naturelles et médicales, Mémoires in-8°, tome XXIV, fascicule 3, Bruxelles, 127 p.

SHOMBA KINYAMBA, S., OLELA NONGA, D. (2015), *Monographie de la ville de Mbujimayi*, Éditions M.E.S., Kinshasa, 104 p.

WEISS, G. (1959), *Le Pays d'Uvira ; étude de géographie régionale sur la bordure occidentale du lac Tanganyika*, Académie royale des Sciences coloniales, Classe des Sciences naturelles et médicales, Mémoires in-8°, nouvelle série, tome VIII, fascicule 5, Bruxelles, 308p.

WILMET, J. (1961), *La répartition de la population dans la dépression des rivières Mufuvya et Lufira (Haut-Katanga). Essai d'une géographie du peuplement en milieu tropical et ses applications pratiques*, Académie royale des Sciences coloniales, Classe des Sciences naturelles et médicales, Mémoires in-8°, Nouvelle série, Tome XIV, fasc. 2, 1963, 245 p. + annexes.

WOLFF, E., MASHINI D.M., IPALAKA, Y., MASSART, M. (2001), *Organisation de l'espace et Infrastructure urbaine en République Démocratique du Congo,* I-MAGE Consult, Les dossiers de l'ADIE – Hors-série, Synthèse réalisée avec l'appui de la Banque Africaine de Développement, Libreville, 47 p.

B. ÉTUDES ET ARTICLES SUR LES ASPECTS DE LA GÉOGRAPHIE CONGOLAISE

ALEXANDRE, J., OZER, A. (2003), « La géographie liégeoise et l'outre-mer », *Société géographique de Liège,* 43, pp. 141-150.

ALEXANDRE-PYRE, S. (1978), « Stades d'évolution des ravinements sur les plateaux sableux du Haut Shaba », *GEO-ECO-TROP,* Tome 1-4, n° 2, pp. 155-160.

ALONI, K., MBENZA, M., ALEXANDRE, J. (1989), « Composition, profondeur et répartition spatiale des stone lines du Sud Shaba (Zaïre) », *GEO-ECO-TROP,* 11 (1-4), pp. 109-126.

ASSANI ALI ARKAMOZE (1994), « Subdivision et caractérisation objectives des saisons au Zaïre au moyen de l'analyse en composantes principales », *Bulletin Société Belge d'Études Géographiques,* LXIII, 2, pp. 251-269.

ASSANI, A., KAKESE, K.B, SOLOTSHI, M. (1993), « Santé et dégradation d'un environnement urbain de l'Afrique tropicale : le cas de la ville de Lubumbashi (Zaïre) », *GEO-ECO-TROP,* Tome 1-4, pp. 171-189.

ASSANI, A., KALOMBO, K., MBENZA, M. (1991), « Analyse de l'évolution journalière de la température à Lubumbashi (Zaïre) », *GEO-ECO-TROP,* Tome 3-4, pp. 61-69.

ASSANI, A.A., BATUBENGA, K., N'TUMBA, K., SOLOTSHI, M. (1993), « Le commerce des huiles végétales sur les marchés de Lubumbashi », *Revue belge de Géographie,* 117, 4, pp. 147-155.

ASSANI, A.A., KALOMBO, K. (1997), « Le climat du Bas-Congo (Congo-Kinshasa). Mise au point sur les facteurs explicatifs », Bulletin de la Société belge d'Études Géographiques, LXV, 1, pp. 121-131.

ASUMANI, S. et al. (2017), « La distribution des stations-service et leur impact dans l'organisation spatiale urbaine de Lubumbashi en RDC », *International Journal of Innovation and Applied Studies,* Vol. 21, n° 2, pp. 124-133, Acceptance Notification, 15 January.

BAYA Ki-MALANDA (1987), « Le centre des affaires de Makiso à Kisangani (Zaïre) », *Travaux et Documents du CEGET,* n° 58, pp. 151-168.

BAYA KI-MALANDA (1987), « Les récentes mutations des centres commerciaux dans les quartiers résidentiels de Kisangani (Zaïre) », *Travaux et Documents du CEGET,* n° 58, pp. 141-150.

BAYA Ki-MALANDA (1999), « Les modes d'approvisionnement en produits vivriers de Kisangani (Zaïre) », *Les Cahiers d'Outre-Mer,* 207, pp. 323-331.

Beau (1990), « Aménagement du Territoire et développement national », *Zaïre-Afrique,* n° 244-245, avril-mai, pp. 259-271.

BIKOKO ESEKA (1984), « Problèmes fonciers et espaces urbains à Mbandaka (Zaïre) » (note critique), *Les Cahiers d'Outre-Mer,* Volume 37, n° 147, pp. 291-299.

BINZANGI KAMALANDUA (1983), *La production de bois de feu et de charbon de bois dans l'arrière-pays de Lubumbashi : aspects techniques, sociaux et économiques,* Mémoire de DES, Université de Lubumbashi, Faculté des Sciences.

BINZANGI KAMALANDUA (2004), « Impact de la production des combustibles ligneux en RDC. Cas du Katanga, de Kinshasa et du Bas-Congo », *Actes des Séminaire de formation et Atelier de haut niveau en Évaluation Environnementale,* Association Nationale pour l'Évaluation Environnementale (ANEE), Kinshasa, 12-17 janvier, pp. 105-119.

BRUNEAU, J.-C. (2009), « Les nouvelles provinces de la République Démocratique du Congo : construction territoriale et ethnicités », *L'Espace Politique* [En ligne], 7 | 1, mis en ligne le 30 juin 2009. URL : http://espacepolitique.revues.org/1296 ; DOI : 10.4000/espacepolitique.1296.

BRUNEAU, J.C., KASAY, K. (1981), « Quelques aspects de la naissance et de l'impact du phénomène urbain dans le pays nande au Nord-Kivu (Zaïre), *Géo-Eco-Trop,* 5 (2), pp. 139-162.

BRUNEAU, J.C., MANSILA, F.K. (1983), « L'urbanisation spontanée postcoloniale et ses conséquences : l'exemple de la ville de Mbuji-Mayi au Kasaï oriental », *Annales de la Faculté des Sciences,* Vol. 3, Presses Universitaires de Lubumbashi, pp. 65-79.

BRUNEAU, J.C., MANSILA, F.K. (1986), « Kolwezi : l'espace habité et ses problèmes dans le premier centre minier du Zaïre », *Cahiers des Sciences Humaines,* 22 (2), pp. 217-229.

BRUNEAU, J.C., SIMON, T. (1991), « Zaïre, l'espace écartelé », *Mappemonde,* n° 4, pp. 1-15.

BUKOME, I., KINGOMA MUNGANGA, D. (2002), « Connectivité et accessibilité du réseau routier de la République démocratique du Congo », *Bulletin Société géographique de Liège,* 42, pp. 61-75.

BUKOME, I., MÉRENNE-SCHOUMAKER, B. (1988), « Le commerce 'flottant' alimentaire à Lubumbashi (Zaïre) », *Les Cahiers d'Outre-Mer,* 134, pp. 61-79.

BUSHABU MBENGELE-MING (1992), « L'impact de l'industrie minière sur le réseau urbain actuel du Shaba (Zaïre) », *Bulletin de la Société Belge d'Études Géographiques,* Vol. 61, n° 2, pp. 447-463.

BUSHABU, M.M. (1998), « Tout développement régional dans le tiers-monde implique la prise en compte des spécificités sous-régionales et des programmes d'actions intégrées : le cas du Katanga (Congo) », *Bulletin de la Société géographique de Liège,* 35, pp. 91-102.

BUSHABU, M.M., MABIRA MAPOKA, KAPEND MUYET (2002), « Les besoins énergétiques des ménages de Kananga (RDC) », *Bulletin de la Société géographique de Liège,* 42, pp. 53-60.

CHOPRIX, G. (1961), *La naissance d'une ville : étude géographique de Paulis, 1934-1957,* CEMUBAC, Bruxelles, 112 p.

DE MAXIMY, R. et PAIN, M. (1982), « L'Atlas de Kinshasa : la ville et ses problèmes », *Bulletin de la Société Languedocienne de Géographie,* tome 16, fascicule 1-2, Montpellier, pp. 177-185.

DE SAINT MOULIN, L. (1975), Mouvements récents de la population dans la zone de peuplement dense de l'est du Kivu, in Études d'Histoire Africaine, VII, pp. 113-124.

DE SAINT MOULIN, L. (1992), « Histoire de l'organisation administrative du Zaïre », *Zaïre-Afrique,* n° 261, pp. 29-54.

DIKUMBWA N'LANDU (1990), « Facteurs écoclimatiques et cycles biogéochimiques en forêt dense sèche zambézienne (Muhulu) du Shaba méridional », *GEO-ECO-TROP,* Tome 1-4, n° 14, pp. 1-159.

DIKUMBWA NLANDU (1979), « Évolution et perspectives de la morphologie de l'habitat à Lubumbashi », *GEO-ECO-TROP*, Tome 4, pp. 273-285.

DIKUMBWA, N., MBENZA, M. (1999), « À propos de l'origine des îlots de forêt dense zambézienne du Katanga méridional », *GEO-ECO-TROP*, Tome 1-4, pp. 15-30.

GOUROU, P. (1950), « La géographie humaine au Congo belge », *Revue de l'Institut de Sociologie*, Bruxelles, pp. 5-23.

GOUROU, P. (1952), « Le Plan décennal du Congo Belge », *Les Cahiers d'Outre-Mer*, Volume 5, Numéro 17, pp. 26-41.

GOUROU, P. (1953), « La géographie au Congo belge », *Revue de l'Université de Bruxelles*, pp. 97-100.

GOUROU, P. (1956), « Sur la géographie du Congo belge », *Bulletin de la Société belge d'Études géographiques*, XXV, pp. 175-186.

GOUROU, P. (1958), « Géographie de la province de Léopoldville », *Revue Industrie*, Bruxelles, pp. 348-358.

HARJOABA, R. et I., KALOMBO, K. (1978), « L'évolution du régime pluviométrique du Nord au Sud de la partie orientale de la République du Zaïre », *GEO-ECO-TROP*, Tome 3, pp. 317-337.

IDRING'I, A.N., BAHUMIGA, L.B. (1995), « L'exploitation artisanale de l'or et du diamant dans le Haut-Zaïre (1982-1995) », *Les Cahiers d'Outre-Mer*, 202, pp. 157-170.

ILUNGA LUTUMBA (1978), « L'érosion dans la ville de Bukavu », *GEO-ECO-TROP*, Tome 2, pp. 221-228.

ILUNGA LUTUMBA (1991), « Morphologie, volcanisme et sédimentation dans le rift du Sud-Kivu », *Bulletin de la Société géographique de Liège*, 27, pp. 209-228.

ILUNGA LUTUMBA (2006), « Étude des sites majeurs d'érosion à Uvira (RD Congo) », *GEO-ECO-TROP*, 30, tome 2, pp. 1-12.

ILUNGA LUTUMBA (2007), « Environnements sédimentaires et minéralogie des formations superficielles de la plaine de la Ruzizi (Nord du Lac Tanganyika) », *GEO-ECO-TROP*, 31, pp. 71-104.

ILUNGA LUTUMBA, ALEXANDRE, J. (1982), « La géomorphologie de la plaine de la Ruzizi. Analyse et cartographie », *GEO-ECO-TROP*, tome 2, pp. 105-123.

IPANGA TSHIBWILA (1983), « Les grandes caractéristiques de la géographie religieuse de Lubumbashi (Zaïre) en 1980 », *Bulletin de la Société belge d'Études géographiques*, Leuven, vol. 52, n° 2, pp. 231-243.

IPANGA TSHIBWILA (1992), « Organisation de l'espace zaïrois par la distribution de la population », *L'Espace Géographique*, 4, pp. 304-320.

KABAMBA KABATA, NYOKA MUPANGILA (1998), « Les points de vente périphériques de Kananga. Spécificités, fonctions et attractivité », *Bulletin de la Société Géographique de Liège*, 35, pp. 103-112.

KABAMBA, K. (2000), « Dynamique territoriale du Kasayi (Congo-Kinshasa). Incidences des changements socio-politiques et économiques sur la recomposition spatiale », *Bulletin de la Société Géographique de Liège*, 39, pp. 101-114.

KABAMBA, K., NTUMBA KABALE (1999), « Marchés ruraux et relations ville-campagne dans l'arrière-pays immédiat de Kananga (Congo), *Bulletin de la Société Géographique de Liège*, 36, pp. 93-102.

KABU ZEX-KONGO NZEZA, J.P. (1999), « Du Zaïre au Congo : la question agraire au Nord-Kivu », *L'Afrique politique*, pp. 201-211.

KABU ZEX-KONGO NZEZA, J.P. (1999), « Le problème de l'approvisionnement de Kinshasa en viande locale », *Les Cahiers d'Outre-Mer*, LII, 206, pp. 169-196.

KADIMA KAMUNUKAMBA, C., KYALE KOY, J. (2015), « La filière d'huile de palme dans la ville de Kisangani : acteurs, circuit d'approvisionnement et rentabilité financière », *Revue de l'IRSA*, n° 21, 13p.

KADIMA KAMUNUKAMBA, C., KYALE KOY, J. (2014), « Dégradation de l'environnement à Kisangani : écueils et stratégies de réparation », *Revue de l'IRSA*, n°20, novembre, 10 p.

KADIMA KAMUNUKAMBA, C., KYALE KOY, J. (2014), « Dynamique des espaces verts à Kisangani de 1960 à 2010 », *Revue de l'IRSA*, n° 20, novembre, 11 p.

KALOMBO, D.K., TSHIBANGU, K.T., TSHIMANGA, R.F. (2016), « Note sur l'évolution temporelle (1992-2012) des précipitations mensuelles dans une région de savane urbanisée : cas de la ville de Mbuji-Mayi (RDC) », *GEO-ECO-TROP*, Vol. 40, Tome 4, pp. 375-384.

KALOMBO, K. (1979), « Contribution à l'étude de l'intensité des pluies à Lubumbashi », *GEO-ECO-TROP*, Tome 3, pp. 159-167.

KANENE MPALI SITELA (1990), « L'adaptation dans un pays en voie de développement de certaines méthodes utilisées dans l'étude du commerce de détail en Europe occidentale », *Bulletin Géographique de Kinshasa – Géokin*, Volume I, n° 1, janvier-juin, pp. 45-56.

KANENE, M.S. (1992), « L'espace commercial de Kinshasa », *Bulletin Géographique de Kinshasa – Géokin*, Volume III, n° 1, janvier-juin, pp. 179-215.

KASAY KATSUVA LENGA-LENGA (1982), « Le Kivu, une région éclatée : problème de transport ou de régionalisation », *Zaïre-Afrique*, n° 166, pp. 345-356.

KASAY, K.L.L., NDAKIT, K. (1985), « Démographie et planning familial dans un milieu rural de la région du Lac Edouard (Kivu septentrional, Zaïre) », *GEO-ECO-TROP*, Tome 1-2, pp. 89-106.

KASONGO SABANA, J.L. (2016), *Perspectives d'aménagement de la province du Kwango*, Mémoire de licence en Urbanisme, ISAU, Kinshasa, 109p.

IPANGA TSHIBWILA (1983), « Les grandes caractéristiques de la géographie religieuse de Lubumbashi (Zaïre) en 1980 », *Bulletin de la Société belge d'Études géographiques*, Leuven, vol. 52, n° 2, pp. 231-243.

KATALAYI MUTOMBO (2015), « Analyse des politiques publiques d'urbanisme dans la ville de Kinshasa », *Congo-Afrique*, n° 496, juin-juillet-août, pp. 455-475.

KAYEMBE WA KAYEMBE, M., DE MAEYER, M., WOLFF, E. (2009), « Cartographie de la croissance urbaine de Kinshasa (RD Congo) entre 1995 et 2005 par télédétection satellitaire à haute résolution », *Revue Belge de Géographie – Belgeo*, 3-4, pp. 439-455.

KAYEMBE WA KAYEMBE, M., MAKANZU IMWANGANA, F., WOLFF, E. et al. (2016), « Contribution of Remote Sensing in the Estimation of the Populations Living in Areas with Risk of Gully Erosion in Kinshasa (D.R. Congo). Case of Selembao Township », *American Journal of Geosciences*, 6 (1) : 71.79.

KAYEMBE WA KAYEMBE, M., WOLFF, E. (2015), « Contribution de l'approche géographique à l'étude des facteurs humains de l'érosion ravinante intra-urbaine à Kinshasa (RD Congo) », *GEO-ECO-TROP*, 39, 1, pp. 119-138.

KIRSCH, J. (1959), Le Mayombe. Introduction à la géographie régionale, *Bulletin de la Société Belge d'Études Géographiques*, tome 18, Louvain, pp. 253-302.

KISANGALA, M. (2008-2009), *Analyse des paramètres morphométriques, climatologiques et hydrométriques du bassin du Kasaï dans sa partie congolaise*, Mémoire, Université de Kinshasa, Faculté des Sciences, Département des Sciences de la Terre, Laboratoire de Climatologie, Météorologie et Hydrologie, 89 p. + annexes.

KITAMBALA KAPATA, H. (2016), *La contribution des organismes internationaux dans le développement du secteur agricole au Kwilu*, Mémoire de licence en Géographie-Aménagement du territoire, UPN, Kinshasa, 122 p.

LELO NZUZI (1995), « L'apport du diamant artisanal à l'essor de l'économie urbaine informelle à Mbuji-Mayi au Zaïre », *Revue belge de Géographie*, 119, 1-2, pp. 161-173.

LELO NZUZI, F. (2013), « Une République démocratique du Congo balkanisée ? Les retombées d'un tel émiettement », *Congo-Afrique*, n° 477, Kinshasa, juillet-août, pp. 476-487.

Les Dossiers du Crisp (1962), « Les Nouvelles structures du Congo », *Revue Congo*, pp. 224-231.

LOOTENS-DE MUYNCK, M.T., BRUNEAU, J.C. et MALAISSE, F. (1980), « Lubumbashi en 1980 et ses relations avec son environnement régional », *Géo-Eco-Trop*, Vol. 4, n° 1-4, pp. 3-29.

LUKISA MAYULA, G.-J. (2016), *La décentralisation territoriale face à l'aménagement de l'espace dans le Kwango (exemple du Territoire de Kenge)*, Mémoire de licence en Géographie-Aménagement du territoire, UPN, Kinshasa, 98 p.

MABOLOKO NGULAMBANGU (1977) « Propositions pour une pédagogie nouvelle de la géographie au secondaire », *Revue de Pédagogie Appliquée*, n° 9, Presses Universitaires du Zaïre (PUZ), Kinshasa, pp. 90-101.

MABOLOKO NGULAMBANGU (1989) « L'espace industriel du Sud-Ouest du Zaïre », *Revue belge de Géographie*, Bruxelles, 113ème année, fascicule 1, pp. 23-40.

MABOLOKO NGULAMBANGU (1990) « Quelques problèmes de méthodes et de sources liés à l'étude d'un espace industriel d'un pays en développement : exemple du Sud-Ouest du Zaïre », *Bulletin Géographique de Kinshasa – « Géokin »*, Vol. 1, n° 1, janvier-juin, pp. 7-33.

MABOLOKO NGULAMBANGU (1991) « Problématique de l'enseignement de la géographie (locale et nationale) au Zaïre », *Bulletin Géographique de Kinshasa – « Géokin »*, Numéro Spécial 1990-1991, pp. 249-265.

MABOLOKO NGULAMBANGU, C.E. (1995), « Un sondage sur les problèmes et les remèdes de l'enseignement de géographie au secondaire (Zaïre) », *Revue de Pédagogie Appliquée (R.P.A.)*, Kinshasa, vol. XVI, n° 2, pp. 133-143.

MABOLOKO NGULAMBANGU, C.E. (2000), « Quarante ans de la recherche géographique à travers les thèses de doctorat (1958-1998) : bilan, tendances et perspectives », *Revue de Pédagogie Appliquée (R.P.A.)*, vol. XVI, n° 2, pp. 133-143.

MABOLOKO NGULAMBANGU, C.E. (2000), « Défense et illustration d'une géographie didactique (locale et nationale), à propos d'une éducation géographique des Congolais des années 2000 », *Revue de Pédagogie Appliquée (R.P.A.)*, vol. XVI, n° 2, pp. 364-379.

MABOLOKO NGULAMBANGU, C.E. (2014), « Kwilu : géoscopie d'une région congolaise. Expression de l'engagement d'un géographe dans la pratique de la géographie au service de la société », *Bulletin Géographique de Kinshasa - Géokin*, Volume spécial, « Cinquantenaire de la géographie du Kwilu 1964-2014 », Kinshasa, pp. 7-29.

MABOLOKO NGULAMBANGU, C.E., MBENGA MPIEM LEY (1995) « Bandundu, une ville secondaire d'Afrique tropicale. Le rôle du contrôle étatique dans la production de l'espace », *Revue belge de Géographie*, Bruxelles, 119, 1-2, pp. 145-160.

MABOLOKO NGULAMBANGU, C.E., NICOLAÏ, H. (1999) « Frontière, diamant et pauvreté. Le cas de la frontière Congo-Angola au Kwango », *Revue belge de Géographie*, Bruxelles, 123, 4, pp. 265-275.

MABOLOKO NGULAMBANGU, MBWIBWA KABONGO (2013), « L'approche par compétences : une analyse critique dans l'enseignement de la géographie au secondaire », *Revue scientifique C.R.U.P.N.*, Kinshasa, n° 057 A, octobre-décembre, pp. 17-36.

MABOLOKO NGULAMBANGU, C.E., MPURU MAZEMBE BIAS, R. (2016), « Le Kwilu : façonnements et usages des espaces désaffectés d'une région agro-industrielle en crise », *Revue du C.R.I.D.U.P.N.*, n° 086a, Juillet-Septembre, pp. 1-19.

MAKANZU IMWANGANA, F., DEWITTE, O., NTOMBI, M., MOEYERSONS, J. (2014), « Topographic and road control of mega-gullies in Kinshasa (DR Congo) », *Geomorphology*, 217, pp. 131-139.

MAKANZU IWANGANA, F. (2010), Étude de l'érosion ravinante à Kinshasa par télédétection et SIG (système d'information géographique) entre 1957 et 2007, Université de Liège, Master complémentaire en gestion des risques naturels.

MAKANZU, F., OZER, P., MOEYERSONS, J. (2014), « Caractéristiques des pluies et ravinement dans la ville de Kinshasa de 1961 à 2010 », La Géographie Physique et les Risques Naturels, Colloque AFGP (Association Francophone de Géographie Physique), 29-30 juin 2014, Liège (Belgique).

MALAISSE, F., BATUBENGA, K., BINZANGI, K., IPANGA, T., KAKISINGI, M. (1983), « Essai cartographique sur l'environnement et sa dynamique en milieu tropical humide : les moyens plateaux du Shaba méridional », *GEO-ECO-TROP*, Tome 1-4, pp. 49-65.

MALAISSE, F., BINZANGI, K., KAPINGA, I. (1980), « L'approvisionnement en produits ligneux de Lubumbashi (Zaïre) », *Géo-Eco-Trop. Revue internationale d'écologie et de géographie tropicales*, vol. 4, n° 1-4, pp. 139-163.

MANSILA FU-KIAU, S. (1983), « Croissance accélérée d'une ville d'industries minières du Shaba (Zaïre) : le cas de la ville de Kolwezi », *Bulletin de la Société belge d'Études géographiques*, Leuven, Vol. 52, n° 1, pp. 35-52.

MANSILA, F.K., MANSIANTIMA, L. (2002), « Les sites touristiques balnéaires dans le Bas-Congo : un patrimoine à réhabiliter » (sans lieu ?).

MASHINI D.M. (1986), « Le ravitaillement d'un centre secondaire en denrées alimentaires : l'exemple de Gungu dans le Haut-Kwilu (Zaïre) », *GEO-ECO-TROP. Revue internationale de géologie, de géographie et d'écologie tropicales*, n° 10, Tome 1-4, pp. 105-122.

MASHINI D.M. (1987), « La formation d'un réseau urbain : l'urbanisation du Kwilu », *Revue belge de Géographie,* 111, 3-4, pp. 149-162.

MASHINI D.M. (1995) « Le rôle controversé de l'État au Zaïre et l'échec de la politique de décentralisation. L'exemple du Kwango-Kwilu », *Revue belge de Géographie*, Bruxelles, 119, 1-2, pp. 135-144.

MASHINI D.M. (1998) « L'intégration socio-économique de la population originaire d'Afrique noire dans la région de Bruxelles-Capitale », *Revue belge de Géographie*, Bruxelles, 122, 1, pp. 55-70.

MASHINI D.M., J.-C. (1994), « L'émergence des nouvelles institutions universitaires au Congo-Zaïre : une dérive régionaliste certaine » (dissertation présentée dans le cadre d'une thèse annexe de doctorat, ULB), *Moloni. Magazine d'Action pour la Démocratie et le Développement,* numéro 1, septembre-décembre, Bruxelles, pp. 13-16.

MASHINI D.M., J.-C. (2014), « Le Kwango-Kwilu : un espace de développement au Sud-Ouest de la RD Congo », *Bulletin Géographique de Kinshasa - Géokin,* Volume spécial, « Cinquantenaire de la géographie du Kwilu 1964-2014 », Kinshasa, 2014, pp. 35-56.

MASHINI DHI MBITA M. (sous la direction de MABOLOKO NGULAMBANGU, 1980), *La naissance d'un centre rural : Gungu (Haut-Kwilu),* Travail de fin d'études pour le graduat en géographie, Université Nationale du Zaïre (UNAZA), Institut pédagogique national, Département de Géographie, Kinshasa, 70 p.

MASHINI DHI MBITA MULENGHE (sous la direction de Th. RAPIER, 1983), *Le paysage rural dans la périphérie du centre de Gungu (Haut-Kwilu)*, Mémoire de licence en géographie, UNAZA, IPN, Kinshasa, 202 p.

MASHINI, J.-C. (2013), « La dynamique de l'organisation territoriale en République démocratique du Congo et le processus d'une décentralisation inachevée », Revue Congo-Afrique, LXIIème (52ème année), juin, n° 476, pp. 386-398.

MASHINI, J.-C. (2013), « La question de la gouvernance démocratique et du développement régional en République démocratique du Congo », Revue Congo-Afrique, LXIIème (52ème année), juillet-août, n° 477, pp. 448-462.

MASHINI, J.-C. (2017), « La recherche géographique à travers les thèses de doctorat en RD Congo de 1956 à 2016 », *Revue Canadienne de Géographie Tropicale* [En ligne], Vol. (4) 1, pp. 69-88. URL : http://laurentienne.ca/rcgt

MASHINI, J.-C. (2017), « La géographie scolaire en RD Congo. Un pas lent vers la connaissance de l'espace national ? », *Congo-Afrique*, n° 517, septembre, pp. 727-741.

MBENGA MPIEM LEY, U., MAFUTA BANGALA, P.-C. (2014), « *Bandundu-ville : l'émergence d'un pôle ecclésiastique au Sud-Ouest du Congo* », *Bulletin Géographique de Kinshasa - Géokin,* Volume spécial, « Cinquantenaire de la géographie du Kwilu 1964-2014 », Kinshasa, pp. 101-119.

MBENZA MUAKA, MITI TSETA, ALONI KOMANDA (1991), « Considérations géomorphologiques sur le dépôt de colmatage des vallons du bassin supérieur de la Luaf au Shaba méridional (Zaïre) », *Bulletin de la Société géographique de Liège*, 27, pp. 93-107.

MBENZA MUAKA, MITI TSETA, ALONI KOMANDA (1991), « L'érosion ravinante dans la ville de Kolwezi au Shaba (Zaïre) », *GEO-ECO-TROP*, vol. 15, n° 3-4, pp. 91-104.

MBENZA, M., ALONI, K. (1995), « Problèmes de la production alimentaire dans la localité de Katanga (Shaba, Zaïre) », *GEO-ECO-TROP*, Tome 1-4, pp. 131-139.

MBENZA, M., ALONI, K., MUTEB, M. (1989), « Quelques considérations sur la pollution de l'air à Lubumbashi (Zaïre) », *GEO-ECO-TROP*, Tome 1-4, pp. 113-125.

MBENZA, M., ASSANI, A. (1988), « Contribution à l'étude de la température de la rivière de la rivière Lubumbashi à Lubumbashi (Shaba, Zaïre) », *GEO-ECO-TROP*, Tome 1-4, pp. 93-104.

MBENZA, M., BADIBANGA, N., ALONI, K. (1988), « À propos du microrelief allongé dans les dépressions plus ou moins humides du Shaba méridional (Zaïre) », *GEO-ECO-TROP*, Tome 1-4, pp. 61-77.

MBULUYO MOKILI (1986), « La culture du café et le développement de l'Uélé », *Les Cahiers d'Outre-Mer*, Bordeaux, Vol. 154, pp. 143-156.

MBULUYO MOKILI (1991), « Les principales entités géomorphologiques de l'Ituri oriental et les faciès cuirassés associés (Nord-Est du Zaïre) », *Bulletin de la Société géographique de Liège*, 27, pp. 139-148.

MBUYU, N., SOYER, J. (1991), « Problèmes d'érosion à Kalemie (Shaba, Zaïre) », *GEO-ECO-TROP*, Tome 2, pp. 73-86.

MITI TSETSA (1991), « Relations entre l'érosion par rigoles en monoculture mécanisée de maïs et l'érodibilité des sols dans la périphérie de Lubumbashi (Shaba, Zaïre), *GEO-ECO-TROP*, idem, pp. 105-120.

MITI, T., ALONI, K. (2005), « Les incidences de l'érosion sur le développement socio-économique et l'urbanisation future de Kinshasa », *Mouvements et enjeux sociaux*, Kinshasa, 27, pp. 40-68.

MITI, T.F., ALONI, K.J., KISANGALA, M.M. (2004), Crise morphogénique d'origine anthropique dans le modelé du relief de Kinshasa, *Bulletin du CRGM*, 5, Tome 1, Numéro spécial, pp. 1-12.

MPASI ZIWA MAMBU (1995) « Connaissances empiriques des mécanismes météorologiques, rites agraires et techniques agricoles du Bas-Zaïre. Une analyse d'ethnoclimatologie », *Revue belge de Géographie*, Bruxelles, 119, 1-2, pp. 85-95.

MPASI, Z.M. (1991), « La mouvance des Provinces de 1960 à 1988. Un essai d'analyse géopolitique sur la territoriale du Congo-Zaïre », *Bulletin Géographique de Kinshasa - Géokin*, Vol. II n° 2, juillet-décembre, pp. 341-349.

MPURU MAZEMBE BIAS, R. (2012), « Réflexions sur la répartition et l'évolution des densités du Kwilu (Sud-Ouest de la RDC) », *Pistes et Recherches*, Vol. 28, n°2, Kikwit, pp. 19-45.

MPURU MAZEMBE BIAS, R. (2014), « Le Kwilu, un espace commercial disputé », *Bulletin Géographique de Kinshasa – « Géokin »*, Vol. I, n° 1, pp. 57-77.

MPURU MAZEMBE BIAS, R. (2017), « Urbanisation résiliente des petites villes du Kwilu face à la croissance des bourgs-missions », *Revue du C.R.I.D.U.P.N.* – Centre de Recherche Interdisciplinaire de l'Université Pédagogique Nationale, Vol. n° 071b, avril-juin, pp. 47-61.

MPURU MAZEMBE BIAS, R. (2017), « Dynamisme de la cité de Bonga-Yasa à la périphérie de Masi-Manimba (Kwilu, RD Congo) », *Pistes et Recherches*, Institut Supérieur Pédagogique de Kikwit, Volume 33, n° 1, pp. 57-76.

MUKALAYI, K.L. (1985), « Le paysage urbain de Manono (Zaïre) », *Cahiers d'Outre-Mer*, volume 38, N°149.

MUKOKA, Z., NKONGOLO, K. (1987), « Le transport routier et le sous-développement agricole des zones rurales du Kasaï occidental (Zaïre) », *Revue Belge de Géographie*, Fascicule 3-4, pp. 167-171.

MWANZA WA MWANZA (1995) « Kinshasa : stratégies et limites d'adaptation des transports urbains à la crise », *Revue belge de Géographie*, Bruxelles, 119, 1-2, pp. 123-134.

MWANZA WA MWANZA (1996) « Transport et implantation des équipements socio-collectifs dans les métropoles africaines. Exemple de Kinshasa (Zaïre) », *Revue belge de Géographie*, Bruxelles, 129, 4, pp. 259-279.

MWANZA, H., KABAMBA K. (2002), « Pauvreté et marginalisation rurales en Afrique au sud du Sahara », Revue Belge de Géographie – Belgeo, 2002/1, pp. 3-16.

NICOLAÏ, H. (1956), Problèmes du Kwango, *Extrait du Bulletin de la Société belge d'Études géographiques*, Louvain, 28 p.

NICOLAÏ, H. (1957), Le Bas-Kwilu. Ses problèmes géographiques, *Bulletin de la Société Royale Belge de Géographie*, Bruxelles, 81ème année, fascicules I-II, pp. 21-66.

NICOLAÏ, H. (1964), Le Kwilu. Naissance d'une région en Afrique centrale, *Les Cahiers d'Outre-Mer*, n° 67, Bordeaux, pp. 292-313.

NICOLAÏ, H. (1967), Divisions régionales et répartition de la population dans le sud-ouest du Congo, *Revue Belge de Géographie*, pp. 161-227.

NICOLAÏ, H. (1972), Les destinées d'un pays équatorial. Le Lac Léopold II, *in Études de Géographie Tropicale offertes à Pierre Gourou*, Mouton, Paris, pp. 357-370.

NICOLAÏ, H. (1988), « Répartition de la population et problèmes géographiques du Kivu d'altitude », *Actes du cinquantenaire du CEMUBAC*, Bruxelles, pp. 155-167.

NICOLAÏ, H., (1993a), « Progrès de la connaissance géographique du Zaïre, du Rwanda et du Burundi. Vingtième article. De 1989 à 1992 », *Bull. SOBEG*, XLI, 2, pp. 235-306.

NICOLAÏ, H. (1993b), « Les mutations récentes des espaces africains », *Bulletin des Séances Académie Royale des Sciences d'Outre-Mer*, 38, pp. 565-578.

NICOLAÏ, H. (1993c), « Le Mouvement géographique. Un journal et un géographe au service de la colonisation du Congo », *Mélanges Pierre Salmon* (édités par THOVERON G. et LEGROS H.), *Civilisations*, XLI, 1-2, pp. 257-277.

NICOLAÏ, H. (1994a), « Les géographes belges et le Congo », in BRUNEAU M. et DORY D. (dir.), *Géographie des colonisations XVe-XXe siècles*, Paris, L'Harmattan, coll. Géotextes, pp. 51-65.

NICOLAÏ, H. (1994b), « Réflexions sur la ville africaine comparée à la ville européenne », *Liber Amicorum Herman Van der Haegen, Acta Geographica Lovaniensa, 34*, Heverlee, Louvain-la-Neuve, pp. 479-488.

NICOLAÏ, H. (1996), « Les transformations d'un espace africain : le Kwilu. Réflexions sur le phénomène régional en Afrique centrale », *Bulletin de la Société belge d'Études Géographiques – SOBEG*, 1996-1, pp. 15-34.

NICOLAÏ, H. (1996), « Réflexions sur les caractères originaux des paysages agraires de l'Afrique tropicale », *Bulletin de la Société Géographique de Liège – BSGLg* [En ligne], 32, 1996 | 1.

NICOLAÏ, H. (2005), « L'image du Congo par la carte. De la boussole et de la planchette à l'avion », in VELLUT J.-L. et al., *La mémoire du Congo. Le temps colonial*, MRCA, Africa Tervuren, Éditions Snoeck, 2005, pp. 139-149.

NICOLAÏ, H. (2007), « La géographie, les géographes et le Congo », *Mondes et cultures, compte rendu annuel des travaux de l'Académie des Sciences d'Outre-Mer*, Paris, tome LXVII, vol. 1, pp. 337-349.

NICOLAÏ, H. (2009), « Progrès de la connaissance du Congo, du Rwanda et du Burundi de 1993 à 2008 », Revue Belge de Géographie, *Belgeo*, 3-4, 2009, pp. 247-404.

NICOLAÏ, H. (2012a), « La vie villageoise dans le Kwango-Kwilu vers 1955 » (1ère et 2ème parties), Belgeo, *Revue belge de Géographie*, Dossiers et archives.

NICOLAÏ, H. (2012b), « Un guide colonial. Le Guide du Voyageur au Congo belge et au Ruanda-Urundi », Belgeo. *Revue belge de Géographie*, 3. Géographie des guides et récits de voyage.

NICOLAÏ, H. (2013), « Le Congo et l'huile de palme. Un siècle. Un cycle ? », Belgeo, *Revue belge de Géographie*, 4. Miscellaneous.

NICOLAÏ, H. (2017), « Avec Marc Pain, voyage dans le temps chez les Lele du Kasai », *Belgeo* [En ligne], 1 | 2017.

NOTI N'SELE ZOZE, J. (2003), « Évaluation coloniale et postcoloniale des potentialités du milieu pour la création et la définition du rôle d'une ville en Afrique : cas de Bandundu (RDC) », *Bulletin de la Société Belge de Géographie, SOBEG*, Tome I, pp. 159-164.

NOTI N'SELE ZOZE (2006), « Enjeux géopolitiques du choix d'un chef-lieu et d'une ville-capitale : le cas de Bandundu (RDC) », *Revue du Centre d'études géographiques de l'Université de Metz (France)*, CEGUM, Mosella, tome XXXI, 1-4, pp. 170-173.

NSHIMBA LUBILANJI (1989), « Réflexion sur l'évolution de l'état du secteur informel dans les villes zaïroises. Cas spécifique de Kinshasa », *Cahiers zaïrois de recherche en sciences humaines*, Volume 1, pp. 29-50.

NTOMBI, M. (1982), « La date du début de la saison des pluies à Lubumbashi (Shaba, Zaïre), *GEO-ECO-TROP*, tome 3, pp. 183-190.

NTUMBA, K. (1999), « Marchés ruraux et relations ville-campagne dans l'arrière-pays immédiat de Kananga (Congo) », *Bulletin de la Société géographique de Liège*, 36, pp. 93-101.

NYOKA, M. (1983), « Les aléas du rôle régional d'une ville zaïroise, Kananga », *Revue Belge de Géographie*, 107ème année, fasc. 6, pp. 149-161.

POPULATION(1965), Revue bimestrielle de l'Institut d'Étude démographique, 20ème année, n° 4, Compte rendu du livre de NICOLAI, H. (1963), « Le Kwilu : étude géographique d'une région congolaise ».

POURTIER, R. (1992), « Zaïre : l'unité compromise d'un sous-continent à la dérive », *Hérodote*, n° 65-66, pp. 264-288.
POURTIER, R. (2008), « Reconstruire le territoire pour reconstruire l'État : la RDC à la croisée des chemins », in Nouveau voyage au Congo : les défis de la reconstruction, *Afrique contemporaine*, n° 227 (228-3), pp. 23-52.
POURTIER, R. (2009), « L'État et le territoire : contraintes et défis de la reconstruction », in TREFON, T. (sous la direction de), *Réforme au Congo (RDC). Attentes et désillusions,* Cahiers Africains, African Studies, n° 76, Tervuren, Musée Royal de l'Afrique Centrale, Paris, L'Harmattan, pp. 35-48.
POURTIER, R. (2009), « Le Kivu dans la guerre : acteurs et enjeux », *EchoGéo* [En ligne], Sur le Vif, mis en ligne le 21 janvier 2009. URL : http://echogeo.org/10793; DOI : 10.4000/echogeo.10793
RAMAZANI, A. (1993), « Croissance périphérique et mobilité résidentielle à Kinshasa (Zaïre) », Villes africaines, *Espaces Tropicaux*, n°10, Talence, CEGET-CNRS, pp. 193-219.
SOLOTSHI MUYUNGA, SORTIA, J.R. (1980), « Évolution démo-géographique de la ville de Lubumbashi (Shaba, Zaïre) », *Bulletin de la Société royale Belge de Géographie*, pp. 121-127.
SOLOTSHI, M., ASUMANI SALIMINI, ASSANI ALI ARKAMOSE (1992), « Répartition spatiale et facteurs géographiques des accidents de circulation à Lubumbashi (Zaïre) en 1988 », *Bulletin Géographique de Kinshasa – Géokin*, vol. 3, n°1, pp. 45-57.
SOLOTSHI, M., KAKESE, K. (1990), « La logique spatiale du micro-commerce ambulant à Lubumbashi (Zaïre) : pauvreté urbaine ou réaction devant l'adversité », *Bulletin de la Société belge d'Études géographiques.*
SOLOTSHI, M., PANZU, S.Z. (1991), « Commerce de détail et organisation de l'espace urbain à Lubumbashi (Shaba, Zaïre) », *GEO-ECO-TROP*, Tome 3-4, pp. 145-165.
SOYER, J., NTOMBI, M. (1982), « Variabilité spatiale des pluies à Lubumbashi (Zaïre) », *GEO-ECO-TROP*, Tome 1, pp. 1-20.
VERHAEGEN, B. (1963), « Présentation morphologique des nouvelles provinces », Études Congolaises, Vol. IV/4, pp. 1-25.
WILMET, J. (1991), *Environmental study of tropical african urban areas by multitemporal satellite imageries (Lubumbashi in Zaïre)*, Proceeding of the XXIVth Int. Symp. On Environmental Remote Sensing ERIM 27-31 May, Rio de Janeiro, Brazil.

C. THÈSES DE DOCTORAT EN GÉOGRAPHIE SUR LE CONGO (RDC)

ALEXANDRE-PYRE, S. (1965), *Le plateau des Biano (Katanga) : étude de géomorphologie,* Thèse de doctorat, Université de Liège.
AMISI MWANAYAMBA (2010), *Perception de l'impact des activités minières au Katanga. Analyse par l'application de la théorie paysagère de Kevin Lynch,* Thèse de doctorat, Université de Lubumbashi.
ASSANI ALI ARKAMOSE (1997), *Recherche d'impacts d'une retenue d'une rivière ardennaise (Hydrologie, sédimentologie, morphologie et végétation). Cas de barrage de Bütgenbch sur la Warche (Belgique)*, Université de Liège.

ASUMANI SALIMINI (2011), *Qualité de l'environnement et santé de la population dans un milieu urbain d'Afrique tropicale. Cas de la ville de Lubumbashi (RDC). Approche géographique*, Thèse de doctorat, Université de Lubumbashi.

BALABALA SHIWANGA (1982), Étude métallogénique géostatique : *gisement ferrifère de Kasumbalesa au Shaba*, Thèse pour le doctorat de Géographie, Université nationale du Zaïre, Lubumbashi.

BATUBENGA KAYEMBE (2010), *Répartition des produits consommés dans la Gécamines exploitation à l'échelle mondiale et leur impact sur le développement économique du Katanga de 1982 à 2008*, Thèse de doctorat, Université de Lubumbashi.

BAYA KI-MALANDA (1988), *Le petit commerce africain à Kisangani*, Thèse de doctorat en géographie, Université de Bordeaux III, 520p.

BEGUIN, H. (1960), *La mise en valeur agricole du sud-est du Kasaï. Essai de géographie agricole et de géographie agraire et ses possibilités d'applications pratiques*, Université de Liège.

BIKOKO ESEKA (1979), *Les quartiers urbains de Mbandaka : expansion spatiale et morphologie urbaine*, Thèse de 3ème cycle, Institut de Géographie tropicale, Université de Bordeaux III.

BINZANGI KAMALANDUA (1988), *Contribution à l'étude du déboisement en Afrique centrale : le cas du Shaba méridional*, Thèse de doctorat en Sciences, Université de Lubumbashi, Faculté des Sciences, Département de Géographie, Laboratoire de Botanique et Écologie, 290 p.

BRIGNOL, Christian (1986), *Circulation et transports dans le Kivu zaïrois*, Thèse de 3ème cycle, Institut de Géographie tropicale, Université de Bordeaux III.

BRUNEAU, Jean-Claude (1990), *Lubumbashi, capitale du cuivre. Ville et citadins au Zaïre méridional*, Thèse de doctorat d'État ès Lettres et Sciences Humaines (Géographie), Université Michel-de-Montaigne Bordeaux III.

BUKOME ITONGWA (1993), *Le commerce de détail à Lubumbashi : localisation et comportements d'achat. Étude de géographie économique*, Thèse de doctorat, Institut de géographie, Université de Liège.

BUSHABU MBENGELE-MING (1991), *L'organisation urbaine du Katanga du point de vue économique*, Thèse de doctorat, Institut de géographie, Université de Liège.

BYAMUNGU bin RUSANGISA (1987), Étude gravimétrique de deux zones de déformation de la plaine africaine : I. Rift Est-Africain et ses bordures de la région des Grands Lacs ; II. La Chaîne Ouest-Congolienne du Congo-Bas-Zaïre, Thèse pour le doctorat de géographie, Université de Lubumbashi.

CALGIO GAUDINO (1973), *Essai de morphologie urbaine de la ville de Bukavu (République du Zaïre)*, Thèse de 3ème cycle, Université de Grenoble, 244 p.

CHAPELIER, A. (1956), *Élisabethville. Jadotville et Kolwezi : étude de géographie urbaine comparée*, Thèse de doctorat en géographie, Université de Liège.

DE MAXIMY, R. (1983), *Kinshasa. Ville en suspens. Dynamique de la croissance et problèmes d'urbanisme. Approche socio-politique*, Université de Paris 1, Éditions de l'ORSTOM, Travaux et Documents, n° 176, Paris, 477p.

DENIS, J. (1958), *Le phénomène urbain en Afrique centrale*, Thèse de doctorat d'État, Université Paris 1, Sorbonne, IRSAC, Séance du 17 mars, Bruxelles, 407 p.

DHEUDJO NDAHORA S. (1990), *Kinshasa Ouest (Zaïre). Étude de transformation et d'intégration des quartiers urbains*, Université de Bordeaux III (géographie), Thèse de doctorat, 555 p. + annexes.

DIABONDA, M. (1984), *Exode rural à Luozi (Bas-Zaïre)*, Thèse de doctorat en Sciences (géographie), Université Libre de Bruxelles.

DIKUMBWA N'LANDU (1991), *L'impact des facteurs économétriques sur les cycles biogéochimiques en forêt dense à Entandrophragma delevozi De Wild au Shaba méridional (Zaïre)*, Thèse de doctorat en géographie, Université de Liège.

EKOMBE ENDAM MANGUNGU (1981), *Une entreprise de développement rural dans le Haut-Zaïre : le paysannat Babua*, Thèse de 3ème cycle, Institut de Géographie tropicale, Université de Bordeaux III.

GUERANDEL, G. (1983), *Les cultures maraîchères à Kinshasa*, Thèse de Doctorat, Institut de Géographie, Université de Bordeaux III.

HOLENU MANGENDA (2014), *Aménagement des décharges publiques à Kinshasa*, Université de Kinshasa.

IDRING'I, A.N. (1987), *Problèmes d'approvisionnement des villes tropicales en vivres, eau, bois et charbon de bois : cas de Kisangani (Zaïre)*, Université de Bordeaux III, Thèse de 3ème cycle en géographie, 379 p.

ILUNGA LUTUMBA (1984), *Le Quarternaire de la plaine de la Ruzizi (étude morphologique et lithostratigraphique)*, Thèse de doctorat, Vrije Universiteit Brussel, 353 p.

IPANGA TSHIBWILA (1989), *La localisation des cabinets dentaires : le cas de la Province de Luxembourg*, Thèse de doctorat en géographie, Université Catholique de Louvain.

KABAMBA KABATA (2000), *Relations à la ville et territorialité dans la campagne environnante de Kananga (RD Congo)*, Université de Liège, Thèse de doctorat en géographie, 179 p.

KABATUSUILA MPANU-PANU (1994), Organisation spatiale, cadre de vie et crise de l'environnement à Kananga (Zaïre), Thèse de doctorat en géographie, Université de Bordeaux III.

KABU ZEX KONGO NZEZA (1998), *Problème de l'écoulement de la viande bovine locale sur le marché de Kinshasa au Congo (ex-Zaïre)*, Thèse de doctorat, Institut de géographie, Université de Paris 1, 298 p.

KABWANA NGWEJI (2013), *Urbanisation et organisation de l'espace urbain de la ville de Kananga en RDC*, Thèse de doctorat, Université de Lubumbashi.

KADIMA KAMUNUKAMBA, C. (2011), *Le système urbain de Kisangani et son impact sur l'exploitation des écosystèmes forestiers des collectivités de son environnement proche*, Thèse de doctorat en Sciences (Géographie), Université pédagogique nationale.

KAKESE KUNYIMA BUZUDI (1992), *L'organisation de l'espace urbain d'une ville moyenne en République du Zaïre : Likasi au Shaba méridional*, Thèse pour le doctorat de Géographie, Université de Lubumbashi.

KAKULE VYAKUNO (2006), *Pression anthropique et aménagement rationnel des hautes terres de Lubero en RDC. Rapports entre société et milieu physique dans une montagne équatoriale*, Thèse pour le doctorat de géographie, Université de Toulouse II, Département de géographie et aménagement.

KALOMBO KAMUTANDA (1986), *La mesure et les facteurs de l'évapotranspiration effective sur le plateau des Hautes Fagnes (Belgique)*, Université de Liège.

KAMANDA WA KAMANDA, J.-C. (2010), *Disponibilité et accessibilité des services de Planification familiale dans la ville de Lubumbashi*, Université de Lubumbashi, Faculté des Sciences.

KANENE MPALI (1990), *Les marchés de Kinshasa : structure, localisation et leur rôle dans la distribution des biens et des services. Étude de géographie économique*, Université de Liège, Thèse de doctorat en sciences géographiques, 408 p. + annexes.

KASAY KATSUVA L.L. (1988), *Dynamisme démo-géographique et mise en valeur de l'espace en milieu équatorial d'altitude, cas du pays nande au Kivu septentrional*, Thèse pour le doctorat de Géographie, Université de Lubumbashi, Faculté des Sciences, Département de Géographie.

KASEREKA RAIS (1996), *Études de sédiments détritiques du littoral septentrional de Mweru (Rive zaïroise) et des bassins de la Ciamfulu et de la Likinda, Katanga Nord-Oriental : contribution à l'étude des paléoenvironnements*, Thèse pour le doctorat de Géographie, Université de Lubumbashi.

KATAI AYI MUTOMBO, H. (2014), *Urbanisation et fabrique urbaine à Kinshasa. Défis et opportunités d'aménagement*, Thèse de doctorat en Géographie, Université de Bordeaux III Montaigne.

KAYEMBE WA KAYEMBE, M. (2012), *Les dimensions socio-spatiales de l'érosion ravinante intra-urbaine dans une ville tropicale humide. Le cas de Kinshasa (RD CONGO)*, Thèse pour le doctorat en géographie, Université Libre de Bruxelles, Laboratoire de Géographie humaine, 302 p.

KISANGALA MUKE, M. (2014), *Impact des changements climatiques sur la navigabilité de la rivière Kasaï : approches morphologique, hydrographique, climatique et écologique du bassin du Kasaï dans sa partie congolaise*, Thèse de doctorat en Sciences (Géographie), Université de Kinshasa.

LELO NZUZI, F. (1987), *La planification participative « indirecte » dans l'aménagement des villes négro-africaines : l'exemple de la ville de Lubumbashi au Zaïre*, Thèse de doctorat en géographie, Université de Laval (Québec).

MABOLOKO NGULAMBANGU (1988), *L'espace industriel du Sud-Ouest du Zaïre, essai d'analyse géographique*, Thèse de doctorat en Sciences (géographie), Université Libre de Bruxelles, Laboratoire de Géographie humaine, 3 volumes, 848 p. + annexes.

MAKANZU IMWANGANA, F. (2014), *Étude de l'érosion ravinante à Kinshasa. Dynamisme pluvio-morphogénique et développement d'un outil de prévention*, Thèse de doctorat en Sciences (Géographie), Université de Kinshasa.

MANGALA MAPONDA (1975), *Transports et urbanisation en République du Zaïre : transports routiers et régionalisa*tion, Université de Strasbourg Louis Pasteur, Thèse de 3ème cycle, Centre de Géographie appliquée, 235p.

MANSILA FU KIAU (1989), *Kolwezi : l'émergence d'une ville minière au Zaïre méridional*, Thèse pour le doctorat de Géographie, Université de Lubumbashi.

MASHINI DHI MBITA MULENGHE (1994) *Développement régional et stratégies spatiales dans le Kwango-Kwilu (Sud-Ouest du Zaïre)*, Thèse de doctorat en Sciences (géographie), Université Libre de Bruxelles, Laboratoire de Géographie humaine, 2 volumes, juin, 684p.

MATADI PASA MAKINA, J. (2014), *La gestion de déchets ménagers solides dans la ville de Tshikapa, Province du Kasaï Occidental (RDC) : une approche géo-environnementale et socio-économique,* Thèse pour le grade de docteur en Sciences, Groupe : Géographie, Université pédagogique nationale, Kinshasa, 2013-2014, 257 p.

MATAND TWILENG (2005), *Le cycle de l'eau. Problèmes de l'approvisionnement en eau potable dans les villes congolaises. Le cas de la ville moyenne de Muene Ditu,* Thèse de doctorat en Environnement (orientation gestion), Université Libre de Bruxelles, IGEAT.

MATEZO BAGUNDA (1980), *Mbanza-Ngungu (Zaïre) et son arrière-pays,* Thèse de doctorat, Faculté des Lettres et Sciences humaines, Université de Bordeaux III.

MAWENGO MWALIBA, M.-J. (2013), *Bonwase. Évolution du couvert végétal d'une région congolaise,* Thèse de doctorat, Université pédagogique nationale, Département de Géographie-Sciences de l'Environnement, juillet, 418 p. + Annexe cartographique, 30 p.

MBAFUMOJA PALUKU (1977), *Les transports ferroviaires et fluviaux au Zaïre,* Thèse de 3ème cycle, Institut de Géographie tropicale, Université de Bordeaux III.

MBENGA MPIEM LEY (2017), *Étude géographique de la diffusion et la territorialisation d'un fait. Cas de la Communauté du Christ en République Démocratique du Congo,* Thèse de doctorat en Sciences (groupe Géographie), Université de Kinshasa, Département des Géosciences, avril, 302p.

MBENZA MUAKA (1983), *Évolution de l'environnement géomorphologique des fonds de vallée au cours du Quaternaire dans une région tropicale humide du Katanga,* Thèse de doctorat, Université de Liège.

MBULUYO MOKILI, K. (1993), *Géomorphologie de l'Ituri oriental (nord-est du Zaïre). Analyse morphologique et structurelle des effets d'une réactivation du Rift,* Thèse de doctorat, Université de Liège.

MBUYU NUMBI (1989), *Étude des facteurs influençant les relations pluie-débit/ Modèle de prévisions des crues. Application aux bassins alimentant le lac d'Eupen : Helle, Getz et Vesdre,* Université de Liège.

MITI TSETSA (1988 ?), XXX, Thèse de doctorat, KU Leuven.

MONGA KASONGO, Claude (2014), *Nécessité de réaménagement des installations hygiéniques dans la ville de Kinshasa,* Thèse de doctorat en Sciences (Géographie), Université pédagogique nationale, Kinshasa.

MPASI ZIWA MAMBU, F. (1993), *Les climats, les bilans hydriques du Bas-Zaïre et quelques implications dans les domaines de l'agriculture et de l'environnement,* Thèse de doctorat, Université Libre de Bruxelles, Faculté des Sciences.

MPURU MAZEMBE BIAS, R. (1998), *Urbanisation et crise alimentaire à Kikwit (Congo) : stratégies d'adaptation aux contraintes d'approvisionnement vivriers et alimentaires, et incidences sur la société urbaine,* Thèse de doctorat en géographie tropicale, Université de Bordeaux III - Michel de Montaigne, Septentrion, Presses Universitaires du Septentrion, Villeneuve d'Ascq (Lille), 450 p.

MUBALUTILA, M.B. (1980), *Les marchés du Bas-Zaïre,* Thèse de 3ème cycle, Université de Bordeaux III, 372 p.

MUHINDO SAHANI, W. (2011), *Le contexte urbain et climatique des risques hydrologiques de la ville de Butembo (Nord-Kivu, RDC),* Thèse de doctorat, Université de Liège, Laboratoire de Climatologie et Topoclimatologie, Faculté des Sciences, Département de Géographie.

MUKALAYI, L. (1984), *Étude géographique de Manono, centre secondaire du Zaïre*, Thèse de 3ème cycle, 2 volumes, Université de Bordeaux III.

MUKENDI TAMBWE (1981), *Petits métiers et activités de survie des citadins de Kinshasa. Étude de cas,* Thèse de 3ème cycle, Institut de Géographie tropicale, Université de Bordeaux III.

MUKOKA ZEVO, T. (2001), *La République Démocratique du Congo. De la dépendance à un développement autocentré : le cas des Cataractes (Bas-Congo),* Thèse pour l'obtention du grade de Docteur ès sciences économiques et sociales (Mention : géographie), Université de Genève, Faculté des sciences économiques et sociales, 419 p. + annexes.

MUSENGA TSHIEY, V. (2014), *L'organisation de l'environnement urbain et les perspectives d'aménagement durable de la ville de Kinshasa,* Thèse de doctorat en Sciences (Géographie), Université de Kinshasa.

MWANZA WA MWANZA, H. (1996), *Transport et implantation des équipements socio-collectifs dans une métropole tropicale : Kinshasa (Zaïre),* Thèse de doctorat en Sciences géographiques, Université Libre de Bruxelles, Laboratoire de Géographie humaine, 3 volumes.

NGOY KITWA (2012), *Spécialisation commerciale et logique de fréquentation des marchés de la ville de Kamina,* Université de Lubumbashi.

NICOLAI, H. (1963), *Le Kwilu. Étude géographique d'une région congolaise,* CEMUBAC, Bruxelles, 469 p. Thèse principale de doctorat d'État ès Lettres, Université de Bordeaux.

NOTI NSELE ZOZE, J. (2003), *L'impact de la fonction administrative sur le développement de la ville de Bandundu, RDC,* Thèse de doctorat en sciences géographiques humaines et économiques, Université de Liège, Institut de Géographie, 337 p.

NSHIMBA LUBILANJI, L. (1973), *Étude de l'approvisionnement en poisson de Kinshasa (Zaïre). Un problème de croissance urbaine en Afrique noire,* Université de Bordeaux III, Thèse de 3ème cycle en géographie, 296 p.

NSIAMI MABIALA (2009), *Analyse texturale de l'image panchromatique QuickBird à très haute résolution spatiale. Application à la différenciation des types d'occupation du sol à Lubumbashi,* Thèse de doctorat, Université de Lubumbashi.

NTOMBI MUEN KABEYA, M. (1990), *Étude des sondages aérologiques et des images satellitaires de Météostat en vue de l'explication du climat de la région de Lubumbashi (Shaba méridional, Zaïre),* Thèse de doctorat, Université de Liège, Laboratoire de Climatologie et Topoclimatologie, Faculté des Sciences, Département de Géographie, 377 p.

NYOKA MUPANGILA, F. (2011), *Contribution à l'étude des relations ville-campagne. Le cas de Kananga (RDC),* Thèse de doctorat en Sciences (Géographie), Université pédagogique nationale, Kinshasa.

PAIN, M. (1979), *Kinshasa : écologie et organisation urbaines,* Thèse de Doctorat d'État ès Lettres (Géographie), Université de Toulouse II, 2 volumes, 476 p. et 233 p. Voir aussi, pour le même auteur : PAIN, M. (1975), *Kinshasa : étude cartographique des petites activités. 1. Documents ; 2. Cartes,* Thèse de 3ème cycle, Université de Toulouse-le-Mirail, Toulouse, 139 p.

PIERMAY, J.L. (1989), *La production de l'espace urbain en Afrique centrale*, Thèse de doctorat d'État, Université Paris 10 (sous la direction de P. Pélissier), 692 p.

RAMAZANI AMADI (1990), *Kinshasa Est (Zaïre) : de l'habitat planifié à la croissance spontanée*, Université de Bordeaux III (géographie), Thèse de doctorat, 471 p. + annexes.

RUMUENGERI BONEZA TABAZI (1988), *Le précambrien de l'Ouest du lac Kivu (Zaïre) et sa place dans l'évolution géodynamique de l'Afrique centrale orientale : pétrologie et tectonique*, Thèse pour le doctorat de Géographie, Université de Lubumbashi.

SOLOTSHI MUYUNGA (1985), *Contribution à l'étude de l'organisation spatiale d'une région en Afrique tropicale : la dépression de Kamalondo (Shaba, Zaïre)*, Thèse de doctorat en géographie, Université Catholique de Louvain.

TSHIMANGA MULANGALA (2009), *Le rôle de l'artisanat minier du diamant dans l'organisation régionale. Cas de Mbujimayi et ses environs au Kasaï-Oriental*, Thèse en géographie, Université de Lubumbashi.

TSHIUNZA KALALA, Ch. (2003), *Mutations d'un système spatial rural. Cas du territoire luba kasayi, RDC*, Thèse de doctorat en sciences géographiques, Université de Liège, Institut de Géographie.

USASA, U. (1988), *Étude de la ville de Kananga (Zaïre)*, Thèse de 3ème cycle, Université Paris VII.

VAN CAILLIE, X. (1983), *Hydrologie et érosion dans la région de Kinshasa. Analyse des interactions entre les conditions du milieu, les érosions et le bilan hydrologique*, Thèse de doctorat, Département de Geografie-Geologie, KU-Leuven, 554 p.

VILIMUMBALO, S. (1993), *Paléoenvironnements et interprétations paléoclimatiques des dépôts palustres du Pléistocène supérieur et de l'Holocène du Rift Centrafricain au Sud du lac Kivu (Zaïre)*, Thèse de doctorat en Sciences géographiques, Université de Liège, 212p.

WILMET, J. (1961), *La répartition de la population dans la dépression Mufuvya-Lufira, Haut-Katanga. Essai d'une géographie du peuplement en milieu tropical*, Université de Liège.

YAMBA TSHISUNGU (1993), *Étude lithostratigraphique des dépôts quarternaires de la plaine de Rutshuru (Est-Zaïre), branche occidentale du Rift Est Africain*, Thèse de doctorat, Vrije Universiteit in Brussel, département de Géomorphologie et de Géologie, 174 p. + annexes.

YINA NGUNGA, D. (2016), *Apport de la géomatique dans l'étude de la prévalence du paludisme à Kinshasa*, Thèse de doctorat, Université de Kinshasa.

D. RAPPORTS ET DOCUMENTS DIVERS

BANQUE MONDIALE (2005), *Le système éducatif de la République démocratique du Congo : Priorités et alternatives*, Département du développement humain, Région Afrique, Document de travail, janvier, 164 p.

BAVUIDINSI MATONDO, A. (2012), *Le système scolaire au Congo-Kinshasa : de la centralisation bureautique à l'autonomie des services*, L'Harmattan, Collection « Études Africaines », Paris, 314 p.

Bureau International d'Éducation (2001), *Le développement de l'éducation. Rapport national de la République Démocratique du Congo*, Secrétariat permanent de la Commission Nationale pour l'UNESCO, Kinshasa, avril.

Centre d'études Stratégiques du Bassin du Congo (2008, 2009), *Répertoire des publications. République Démocratique du Congo. Thèses de doctorat*, 64 p. (Première mise en ligne le 1er février 2008 ; mise à jour du 31 juillet 2009).

Colloque national de géographie (1977), « Perspectives de la géographie sur le plan national du Zaïre », *Actes du colloque* (non publiés), Kananga.

EKWA BIS ISAL, M. (2006), « Le système éducatif de la République Démocratique du Congo : défis et enjeux » (pp. 123-136), in MABIALA MANTUBA-NGOMA, P., HANF, T. et SCHLEE, B., *La République Démocratique du Congo : une démocratie au bout du fusil*, Publication de la Fondation Konrad Adenauer, Kinshasa, 253 p.

MASHINI D.M., J.-C. (2014), *Géographie & Société*, Cours à l'usage de G3 et pré-licence en Géographie-Sciences de l'environnement, Université pédagogique nationale, 1ère édition, Kinshasa, 77 p.

Nations Unies (s.d.), « Reconstruction prioritaire pour le Congo : les nouveaux dirigeants doivent faire face à la débâcle administrative et économique », *in Afrique Relance*, Bureau S-931, New York.

NSHIMBA LUBILANJI, L. (2014), *Introduction aux méthodes de recherche en Géographie humaine*, Edition Gravitas, Kinshasa, 181p.

PETIT, P. (2000), *Lubumbashi 2000 : la situation des ménages dans une économie de précarité*, Rapport des recherches effectuées durant la première session des travaux de l'Observatoire du Changement Urbain, juin-octobre, Université de Lubumbashi, Coopération universitaire au Développement, édité en 2001.

PNUD (2009), *République démocratique du Congo. Programme de gouvernance 2008-2012, Document de programme*, Kinshasa, 70p.

PNUD / FAO (1987), Étude de définition d'une politique d'aménagement de l'espace rural. Région du Bandundu. République du Zaïre, Rapport final, Projet ZAI/86/007, Rome, 84 p. + annexes.

République Démocratique du Congo, Gouvernement provincial de Kinshasa (2010), *L'étude sur le plan de reconstruction urbaine de la ville de Kinshasa en République Démocratique du Congo*, Rapport final. Résumé, Agence Japonaise de Coopération Internationale, Kinshasa, mars, pagination multiple.

République Démocratique du Congo (2005), Ministère de l'Enseignement Primaire, Secondaire et Professionnel, Direction des Programmes scolaires et Matériel didactique, *Programme National de Géographie*, Kinshasa, 81 p.

République Démocratique du Congo (2011), Ministère de la Décentralisation et Aménagement du Territoire, *Cadre Stratégique de Mise en Œuvre de la Décentralisation (CSMOD)*, document validé, Kinshasa, juillet, 71 p.

République Démocratique du Congo (2014), *Annuaire statistique de l'Enseignement Supérieur, Universitaire et Recherche Scientifique. Année académique 2012-2013*, Kinshasa.

République Démocratique du Congo, Ministère de l'Enseignement Supérieur et Universitaire (2003), *Pacte de Modernisation de l'Enseignement Supérieur et Universitaire (PADEM)*, Kinshasa, 71 p.

RÉPUBLIQUE DÉMOCRATIQUE DU CONGO, Ministère de l'Enseignement Supérieur, Universitaire et Recherche Scientifique, Commission Permanente des Études (2014), *Vade-Mecum du gestionnaire d'une institution d'Enseignement Supérieur et Universitaire*, 3ème édition, Kinshasa, juillet, 392 p.

RÉPUBLIQUE DU ZAÏRE, DÉPARTEMENT DU PLAN (1989), *Guide pratique dans l'élaboration des diagnostics régionaux*, Projet PNUD/ZAI/86/001 – Appui à la Planification, Direction de la Planification Régionale, Kinshasa.

ROYAUME DE BELGIQUE, MINISTÈRE DES COLONIES (1949), *Plan décennal pour le développement économique et social du Congo belge*, Volumes 1 et 2, Ed. De Visscher, 601 p.

VANTHEMSCHE, G. (1994), Genèse et portée du « Plan décennal » du Congo belge (1949-1959), *Académie Royale des Sciences d'Outre-Mer*, Classe des Sciences Morales et Politiques, Mémoires in-8°, Nouvelle Série, Tome 51, fasc. 4, Bruxelles, 91 p.

SOSAK (2014), *Schéma d'Orientation Stratégique de l'Agglomération de Kinshasa*, Groupe Huit - Développement Urbain, Agence Française de Développement (AFD).

VERHAEGEN, B. (1978), *L'enseignement universitaire au Zaïre, de Lovanium à l'UNAZA 1958-1978*, L'Harmattan – CRIDE – CEDAF, 199 p.

Lexique alphabétique général des auteurs cités[1]

A
ALDHUY, J. (2006, 2008)
ALEXANDRE, J., OZER, A. (2003)
ALEXANDRE-PYRE, S. (1965, 1969, 1978)
ALONI, K., MBENZA, M., ALEXANDRE, J. (1989)
AMISI MWANA YAMBA (2010)
ASSANI ALI ARKAMOSE (1994, 1997)
ASSANI, A., KAKESE, K.B, SOLOTSHI, M. (1993)
ASSANI, A., KALOMBO, K., MBENZA, M. (1991)
ASSANI, A.A., BATUBENGA, K., N'TUMBA, K., SOLOTSHI, M. (1993)
ASSANI, A.A., KALOMBO, K. (1997)
ASUMANI SALIMINI (2011)
ASUMANI, S. et al. (2017)

B
BALABALA SHIWANGA (1982)
BANQUE MONDIALE(2005)
BATUBENGA KAYEMBE (2010)
BAVUIDINSI MATONDO, A. (2012)
BAYA Ki-MALANDA (1987, 1988, 1999)
BEAU (1982a, b, 1988, 1990)
BEGUIN, H. (1960)
BIKOKO ESEKA (1979, 1984)
BINZANGI KAMALANDUA (1983, 1988, 2004)
BLAIS, H., DEPREST, F. (2008)
BONGELI YEIKELO YA ATO, E. (2017)
BOUVIER, P. (2012)
BRAECKMAN, C., GERARD-LIBOIS, J., KESTERGAT, J., VANDERLINDEN, J., VERHAEGEN, B. et WILLAME, J.-Cl. (2010)
BREUER, Ch. (2009)
BRIGNOL, Ch. (1986)
BRUNEAU, J.-C. (1990, 2009)
BRUNEAU, J.-C., KASAY, K. (1981)
BRUNEAU, J.-C., MANSILA, F.K. (1983, 1986)
BRUNEAU, J.-C., PAIN, M. (1990)
BRUNEAU, J.-C., SIMON, T. (1991)
BRUNET, R., FERRAS, R., THERY, H. (dir., 1997)
BUKOME ITONGWA, D. (1993, 2010)
BUKOME, I., KINGOMA MUNGANGA, D. (2002)
BUKOME, I., MERENNE-SCHOUMAKER, B. (1988)
BULLETIN DE LA SOCIÉTÉ GÉOGRAPHIQUE DE LIÈGE(2009)
BULLETIN GÉOGRAPHIQUE DE KINSHASA – GÉOKIN (2014)
BUREAU INTERNATIONAL D'ÉDUCATION (2001)
BUSHABU MBENGELE-MING (1991, 1992, 1998)
BUSHABU, M.M., MABIRA MAPOKA, KAPEND MUYET (2002)
BYAMUNGU bin RUSANGISA (1987)

C
CABOT, J. (1965)
CALGIO GAUDINO (1973)
CAMBIER, R. (1950)
CENTRE D'ÉTUDES STRATÉGIQUES DU BASSIN DU CONGO (2008, 2009)
CENTRE D'INFORMATION ET DE DOCUMENTATION DE LA GÉOGRAPHIE DU CONGO (CIDGC, 1989)
CHALÉARD, J.L., SANJUAN, Th. (2017)
CHAMAA, M.S., BIDOU, J.E., BOUREAU, P.Y. et coll. (1981)
CHAMPIGNY, D., DURAND, B. (2002)
CHAPELIER, A. (1956, 1957)
CHILLON, B. (1963)
CHOPRIX, G. (1961)
CIATTONI, A., VEYRET, Y. (2013)
CLAVAL, P. (1973, 1978, 1994, 2001)
COLLOQUE NATIONAL DE GÉOGRAPHIE (1977), Kananga (Zaïre)
COMITÉ NATIONAL DE GÉOGRAPHIE (Belgique, 1968)
CONSEIL DE L'EUROPE (1968)
CRISP (1962)

D
DA CUNHA, A. et al. (2005)
DAVEAU, S. (1970, 2003)
DE MAXIMY, R. (1983, 1984)
DE MAXIMY, R., FLOURIOT, J., PAIN, M. (1975)
DE MAXIMY, R., PAIN, M. (1982)
DE SAINT MOULIN, L. (1975, 1992)
DE SAINT MOULIN, L. (2011, avec la coll. de KALOMBO TSHIBANDA, J.-L.)
DE SMET, R.-E. (1962, 1966, 1971, 1972)
DENIS, J. (1956, 1958)

---

[1] Ce lexique général reprend les auteurs cités dans les différents chapitres de l'ouvrage, y compris en dehors de la sélection bibliographique reprise en fin de volume. Pour rappel, cette dernière sélection concerne pour l'essentiel les travaux sur le territoire de la RD CONGO.

DHEUDJO NDAHORA S. (1990)
DI MÉO, G. (1991, 2008)
DIABONDA, M. (1984)
DIKUMBWA N'LANDU (1979, 1990, 1991)
DIKUMBWA, N., MBENZA, M. (1999)
DIOP, D. (2011)
DOUSSOT, S. (2013)
DUBUS, N., HELLE, C., MASSON-VINCENT, M. (2010)
DUMONT, G.-F. (2012)
DURAN, P. (2001)

E
EKOMBE ENDAM MANGUNGU (1981)
EKWA BIS ISAL, M. (2006)

F
FRÉMONT, A., CHÉVALIER, J., HERIN, R., RENARD, J. (1984)

G
GALLAIS, J. (1967)
Géo-Eco-Trop
GEORGE, P. (1978)
GOUROU, P. (1950, 1952, 1953, 1955, 1956, 1958, 1959, 1960, 1982)
GRINSBURGER, N. (2011)
GUÉRANDEL, G. (1983)
GUESNIER, B. (2005)

H
HANGOUET, J.F. (1999)
HARJOABA, R. et I., KALOMBO, K. (1978)
HERMET, G., KAZANCIGIL, A., PRUD'HOMME, J.-F. (2005)
HEURGON, E., LANDRIEU, J. (coord., 2000)
HOLENU MANGENDA (2014)
HUGONIE, G. (2007)

I
IDRING'I, A.N. (1987)
IDRING'I, A.N., BAHUMIGA, L.B. (1995)
ILUNGA LUTUMBA (1978, 1984, 1991, 2006, 2007)
ILUNGA LUTUMBA, ALEXANDRE, J. (1982)
IPANGA TSHIBWILA (1983, 1989, 1992)
ISNARD, H. (1978, 1981

J
JENTGEN, P. (1952, 1953)

K
KABAMBA KABATA (2000)
KABAMBA KABATA, NYOKA MUPANGILA (1998)
KABAMBA, K., NTUMBA KABALE (1999)
KABATUSUILA MPANU-PANU, P. (1994, 2013)
KABEYA, D. et al. (2007)
KABU ZEX KONGO NZEZA, J.-P. (1998, 1999)
KABWANA NGWEJI (2013)
KADIMA KAMUNUKAMBA, C. (2011)
KADIMA KAMUNUKAMBA, C.KYALE KOY, J. (2014, 2015)
KAKESE KUNYIMA BUZUDI (1992)
KAKULE VYAKUNO (2006)
KALOMBO KAMUTANDA, D. (1979, 1986, 2016)
KALOMBO, D.K., TSHIBANGU, K.T., TSHIMANGA, R.F. (2016)
KAMA FUNZI MUDINDAMBI, F. (1971, 1983, 2008)
KAMANDA wa KAMANDA, J.-C. (2010)
KANENE MPALI SITELA (1990, 1992)
KASAY KATSUVA LENGA-LENGA (1982, 1988)
KASAY, K.L.L., NDAKIT, K. (1985)
KASEREKA RAIS (1996)
KASONGO SABANA, J.-L. (2016)
KATALAYI MUTOMBO, H. (2014, 2015)
KAYEMBE WA KAYEMBE, M. (2012)
KAYEMBE WA KAYEMBE, M., DE MAEYER, M., WOLFF, E. (2009)
KAYEMBE WA KAYEMBE, M., MAKANZU IMWANGANA, F., WOLFF, E. et al. (2016)
KAYEMBE WA KAYEMBE, M., WOLFF, E. (2015)
KENNY, S. (2007)
KIRSCH, J. (1959)
KISANGALA MUKE, M. (2009, 2014)
KITAMBALA KAPATA, H. (2016)
KITENGIE LUBAND et al. (1988)
KITENGIE LUBAND, J.B. et MAYELE N'SIEN BEY, E. (2013)
KOFFIE-BIKPO, C.Y., OUSMANE, D. (2009)

L
LACLAVÈRE, G. (1978)
LACOSTE, Y. (1976, 1993)
LASSERRE, G. (1989)
LAURIN, S. et al. (dir., 2001)
LE GALES, P. (1995)
LELO NZUZI, F. (1987, 1989, 1995, 2008, 2011, 2013, 2017)
LELO NZUZI, F., TSHIMANGA MBUYI, C. (2004, dir.)

LELOUP, F., MOYART, L., PECQUEUR, B. (2004)
LEVY, J. (dir.), LUSSAULT, M. (2013)
LOOTENS-DE MUYNCK, M.T., BRUNEAU, J.-C., MALAISSE, F. (1980)
LUBIKU LUSIENSE, R.-N. (2012)
LUKISA MAYULA, G.-J. (2015-2016)
LUPANGU NDAKA, A. (2013)

M
MABIALA MANTUBA-NGOMA, P., HANF, T. et SCHLEE, B. (sous la direction de, 2006)
MABIALA MANTUBA NGOMA (sous la direction de, 2009)
MABOLOKO NGULAMBANGU, C.E. (1977, 1988, 1989, 1990, 1991, 2000, 2014)
MABOLOKO NGULAMBANGU, C.E., MBENGA MPIEM LEY (1995)
MABOLOKO NGULAMBANGU, C.E., NICOLAI, H. (1999)
MABOLOKO NGULAMBANGU, MBWIBWA KABONGO (2013)
MABOLOKO NGULAMBANGU, C.E., MPURU MAZEMBE BIAS, R. (2016)
MABY, J. (2017)
MAKANZU IMWANGANA, F. (2010, 2014)
MAKANZU IMWANGANA, F., DEWITTE, O., NTOMBI, M., MOEYERSONS, J. (2014)
MAKANZU, F., OZER, P., MOEYERSONS, J. (2014)
MALAISSE, F., BATUBENGA, K., BINZANGI, K., IPANGA, T., KAKISINGI, M. (1983)
MALAISSE, F., BINZANGI, K., KAPINGA, I. (1980)
MANGALA MAPONDA (1975)
MANSILA FU KIAU, S. (1983, 1989)
MANSILA, F.K., MANSIANTIMA, L. (2002)
MASHINI D.M., J.-C. (1994, 2013, 2014, 2017)
MASHINI DHI MBITA MULENGHE (D.M.) (1980, 1983, 1994, 1986, 1987, 1995, 1998)
MASSART, A. (1950)
MASSON-VINCENT, M. (1998)
MATADI PASA MAKINA, J. (2014)
MATAND TWILENG (2005)
MATEZO BAGUNDA (1980)
MAWENGO MWALIBA (2013)
MBAFUMOJA PALUKU (1977)
MBENGA MPIEM LEY (2017)
MBENGA MPIEM LEY, U., MAFUTA BANGALA, P.-C. (2014)
MBENZA MUAKA (1983)
MBENZA MUAKA, MITI TSETA, ALONI KOMANDA (1991)
MBENZA, M., ALONI, K. (1995)
MBENZA, M., ALONI, K., MUTEB, M. (1989)
MBENZA, M., ASSANI, A. (1988)
MBENZA, M., BADIBANGA, N., ALONI, K. (1988)
MBULUYO MOKILI, K. (1986, 1991, 1993)
MBUYU NUMBI (1989)
MBUYU, N., SOYER, J. (1991)
MÉRENNE-SCHOUMAKER, B. (1985, 1986, 2002, 2003, 2014)
MITI TSETSA (1988, 1991)
MITI, T., ALONI, K. (2005)
MITI, T.F., ALONI, K.J., KISANGALA, M.M. (2004)
MOKENGO, J. et al. (2008)
MOKENGO, J., MUMUNTU, L., TAMANGANI, M. (2011)
MONGA KASONGO, C. (2014)
MONNET, J. (1998)
MPASI ZIWA MAMBU (1991, 1993, 1995)
MPURU MAZEMBE BIAS, R. (1998, 2012, 2014, 2017)
MUBALUTILA, M.B. (1980)
MUHINDO SAHANI, W. (2011)
MUKALAYI, K.L. (1984, 1985)
MUKENDI TAMBWE (1981)
MUKOKA ZEVO, T. (2001)
MUKOKA, Z., NKONGOLO, K. (1987)
MUSENGA TSHIEY, V. (2014)
MWANZA WA MWANZA, H. (1995, 1996, 1998)
MWANZA, H., KABAMBA, K. (2002)

N
NATIONS UNIES (s.d.)
NDAYWEL è NZIEM, I. (1997, 1998)
NGOMA-BINDA, P. (2009)
NGOY KITWA (2012)
NGUYA-NDILA MALENGANA, C. (2006)
NICOLAÏ, H. (1956, 1957, 1961, 1963, 1964, 1967, 1972, 1988, 1993a, b, c, 1994a, b, 1996, 1998, 2001, 2005, 2007, 2009, 2012a, b, 2013, 2017)
NICOLAÏ, H., GOUROU, P., MASHINI, D.M. (1996)
NOTI N'SELE ZOZE, J. (2003, 2006)
NSHIMBA LUBILANJI, L. (1973, 1989, 2014)
NSHIYA K. BEN (2006)
NSIAMI MABIALA (2009)
NTOMBI MUEN KABEYA, M. (1982, 1990)

NTUMBA, K. (1999)
NYOKA MUPANGILA, F. (1983, 2011)

O
OMASOMBO TSHONDA, J. (sous la direction de, 2011a, b, 2012, 2013, 2014a, b, c, 2015, 2016)
OXFAM/ FRANCE (Campagne, 2010)

P
PAIN, M. (1975, 1979, 1984, 2016)
PASQUER, R., SIMOULIN, V., WEISBEIN, J. (dir., 2007)
PEETERS, L. (1963)
PÉLISSIER, P. (1966)
PETIT, P. (2000, 2003)
PIERMAY, J.-L. (1989, 1993, 2003)
PINCHEMEL, Ph. (2000)
PNUD (s.d., 2009)
PNUD/ FAO (1987)
PNUD/ UNDP(s.d.)
PONCELET, M.(2008, 2011)
Portail de la géographie(Le)
POURTIER, R. (1992, 2008, 2009a, b)
Projet d'Organisation de l'Enseignement libre au Congo Belge et au Ruanda-Urundi (1924, 1929)

R
RACINE, J.B., ISNARD, H., REYMOND, H. (1981)
RAFFESTIN, C. (1977, 1980, 1982, 1986, 1995)
RAMAZANI AMADI (1990, 1993)
RAUCQ, P. (1952)
RÉPUBLIQUE DÉMOCRATIQUE DU CONGO, GOUVERNEMENT PROVINCIAL DE KINSHASA (2010)
RÉPUBLIQUE DÉMOCRATIQUE DU CONGO, MINISTÈRE DE L'ENSEIGNEMENT PRIMAIRE, SECONDAIRE ET PROFESSIONNEL (2005)
RÉPUBLIQUE DÉMOCRATIQUE DU CONGO, MINISTÈRE DE L'ENSEIGNEMENT SUPÉRIEUR, UNIVERSITAIRE ET RECHERCHE SCIENTIFIQUE (2003, 2014)
RÉPUBLIQUE DÉMOCRATIQUE DU CONGO, MINISTÈRE DE LA DÉCENTRALISATION ET AMÉNAGEMENT DU TERRITOIRE (2011)
RÉPUBLIQUE DU ZAÏRE, DÉPARTEMENT DU PLAN (1989)
Revue Population, n°4 (1965)
ROBERT, M. (1954)
ROSIÈRE, S. (2001)
ROYAUME DE BELGIQUE, MINISTÈRE DES COLONIES (1949)
RUMUENGERI BONEZA TABAZI (1988)

S
SANGUIN, A.L. (1981)
SAUTTER, G. (1966)

SHOMBA KINYAMBA, S., OLELA NONGA, D. (2015)
SIERRA, Ph. (sous la direction de, 2017)
SIGNORET, Ph. (2011)
SINGARAVELOU, P. (2008)
SIRADIOU, D. (1979)
SOLOTSHI MUYUNGA (1985)
SOLOTSHI MUYUNGA, SORTIA, J.R. (1980)
SOLOTSHI, M., ASSUMANI SALIMINI, ASSANI ALI ARKAMOSE (1992)
SOLOTSHI, M., KAKESE, K. (1990)
SOLOTSHI, M., PANZU, S.Z. (1991)
SOSAK (2014)
SOYER, J., NTOMBI, M. (1982)

T
TREFON, T. (sous la direction de, 2009)
TRICART, J. (1968)
TSHIMANGA MULANGALA (2009)
TSHIUNZA KALALA, Ch. (2003)

U
UNIVERSITÉ PÉDAGOGIQUE NATIONALE(2010)
USASA, U. (1988)

V
VAN CAILLIE, X. (1983)
VAN REYBROUCK, D. (2012)
VANDERMOTTEN, Ch. (2008)
VANDERMOTTEN, Ch., KESTELOOT, Ch. (2012)
VANTHEMSCHE, G. (1994)
VENNETIER, P. (1968, 1991, 1993)
VERHAEGEN, B. (1963, 1978)
VILIMUMBALO, S. (1993)
VIRILIO, P. (1997)
VOIRON, Ch., CHERY, J.P. (2005)

W
WEISS, G. (1959)
WILLAME, J.-C. (sous la direction de, 1964)
WILMET, J. (1961, 1991)
WOLFF, E., MASHINI D.M., IPALAKA, Y., MASSART, M. (2001)

Y
YAMBA TSHISUNGU (1993)
YINA NGUNGA, D. (2016)
YOUNG, C. (1968)

Z
ZACHARIE, A. (sous la direction de, 2016)
ZACHARIE, A., KABAMBA, B. (2009)

Sites internet

Sur les revues et certaines publications consultées

http://belgeo.revues.org/19591
http://belgeo.revues.org/6275
http://belgeo.revues.org/7306
http://civilisations.revues.org/1710
http://cybergeo.revues.org/5145
http://cybergeo.revues.org/5316
http://echogeo.org/10793
http://espacepolitique.revues.org/1296
http://gallica.bnf.fr/ark:/12148/btv1b53121524z
http://gallica.bnf.fr/ark:/12148/btv1b77591003
http://intra-acp-mobility.teamwork.fr/partner_search/home.php
http://laurentienne.ca/rcgt
http://www.africamuseum.be/docs/research/publications/rmca/online/carte_
http://www.cairn.info/revue-espace-geographique-2011-3-page-193.htm
http://www.cairn.info/revue-l-information-geographique-2013-3-page-90.htm
https:/belgeo.revues.org/10209#toct01n6
https://books.google.com
www.fr.wikipedia.org/wiki/Prix_Vautrin_Lud
www.geoconfluences.ens-lyon.fr/glossaire
www.geoecotrop.be
www.http://geoprodig.cnrs.fr/items/show/82194
www.linternaute.com
www.revue.org

Sur les programmes universitaires en géographie

http://labogeo.ulb.ac.be
http://popups.ulg.ac.be/0770-7576/index.php?id=110
http://www.aequatoria.be/04common/038manuels_pdf/Org.scol.1929.pdf
https://www.facebook.com/GeographieUlg
https://www.unifr.ch/geoscience/geographie/assets/files/20150512_Dir_TR_geo_FR.pdf
www.eduquepsp.cd
www.geo.uqam.ca
www.geographie.ulg.ac.be
www.geographybelgium.be
www.laurentienne.ca/programme/geographie
www.minesu.gouv.cd
www.paris-sorbonne.fr
www.u-bordeaux-montaigne.fr
www.uclouvain.be

www.ufhb-igt.net
www.ugb.sn/lsh/jndex.php
www.ulb.ac.be
www.unamur.be/etudes/rheto/catalogue/geog
www.unikin.sciences.free.fr
www.unikis.ac.cd
www.unilu.ac.cd
www.univ-avignon.fr
www.upn-kin.cd

Sur le répertoire des thèses de doctorat en géographie

http://www.abes.fr/Theses/Les-applications/Step
http://www.bibliotheque.toulouse.fr/accueil_perigord.html
http://www.sudoc.fr/007633793
http://www.sudoc.fr/041050533
http://www.theses.fr/2014BOR30036
https://hal.archives-ouvertes.fr/hal-00602190
https://hal.archives-ouvertes.fr/tel-01151044
https://orbi.ulg.ac.be
https://www.rechercheisidore.fr
www.cesbc.org
www.diffusiontheses.fr
www.memoireonline.com
www.theses.fr

Sur certains organismes scientifiques et de coopération

http://www.undp.org/oslocentre/flagship/democratic_governance_assessments.html
https://oraprdnt.uqtr.uquebec.ca
https://www.editions-ue.com
https://www.fig.saint-die-des-voges.fr
https://www1.rfi.fr-actufr-article_27870
www.ares-ac.be
www.caid.cd
www.eces.eu
www.edilivre.com
www.editions-academia.be
www.editions-harmattan.fr
www.erails.net/rails-en-rdc
www.fr.m.wikipedia.org
www.ladocumentationfrancaise.fr
www.ledevoir.com
www.lemonde.fr-article-2011/12/14
www.undp.org/oslocentre

Appendices

Index des noms

A
ALDHUY, Julien 19, 26, 289, 297
ALEXANDRE, Jean 146, 163, 166, 216, 219, 269, 271, 289, 290, 297
ALEXANDRE-PYRE, Sybille 135, 136, 138, 143, 145, 177, 187, 266, 269, 279, 289, 297
ALONI KOMANDA, Jules 177, 219, 220, 269, 289, 291, 297
AMISI MWANA YAMBA 154, 155, 175, 187, 197, 213, 214, 227, 236, 279, 289, 297, 323
ANNAERT-BRUDER, Andrée 267, 297
ASSANI ALI ARKAMOSE 50, 197, 213, 214, 215, 217, 219, 222, 227, 269, 276, 279, 289, 291, 292, 297, 323
ASUMANI SALIMINI 155, 187, 197, 213, 215, 227, 269, 279, 280, 289, 297, 323

B
BADIBANGA, N. 219, 276, 291, 297
BAILLY S., Antoine 40, 297
BAHUMIGA, L.B. 271, 290, 297
BALABALA SHIWANGA 153, 154, 177, 187, 197, 214, 215, 227, 280, 289, 297, 323
BATTY, Michael 41, 297
BATUBENGA KAYEMBE 154, 155, 176, 187, 197, 214, 215, 222, 227, 236, 269, 274, 280, 289, 291, 297, 323
BAVUINDISI MATONDO, Andoche 297
BAYA KI-MALANDA 48, 141, 172, 188, 197, 199, 200, 227, 239, 266, 280, 289, 297, 323
BEGUIN, Hubert 135, 136, 138, 143, 144, 186, 266, 280, 289, 297
BERRY J.L., Brian 41, 297
BIDOU, J.E. 267, 289, 297
BIKOKO ESEKA 48, 140, 141, 173, 186, 197, 199, 201, 227, 235, 269, 280, 289, 297, 323
BINZANGI KAMALANDUA 153, 154, 176, 187, 197, 201, 215, 227, 269, 270, 274, 280, 289, 291, 297, 323
BLAIS, Hélène 84, 118, 289, 297
BONGELI YEIKELO YA ATO, Émile 254, 265, 289, 297
BOUREAU, P.Y. 267, 289, 297
BOUVIER, Paule 265, 289, 297
BRAECKMAN, Colette 61, 82, 265, 289, 297
BREUER, Christophe 24, 26, 33, 53, 289, 297
BRIGNOL, Christian 136, 137, 140, 141, 174, 187, 280, 289, 297

BRUNEAU, Jean-Claude 58, 82, 136, 137, 138, 141, 172, 179, 184, 194, 203, 205, 236, 266, 270, 273, 280, 289, 291, 297
BRUNEAU, Michel 119, 277, 297
BRUNET, Roger 30, 39, 53, 54, 289, 297
BUKOME ITONGWA, Dieudonné 144, 145, 172, 187, 197, 215, 227, 236, 266, 270, 280, 289, 297, 323
BUSHABU MBENGELE-MING 144, 145, 172, 187, 197, 215, 216, 227, 236, 270, 280, 289, 297, 323
BUTTIMER, Anne 41, 297
BYAMUNGU bin RUSANGISA 153, 154, 178, 187, 197, 216, 227, 280, 289, 297, 323

C
CABOT, Jean 139, 289, 297
CALGIO GAUDINO 135, 136, 151, 173, 187, 239, 280, 289, 297
CAMBIER, R. 242, 265, 289, 297
CAPEL SAEZ, Horacio 41, 297
CASEMENT, Roger 60, 297
CHALEARD, Jean-Louis 289, 297
CHAMAA, M.S. 173, 239, 267, 289, 297
CHAMPIGNY, Danielle 132, 166, 289, 297
CHAPELIER, Alice 135, 136, 143, 144, 168, 187, 236, 267, 280, 289, 297
CHERY, Jean-Pierre 32, 52, 54, 292, 297
CHEVALIER, J. 43, 53, 297
CHILLON, B. 65, 66, 289, 297
CHOPRIX, G. 88, 118, 236, 270, 289, 297
CIATTONI, Arnette 30, 53, 289, 297
CLAVAL, Paul 31, 33, 39, 53, 211, 289, 297
CLIGNET, Rémi 234, 297

D
DA CUNHA, A. 233, 246, 289, 297
DAVEAU, Suzanne 139, 166, 289, 297
DE MAEYER, M. 272, 290, 297
de MAXIMY, René 48, 135, 136, 137, 151, 170, 186, 267, 270, 280, 289, 297
DENIS, Jacques 48, 135, 136, 138, 151, 168, 188, 267, 281, 289, 297
de SAINT MOULIN, Léon 267, 270, 289, 297, 333
De SMET, R.-E. 267, 289, 297
DEPREST, Florence 84, 118, 289, 297
DEWITTE, Olivier 225, 274, 291, 297

DHEUDJO NDAHORA SAVO 48, 141, 142, 170, 186, 197, 201, 227, 281, 290, 297, 323
DIABONDA, M. 147, 174, 186, 197, 216, 227, 237, 281, 290, 298, 324
DIKUMBWA N'LANDU 144, 145, 176, 187, 197, 216, 219, 227, 270, 271, 281, 290, 298, 324
DI MEO, Guy 53, 298
DIOP, Djibril 61, 290, 298
DOBRUSZKES, Frédéric 210, 298
DOLLFUS, Olivier 298
DORY, D. 119, 277, 298
DOUSSOT, Sylvain, 48, 49, 53, 290, 298
DUBRESSON, Alain 298
DUBUS, N. 233, 238, 246, 290, 298
DUMONT, G.-F. 233, 246, 290, 298
DURAN, P. 246, 290, 298
DURAND, Bénédicte 132, 166, 289, 298

E

EKOMBE ENDEN MANGUNGU 48, 140, 141, 175, 188, 197, 223, 224, 227, 281, 290, 298, 324
EKWA BIS ISAL, Martin 82, 286, 290, 298

F

FERRAS, Robert 30, 53, 289, 298
FLOURIOT, Jean 137, 170, 267, 289, 298
FOWLER WHITE, Gilbert 41, 298
FREMONT, A. 43, 53, 298

G

GALLAIS, Jean 139, 298
GARCIA RAMON, Maria Dolors 41, 298
GASTON BERGER (Université Saint Louis, Sénégal) 50, 55, 298
GEORGE, Pierre 34, 35, 53, 290, 298
GERARD-LIBOIS, Jules 61, 82, 265, 289, 298
GONON, E. 32, 54, 298
GOODCHILD, Michael Frank 41, 298
GOULD, Peter 41, 298
GOUROU, Pierre 2, 7, 9, 16, 24, 27, 37, 53, 86, 87, 88, 118, 119, 175, 189, 194, 206, 267, 268, 271, 277, 290, 291, 298
GRINSBURGER, Nicolas 84, 118, 290, 298
GUERANDEL, Gérard 135, 137, 141, 170, 290, 298
GUESNIER, B. 233, 246, 290, 298

H

HÄGERSTRAND, Torsten 41, 298
HAGGETT, Peter 41, 298
HALL, Peter 41, 298
HALLEUX, R. 298
HANF, Theodor 82, 286, 291, 298
HANGOUET, J.F. 31, 53, 290, 298
HARVEY, David 41, 298
HARJOABA, I. 217, 271, 290, 298
HARJOABA, R. 271, 290, 298
HELLE, C. 232, 233, 246, 290, 298
HERIN, R. 53, 290, 298
HERMET, G. 233, 246, 290, 298
HEURGON, E. 233, 246, 290, 298
HOLENU MANGENDA 157, 177, 186, 197, 223, 224, 227, 281, 290, 298, 324
HUGONIE, Gérard 127, 166, 290, 298
HUYSECOM, Claudine 267, 298

I

IDRING'I A.N. 48, 141, 172, 188, 197, 202, 227, 239, 271, 281, 290, 298, 324
ILUNGA LUTUMBA 147, 177, 187, 197, 216, 217, 227, 271, 281, 290, 298, 324
INDIANG BILONGO, Gina 4, 262, 298
IPALAKA, Y. 2, 269, 292, 298
IPANGATSHIBWILA 194, 197, 198, 215, 217, 227, 271, 272, 274, 281, 290, 291, 298, 324
ISNARD, Henri 34, 53, 54, 290, 292, 298

J

JENTGEN, P. 59, 82, 265, 290, 298
JOHNSTON, Ron 41, 298

K

KABAMBA, Bob 231, 248, 266, 292, 298
KABAMBA KABATA, Joseph 144, 145, 175, 186, 197, 202, 210, 227, 236, 271, 277, 281, 290, 291, 298, 324
KABATUSUILA MPANU PANU, Prosper 48, 61, 82, 142, 172, 186, 197, 202, 203, 227, 236, 265, 281, 290, 298, 324
KABEYA, D. 290, 298
KABU ZEX KONGO NZEZA 48, 151, 152, 186, 197, 224, 227, 272, 281, 290, 298, 324
KABWANA NGWEJI 155, 172, 186, 197, 214, 217, 227, 236, 281, 290, 298, 324
KADIMA KAMUNUKAMBA, Celestin 156, 177, 188, 197, 203, 227, 239, 272, 281, 290, 298, 324

KAKESE KUNYIMA BUZUDI 154, 155, 172, 187, 197, 214, 217, 222, 227, 236, 269, 279, 281, 289, 290, 292, 298, 324
KAKISINGI, M. 215, 274, 291, 298
KAKULE, Roland 4, 262, 298
KAKULE VYAKUNO 151, 152, 176, 187, 197, 224, 227, 238, 281, 290, 298, 324
KALOMBO KAMUTANDA, Donatien 179, 197, 214, 215, 217, 218, 219, 222, 227, 267, 269, 271, 272, 282, 289, 290, 298, 324
KALOMBO TSHIBANDA, J.-L. 267, 289, 299, 333
KAMA FUNZI MUDINDAMBI, Firmin 76, 290, 299
KAMANDA wa KAMANDA, Jean-Claude 154, 155, 172, 187, 197, 218, 227, 282, 290, 299, 325
KANENE MPALI, Esther 144, 145, 170, 186, 197, 203, 227, 272, 282, 290, 298, 325
KAPEND MUYET 270, 289, 299
KAPINGA, I. 274, 291, 299
KASAY KATSHUVA LENGA-LENGA 154, 155, 175, 187, 197, 203, 227, 238, 270, 272, 282, 289, 290, 299, 325
KASEREKA RAIS 153, 154, 178, 187, 197, 218, 227, 282, 290, 299, 325
KASONGO SABANA, Joseph Ledoux 4, 237, 244, 247, 272, 290, 299
KATALAYI MUTOMBO, Hilaire 48, 142, 143, 170, 186, 197, 204, 227, 272, 282, 290, 299, 325
KAYEMBE MPINGUYABO 133, 158, 197, 200, 204, 223, 224, 227, 236, 299, 325
KAYEMBE WA KAYEMBE, Matthieu 147, 148, 150, 164, 177, 186, 197, 218, 219, 227, 272, 273, 282, 290, 299, 325
KAZANCIGIL, A. 233, 246, 290, 299
KENNY, S. 233, 247, 290, 299
KESTELOOT, Christian 45, 54, 87, 118, 292, 299
KESTERGAT, Jean 61, 82, 265, 289, 299
KINGOMA MUNGANGA, D. 215, 270, 289, 299
KIRSCH, J. 88, 119, 273, 290, 299
KISANGALA 157, 158, 178, 186, 197, 220, 223, 224, 227, 273, 276, 282, 290, 291, 299, 325
KITAMBALA KAPATA, Hervé 35, 238, 247, 273, 290, 299
KITENGIE LUBAND, Jean-Baptiste 76, 77, 78, 290, 299
KOFFIE-BIKPO, Céline Yolande 231, 247, 290, 299
KYALE KOY, Justin 177, 203, 272, 290, 299
KYANA BASILA, Joseph 4, 299

L
LACLAVÈRE, G. 76, 290, 299
LACOSTE, Yves 23, 24, 26, 32, 33, 39, 53, 83, 118, 290, 299
LANDRIEU, J. 233, 246, 290, 299
LASSERRE, Guy 32, 54, 166, 196, 265, 290, 299
LAURIN, Suzanne 24, 26, 42, 43, 54, 290, 299
LE GALES, P. 233, 247, 290, 299
LEGROS, H. 119, 277, 299
LELOUP, F. 233, 247, 299
LELO NZUZI, Francis 49, 151, 152, 172, 187, 194, 197, 219, 227, 267, 273, 282, 290, 299, 325
le MAIRE, Judith 235, 299
Léopold II (Roi des Belges) 60, 85, 87, 277, 299
LERESCHE, J.P. 246, 299
LEVY, Jacques 30, 54, 291, 299
LOOTENS-DE MUYNCK, M.T. 172, 273, 299
LUBIKU LUSIENSE, Roger-Nestor 61, 82, 265, 291, 299
LUBUIMI, M.L. 219, 299
LUKISA MAYULA, Guy-Joseph 35, 237, 247, 273, 299
LUKUSA MUKUNAY 133, 158, 197, 200, 204, 223, 227, 236, 299, 325
LUPANGU NDAKA, Anatole 31, 299
LUSSAULT, Michel 30, 54, 291, 299

M
MABIALA MANTUBA NGOMA, Pamphile 82, 265, 286, 291, 299
MABIRA MAPOKA 270, 289, 299
MABOGUNJE, Akin 41, 299
MABOLOKO NGULAMBANGU, Cherry-Ernest 9, 11, 13, 22, 26, 33, 70, 122, 133, 147, 148, 166, 175, 186, 197, 204, 205, 208, 209, 227, 232, 238, 261, 272, 273, 274, 275, 282, 291, 299, 325
MABY, J. 247, 291, 299
MAFUTA BANGALA, Pierre-Claver 208, 275, 291, 299
MAKANZU IMWANGANA, Fils 150, 157, 158, 177, 186, 197, 219, 223, 224, 225, 228, 272, 274, 286, 290, 291, 299, 325
MALAISSE, François 172, 215, 273, 274, 291, 299
MANGALA KEITA 4, 262, 299
MANGALA MAPONDA, Georges 151, 174, 188, 197, 205, 228, 282, 291, 299, 325
MANSIANTIMA LUTETE, Simon 205, 274, 291, 299
MANSILA FU KIAU 154, 155, 172, 187, 197, 205, 228, 236, 270, 274, 282, 289, 291, 299, 326

MASHINI DHI MBITA MULENGHE, Jean-Claude 2, 7, 8, 9, 10, 13, 14, 15, 16, 21, 22, 23, 24, 25, 26, 27, 31, 33, 35, 37, 42, 44, 49, 58, 82, 88, 90, 118, 119, 121, 122, 133, 147, 148, 149, 160, 162, 164, 166, 175, 186, 194, 197, 205, 206, 228, 234, 235, 238, 247, 249, 258, 267, 268, 269, 275, 282, 286, 291, 292, 299, 321, 326
MASSART, A. 61, 82, 242, 247, 265, 291, 300
MASSART, Michel 2, 269, 292, 300
MASSEY, Doreen 41, 300
MASSON-VINCENT, M. 24, 26, 42, 54, 232, 233, 246, 290, 291, 300
MATADI PASA MAKINA, Jacques 156, 157, 158, 177, 187, 197, 207, 228, 236, 283, 291, 300, 326
MATAND TWILENG, Alphonse 147, 148, 176, 187, 197, 283, 291, 300, 326
MATEZO BAGUNDA, Honoré 48, 140, 141, 174, 186, 197, 207, 228, 237, 283, 291, 300, 326
MAYELE N'SIEN BEY, Éric 76, 77, 78, 290, 300
MAWENGO MWALIBA, Marie-Jeanne 156, 157, 177, 186, 197, 207, 228, 239, 283, 291, 300, 326
MBAFUMOJA PALUKU, Christophe 48, 140, 141, 174, 188, 197, 207, 228, 283, 291, 300, 326
MBENGA MPIEM LEY 133, 158, 159, 197, 200, 204, 208, 223, 228, 274, 275, 283, 291, 300, 326
MBENZA MUAKA 144, 145, 177, 187, 197, 214, 216, 217, 219, 228, 269, 271, 276, 283, 289, 290, 291, 300, 326
MBULUYO MOKILI 144, 145, 178, 187, 197, 223, 225, 228, 276, 283, 291, 300, 326
MBUYU NUMBI 197, 220, 228, 276, 283, 291, 300, 326
MBWIBWA KABONGO 204, 274, 291, 300
McGEE, Terry 41, 300
MERENNE-SCHOUMAKER, Bernadette 23, 26, 83, 118, 215, 270, 291, 300
MESSERLI, Bruno 41, 300
MITI TSETA 150, 151, 177, 188, 197, 219, 220, 228, 276, 283, 291, 300, 326
MOEYERSONS, Jan 177, 225, 274, 291, 300
MOKENGO, J. 71, 76, 291, 300
MONGA KASONGO, Claude 157, 158, 177, 186, 197, 208, 228, 283, 291, 300, 326
MONNET, Jérôme 32, 54, 291, 300
MOREL, Edmund 60, 300
MOYART, L. 233, 247, 291, 300

MPASI ZIWA MAMBU, Fidèle 147, 148, 178, 186, 197, 208, 228, 237, 276, 283, 291, 300, 327
MPURU MAZEMBE BIAS, René 48, 142, 143, 173, 186, 197, 204, 208, 209, 228, 238, 274, 276, 277, 283, 291, 300, 327
MUBALUTILA MBIZI-NE BANOTA 48, 140, 141, 174, 186, 197, 209, 228, 237, 283, 291, 300, 327
MUHINDO SAHANI 144, 145, 178, 187, 197, 220, 228, 283, 291, 300, 327
MUKALAYI, L. 48, 140, 141, 172, 187, 197, 220, 228, 236, 277, 284, 291, 300, 327
MUKENDI TAMBWE, Louis 48, 140, 141, 170, 186, 197, 209, 228, 284, 291, 300, 327
MUKOKA ZEVO, Thomas 151, 152, 153, 175, 186, 197, 210, 228, 237, 277, 284, 291, 300, 327
MUMUNTU, Laurent 71, 291, 300
MUSENGA TSHIEY, Virginie 157, 158, 177, 186, 197, 210, 228, 284, 291, 300, 327
MUTEB, M. 219, 276, 291, 300
MWANZA wa MWANZA, Hugo 147, 148, 149, 150, 170, 186, 197, 202, 210, 228, 268, 277, 284, 291, 300, 327

N

NDAKIT, K. 203, 272, 290, 300
NDAYWEL è NZIEM, Isidore 58, 82, 266, 291, 300
NGOMA-BINDA, P. 291, 300
NGOY KITWA 155, 172, 187, 197, 220, 228, 236, 284, 291, 300, 327
NGUYA-NDILA MALENGANA, C. 61, 82, 266, 291, 300
NICOLAÎ, Henri 2, 7, 9, 16, 24, 27, 35, 37, 61, 82, 86, 87, 88, 119, 135, 136, 137, 138, 139, 140, 141, 147, 163, 173, 175, 181, 185, 186, 193, 194, 198, 204, 206, 237, 238, 261, 268, 274, 277, 278, 284, 291, 300, 336
NKONGOLO KADIBIDIA 210, 277, 291, 300
NOTI NSELE ZOZE, José 144, 145, 175, 186, 197, 210, 211, 228, 238, 278, 284, 291, 300, 327
N'SHIMBA LUBILANJI, Léopold 43, 48, 54, 140, 141, 170, 186, 197, 200, 211, 228, 278, 284, 286, 291, 300, 327
N'SHIYA K, Ben 76, 77, 78, 291, 300
NSIAMI MABIALA 154, 155, 187, 197, 221, 228, 284, 291, 300, 327
NTOMBI MUEN KABEYA MANYOTA, Médard 144, 145, 178, 187, 197, 221, 225, 228, 274, 278, 279, 284, 291, 292, 300, 328

INDEX DES NOMS

N'TUMBA, K. 214, 215, 222, 269, 289, 300
NTUMBA KABALE 175, 202, 271, 278, 290, 292, 300
NYOKA MUPANGILA, Frédéric 156, 175, 187, 197, 202, 211, 228, 236, 271, 278, 284, 290, 292, 300, 328

O
OLELA NONGA, D. 194, 236, 248, 268, 292, 301
OMASOMBO TSHONDA, Jean 180, 194, 235, 247, 268, 292, 301
OUSMANE, Dembélé 231, 247, 290, 301
OZER, André 146, 163, 166, 269, 289, 301
OZER, P. 177, 225, 274, 291, 301

P
PAELINCK, J.H.P. 301
PAIN, Marc 135, 136, 137, 140, 151, 170, 186, 266, 267, 268, 270, 278, 284, 289, 292, 301
PANZU, S.Z. 222, 279, 292, 301
PASQUER, R. 233, 247, 292, 301
PECQUEUR, B. 233, 247, 291, 301
PEETERS, L. 119, 268, 292, 301
PÉLISSIER, Paul 139, 285, 292, 301
PETIT, P. 172, 268, 286, 292, 301
PIERMAY, Jean-Luc 48, 136, 137, 151, 152, 169, 188, 285, 292, 301
PINCHEMEL, Philippe 32, 40, 54, 292, 301
PONCELET, Marc 60, 82, 85, 86, 87, 118, 266, 292, 301
POURTIER, Roland 184, 194, 231, 248, 279, 292, 301
PRUD'HOMME, J.-F. 233, 246, 290, 301
PUMAIN, Denise 40, 301

R
RACINE, Jean-Bernard 39, 53, 54, 292, 301
RAFFESTIN, Claude 19, 27, 33, 54, 292, 301
RAISON, J.P. 301
RAMAZANI AMADI 48, 142, 170, 186, 197, 211, 212, 228, 279, 285, 292, 301, 328
RAPIER, Herman 275, 301
RAUCQ, P. 88, 119, 268, 292, 301
RENARD, J. 53, 290, 301
REYMOND, H. 53, 54, 292, 301
ROBERT, M. 88, 119, 268, 292, 301
ROSIÈRE, Stéphane 33, 54, 292, 301
RUMUENGERI BONEZA TABAZI 153, 154, 178, 187, 197, 221, 228, 285, 292, 301, 328

S
SALLEZ, A. 301
SALMON, Pierre 119, 277, 301
SANGUIN, A.L. 30, 54, 292, 301
SANJUAN, Thierry 289, 301
SANTOS, Milton 41, 301
SAUTTER, Gilles 139, 166, 292, 301
SCHLEE, Beatrice 82, 286, 291, 301
SCOTT, Allen 41, 301
SHOMBA KINYAMBA, S. 194, 238, 248, 268, 292, 301
SIERRA, Philippe 19, 27, 29, 31, 54, 57, 82, 173, 292, 301
SIGNORET, Ph. 233, 247, 292, 301
SIMON, T. 184, 194, 270, 289, 301
SIMOULIN, V. 233, 247, 292, 301
SINGARAVELOU, Pierre 84, 118, 292, 301
SIRADIOU, Diallo 76, 292, 301
SOJA, Edward 41, 301
SOLOTSHI MUYUNGA, Pascal 150, 151, 174, 187, 197, 214, 215, 217, 221, 222, 228, 236, 269, 279, 285, 289, 292, 301, 328
SORTIA, Jean-Remy 222, 279, 292, 301
SOYER, Jean 220, 276, 279, 291, 292, 301

T
TAMANGANI, M. 71, 291, 301
THERY, H. 30, 53, 289, 301
THEYS, J. 301
THOVERON, G. 119, 277, 301
TREFON, T. 194, 248, 266, 279, 292, 301
TRICART, Jean 166, 292, 301
TSHIBANGU KABONGO wa TSHIKAMBA 218, 222, 272, 290, 301
TSHIMANGA MBUYI 219, 267, 290, 301
TSHIMANGA MULANGALA, Raymond Floribert 154, 155, 172, 175, 187, 197, 213, 218, 222, 228, 236, 272, 285, 292, 301, 328
TSHIUNZA KALALA, Christophe 144, 145, 175, 187, 197, 199, 212, 228, 236, 285, 292, 301, 328
TUAN, Yi-Fu 41, 301

U
USASA NGUNZA, U. 48, 151, 152, 172, 187, 197, 199, 212, 228, 236, 285, 292, 301, 328

V
VAN CAILLIE, Xavier 136, 137, 151, 177, 186, 285, 292, 301
VAN REYBROUCK, David 58, 82, 266, 292, 301
VANDERLINDEN, Jacques 61, 82, 265, 289, 301
VANDERMOTTEN, Christian 45, 54, 85, 87, 118, 292, 301
VANTHEMSCHE, G. 175, 266, 287, 292, 301
Vautrin LUD (Prix de géographie) 38, 39, 41, 293, 301, 311
VELLUT, J.L. 278, 301
VENNETIER, Pierre 139, 166, 196, 266, 292, 301
VERHAEGEN, Benoît 61, 82, 118, 265, 279, 287, 289, 292, 302
VEYRET, Yvette 30, 53, 289, 302
VIDAL DE LA BLACHE, Paul 32, 302
VILIMUMBALO, S. 144, 145, 178, 187, 197, 223, 225, 228, 285, 292, 302, 328
VIRILIO, P. 19, 27, 292, 302
VOIRON, Christine 32, 52, 54, 292, 302

W
WACKERMANN, G. 302
WANNER, Heinz 41, 302
WAUTERS, Alphonse-Jules 85, 86, 302
WEISBEN, J. 302
WEISS, G. 88, 119, 268, 292, 302
WILLAME, Jean-Claude 61, 82, 265, 289, 292, 302
WILMET, Jules 88, 119, 135, 136, 138, 143, 144, 176, 187, 236, 268, 279, 285, 292, 302
WOLFF, Éléonore 2, 150, 177, 218, 219, 269, 272, 273, 290, 292, 302

Y
YAMBATSHISUNGU 147, 148, 178, 187, 197, 222, 225, 228, 285, 292, 302, 328
YINA NGUNGA, Didier 157, 158, 177, 186, 197, 223, 225, 228, 285, 292, 302, 328
YOUNG, Crawford 61, 82, 264, 292, 302

Z
ZACHARIE, Arnaud 231, 248, 266, 292, 302

Index des abréviations

A
ADIE : Association pour le Développement de l'Information Environnementale 2, 303
AFGP : Association Francophone de Géographie Physique 274, 303
ANEE : Association Nationale pour l'Évaluation Environnementale 270, 303
ANRT : Atelier National de Reproduction des Thèses (France) 142, 212, 224, 303
ARES : Académie de Recherche et d'Enseignement Supérieur (Belgique) 209, 214, 234, 303

B
BEAU : Bureau d'Études d'Aménagement et d'Urbanisme 185, 193, 194, 209, 229, 266, 269, 289, 303

C
CAID : Cellule d'Analyses des Indicateurs de Développement (RD Congo) 245, 294, 303, 333
CEDAF (Institut Africain) : Centre d'Études Africaines, Bruxelles 2, 7, 16, 27, 118, 119, 194, 210, 268, 287, 303
CEGET : Centre d'Études de Géographie Tropicale (Bordeaux-Talence, France) 50, 166, 265, 266, 269, 279, 303
CEMUBAC : Centre scientifique et médical de l'Université de Bruxelles pour les Activités de Coopération 35, 82, 118, 119, 135, 141, 147, 267, 268, 270, 277, 284, 303
CENI : Commission Électorale Nationale Indépendante 202, 207, 229, 303
CEPAS : Centre d'Études pour l'Action Sociale (production du magazine *Congo-Afrique*, Kinshasa) 4, 267, 303, 333
CESBC : Centre d'études stratégiques du bassin du Congo 215, 217, 221, 294, 303
CIDGC : Centre d'Information et de Documentation de la Géographie du Congo 13, 202, 203, 205, 206, 207, 208, 209, 210, 229, 254, 255, 257, 259, 261, 289, 303, 310, 321, 338
CNRS : Centre National de la Recherche Scientifique (France) 39, 166, 202, 265, 279, 293, 303
CPE : Commission Permanente des études (Structure du ministère de l'Enseignement supérieur et universitaire) 92, 303
CRGM : Centre de Recherches Géologiques et Minières, Kinshasa 4, 122, 221, 225, 229, 253, 276, 303
CRISP : Centre de Recherche et d'Information Socio-politique 82, 266, 273, 289, 303
CSMOD : Cadre Stratégique de Mise en œuvre de la Décentralisation (RD Congo) 248, 286, 303
CUD : Coopération universitaire au développement (Belgique) 234, 303

D
DGD : Direction Générale de Développement (Coopération belge au développement) 235, 303

E
EPSP : Enseignement primaire et secondaire 63, 293, 303
ESU : Enseignement supérieur et universitaire 90, 92, 293, 303

F
FFOM : Forces, Faiblesses, Opportunités, Menaces (démarche de diagnostic territorial) 243, 303
FIG : Festival international de Géographie (Saint-Dié-des-Vosges, France) 38, 39, 303

G
GDD : Gouvernance, Démocratie, Développement 231, 259, 303
Géo-Eco-Trop : Journal International de Géographie et d'Écologie Tropicales, édité à Liège (Belgique) 47, 176, 213, 216, 217, 221, 269, 270, 271, 272, 273, 274, 275, 276, 278, 279, 290, 303
Géokin : Bulletin Géographique de Kinshasa 26, 123, 139, 149, 203, 206, 208, 254, 255, 272, 273, 274, 275, 276, 279, 303, 321
GGE : Géographie-Gestion de l'Environnement 97, 98, 303
GRIP : Groupe de recherche et d'information sur la paix et la sécurité 82, 265, 303

I
IFAC : Institut facultaire 89, 303
IGC : Institut Géographique du Congo 122, 207, 229, 253, 303
IGEAT : Institut de Gestion de l'Environnement et d'Aménagement du Territoire (Université Libre de Bruxelles) 283, 303
IGT : Institut de Géographie Tropicale (Abidjan) 50, 55, 294, 303
INEAC : Institut National d'Études Agronomiques au Congo 266, 303, 304

303

INERA : (anciennement INEAC) Institut National pour l'Étude et la Recherche Agronomiques 122, 210, 229, 304
IPN : Institut pédagogique national (voir Université Pédagogique Nationale) 20, 21, 199, 201, 202, 204, 207, 208, 209, 211, 212, 223, 224, 229, 275, 304, 323, 324, 325, 326, 327, 328
IRSA : Institut de Recherches Sociales Appliquées (Université de Kisangani) 272, 279, 304
IRSAC : Institut pour la Recherche Scientifique en Afrique Centrale 281, 304
ISAU : Institut Supérieur d'Architecture et d'Urbanisme 4, 10, 228, 229, 234, 235, 237, 244, 247, 262, 272, 304, 327
ISEAV : Institut Supérieur d'Études Agronomiques et Vétérinaires, 202, 229, 304, 324
ISP : Institut Supérieur Pédagogique 89, 94, 96, 97, 98, 99, 112, 113, 123, 124, 125, 126, 129, 131, 204, 207, 209, 216, 223, 224, 225, 227, 228, 304, 311, 312, 315, 316, 323, 326, 328
IST : Institut Supérieur Technique 89, 304

J
JICA : Agence Japonaise de Coopération Internationale 237, 304

K
KUL : Katholieke Universiteit Leuven (Belgique) 161, 304, 326

L
LMD : Licence, Master, Doctorat (système de standardisation des grades universitaires) 252, 304

M
MRAC : Musée royal de l'Afrique centrale, Tervuren (Belgique) 180, 235, 304

O
OCU : Observatoire du Changement Urbain 234, 304
ORSTOM : Office des recherches scientifiques sur les Territoires d'Outre-Mer 135, 136, 151, 267, 268, 280, 304

P
PADEM : Pacte de Modernisation de l'Enseignement Supérieur et Universitaire (RDC) 92, 118, 286, 304
PATO : Personnel administratif, technique et ouvrier dans l'Enseignement supérieur et universitaire 89, 304
PNUD : Programme des Nations unies pour le Développement 242, 247, 248, 286, 287, 292, 304

R
RCGT : Revue Canadienne de Géographie Tropicale 8, 13, 26, 49, 133, 166, 275, 293, 304

S
SIG : Système d'Information Géographique 242, 304
SOBEG : Société Belge d'Études Géographiques 47, 119, 277, 278, 304
SOSAK : Schéma d'Orientation Stratégique de l'Agglomération de Kinshasa 237, 248, 287, 292, 304

T
TP/AT : Travaux Publics et Aménagement du Territoire 193, 266, 304

U
UCL : Université Catholique de Louvain 46, 55, 161, 221, 293, 304, 324, 328
UFR : Unité de Formation et de Recherche 47, 48, 51, 55, 304
ULB : Université Libre de Bruxelles 2, 22, 46, 55, 147, 150, 161, 235, 262, 275, 293, 294, 304, 309, 324, 325, 326, 327
ULg : Université de Liège 46, 55, 220, 293, 294, 304, 323, 324, 325, 326, 327, 328
UNAMUR : Université de Namur 47, 55, 294, 304
UNAZA : Université Nationale du Zaïre 21, 118, 153, 275, 287, 304
UNESCO : Organisation des Nations Unies pour l'Éducation, la Science et la Culture 20, 81, 286, 304
UNIBAND : Université de Bandundu 229, 304, 327
UNIKAM : Université de Kamina 229, 304
UNIKIN : Université de Kinshasa 24, 52, 55, 88, 96, 99, 100, 107, 109, 110, 111, 114, 117, 153, 156, 157, 158, 198, 222, 223, 227, 228, 229, 249, 251, 294, 304, 310, 312, 316, 324, 325, 326, 327, 328, 337
UNIKIS : Université de Kisangani 294, 304
UNILU : Université de Lubumbashi 24, 52, 55, 88, 96, 99, 109, 110, 111, 114, 212, 227, 228, 229, 251, 294, 304, 312, 316, 323, 324, 325, 326, 327, 328
UPN : Université pédagogique nationale 4, 9, 10, 20, 24, 51, 55, 88, 96, 99, 100, 101, 102, 103, 106, 107, 108, 109, 110, 111, 112, 114, 116, 117, 123, 124, 125, 126, 128, 129, 130, 153, 156, 161, 198, 199, 200, 201, 202, 203, 206, 207, 208, 210, 212, 222, 223, 227, 228, 237, 238, 247, 250, 251, 261, 262, 273, 294, 304, 310, 312, 315, 316, 317, 321, 323, 324, 325, 326, 327, 328, 337
UQAM : Université de Québec à Montréal (Canada) 49, 50, 55, 304

V
VUB : Vrije Universiteit Brussel, 147, 161, 304, 309, 324, 328

Index des toponymes

A
Aba 119, 268, 305

B
Babua (paysannat) 140, 141, 175, 188, 224, 281, 305
Bandalungwa (Kinshasa) 129, 305, 329
Bandundu (ville, ancienne province) 18, 90, 91, 94, 96, 97, 99, 100, 142, 144, 145, 147, 175, 183, 186, 210, 211, 228, 229, 242, 247, 274, 275, 278, 284, 286, 305, 327, 329
Barumbu (Kinshasa) 129, 305, 329
Bas-Congo 18, 91, 94, 96, 97, 99, 100, 119, 128, 147, 151, 152, 174, 175, 178, 181, 183, 186, 210, 215, 237, 268, 269, 270, 274, 284, 305
Bas-Kwilu 277, 305
Bas-Uele 18, 180, 184, 185, 194, 235, 247, 268, 305, 332
Bas-Zaïre 140, 141, 147, 148, 154, 208, 209, 216, 276, 280, 281, 283, 305
Bateke (plateau) 127, 129, 305
Biano (plateau) 135, 136, 145, 187, 266, 279, 305
Boende 180, 183, 305, 330
Bonwase 156, 157, 183, 186, 207, 239, 283, 305
Bukavu 99, 135, 136, 151, 172, 184, 216, 223, 228, 229, 239, 267, 271, 280, 305, 323, 326, 328, 332
Bumbu (Kinshasa) 129, 305, 329
Bunia 99, 184, 305, 333
Buta 99, 184, 305, 332
Butembo 145, 184, 187, 220, 283, 305, 332

C
Cataractes 151, 152, 175, 183, 186, 210, 237, 284, 305
Ciamfulu (bassin) 154, 218, 282, 305
Congo (RDC) 2, 4, 7, 8, 9, 13, 99, 121, 133, 135, 136, 137, 138, 139, 140, 143, 145, 146, 147, 150, 159, 160, 161, 162, 163, 171, 173, 184, 185, 188, 189, 191, 192, 193, 194, 197, 202, 203, 204, 205, 206, 207, 208, 209, 215, 216, 217, 221, 224, 229, 247, 248, 249, 250, 252, 253, 254, 255, 257, 259, 261, 262, 265, 266, 267, 269, 270, 272, 273, 275, 277, 278, 279, 283, 284, 285, 286, 287, 289, 292, 303, 305, 310, 312, 315, 316, 317, 321, 333, 337, 338
Congo-Angola (frontière) 274, 305
Congo belge 58, 59, 60, 61, 62, 63, 64, 81, 82, 87, 118, 119, 139, 168, 189, 242, 247, 265, 266, 267, 271, 276, 287, 292, 305, 309, 311, 315, 335
Congo-Kinshasa 81, 189, 265, 269, 271, 285, 305
Congo-Zaïre ou Congo (Zaïre) 118, 190, 192, 206, 266, 276, 281, 305, 313, 317
Coquilhatville 168, 183, 305

D
Dibaya (Kikwit) 129, 130, 131, 305
Dibaya (territoire) 305, 331

E
Édouard (Lac) 203, 272, 305
Élisabethville 135, 144, 168, 183, 187, 267, 281, 305
Équateur 18, 91, 94, 96, 97, 99, 100, 128, 156, 177, 180, 183, 186, 194, 207, 235, 247, 267, 268, 305, 330

F
Fuladu 267, 305

G
Gbadolite 180, 183, 305, 330
Gemena 180, 183, 186, 207, 305, 330
Goma 99, 184, 203, 227, 229, 305, 325, 332
Gombe (Kinshasa) 99, 123, 129, 207, 209, 228, 229, 305, 326, 329
Grands Lacs 154, 216, 280, 305
Gungu 31, 35, 99, 275, 305, 329

H
Haut-Congo 175, 305
Haut-Katanga 18, 119, 135, 144, 174, 177, 183, 236, 268, 285, 305, 331
Haut-Kwilu 35, 275, 305
Haut-Lomami 18, 180, 183, 236, 305, 331
Haut-Uele 18, 180, 184, 194, 236, 247, 268, 305, 332
Haut-Zaïre 141, 224, 271, 281, 305

I
Inongo 180, 183, 305, 330
Isiro 184, 305, 307, 332
Ituri 18, 128, 144, 145, 178, 181, 184, 185, 187, 202, 225, 227, 229, 236, 276, 283, 305, 324, 333

J
Jadotville 135, 144, 168, 183, 187, 280, 305

K
Kabinda 99, 183, 212, 305, 331
Kahuzi-Biega 187, 305
Kalamu (Kinshasa) 129, 305, 329
Kalemie 184, 220, 276, 305, 332

Kamalondo (dépression) 150, 151, 174, 187, 221, 285, 305
Kamina 155, 172, 183, 187, 221, 228, 229, 284, 304, 305, 327, 331
Kananga 67, 68, 99, 101, 142, 144, 145, 151, 152, 155, 156, 172, 175, 183, 186, 202, 210, 211, 212, 215, 216, 217, 227, 228, 229, 236, 270, 271, 278, 281, 284, 285, 286, 289, 305, 323, 328, 331
Kasaï 67, 68, 99, 101, 142, 144, 145, 151, 152, 155, 156, 175, 224, 236, 266, 268, 273, 280, 282, 283, 284, 305, 331
Kasaï central 18, 177, 180, 183, 185, 236, 305, 331
Kasaï Occidental 18, 91, 94, 96, 97, 99, 101, 128, 157, 180, 183, 210, 277, 283, 305
Kasaï Oriental 18, 91, 94, 96, 97, 99, 100, 154, 180, 183, 194, 222, 236, 247, 268, 270, 285, 306, 331
Kasa-Vubu (Kinshasa) 129, 306, 329
Kasumbalesa 153, 154, 177, 187, 215, 280, 306
Katanga 18, 88, 90, 91, 93, 94, 96, 97, 99, 100, 120, 144, 145, 153, 154, 168, 172, 175, 176, 177, 178, 213, 214, 215, 219, 221, 228, 229, 234, 266, 267, 268, 270, 274, 279, 280, 282, 283, 284, 305
Katanga méridional 153, 177, 181, 185, 216, 219, 236, 271, 276, 306, 337
Kazamba (Kikwit) 129, 131, 306
Kenge 35, 36, 180, 183, 237, 247, 273, 306, 329
Kikwit 35, 99, 101, 123, 124, 125, 126, 129, 131, 142, 143, 173, 183, 186, 208, 209, 276, 277, 282, 283, 305, 306, 307, 312, 316, 329
Kimbanseke (Kinshasa) 129, 306, 329
Kindu 99, 184, 306, 332
Kinshasa 4, 10, 13, 16, 18, 20, 21, 24, 26, 31, 51, 52, 54, 55, 67, 69, 76, 81, 82, 88, 90, 91, 93, 94, 96, 97, 99, 100, 101, 103, 105, 107, 108, 109, 114, 117, 118, 123, 124, 128, 129, 130, 133, 135, 136, 137, 139, 140, 141, 142, 143, 144, 145, 147, 148, 149, 150, 151, 152, 153, 156, 157, 158, 159, 160, 161, 164, 168, 169, 170, 172, 177, 179, 180, 184, 185, 186, 189, 193, 194, 198, 199, 200, 201, 202, 203, 204, 205, 206, 207, 208, 209, 210, 211, 212, 213, 217, 218, 219, 220, 221, 222, 223, 224, 225, 226, 227, 228, 229, 234, 236, 237, 238, 240, 247, 248, 251, 254, 255, 262, 265, 266, 267, 268, 269, 270, 271, 272, 273, 274, 275, 276, 277, 278, 279, 280, 281, 282, 283, 284, 285, 286, 287, 289, 292, 303, 304, 305, 306, 307, 310, 312, 316, 317, 321, 323, 324, 325, 326, 327, 328, 329, 333, 335, 336, 337
Kinshasa-Est 142, 186, 211, 212, 306
Kinshasa-Ouest 142, 186, 306

Kintambo (Kinshasa) 129, 306, 329
Kisangani 82, 99, 137, 141, 153, 156, 169, 172, 176, 184, 188, 200, 202, 203, 222, 239, 266, 269, 272, 280, 281, 304, 306, 333
Kivu 136, 137, 140, 141, 144, 145, 153, 154, 155, 174, 175, 178, 181, 185, 187, 194, 203, 216, 220, 221, 248, 266, 270, 272, 277, 279, 280, 282, 285, 284, 306
Kivu (Lac) 144, 145, 153, 154, 178, 187, 221, 225, 285, 306
Kolwezi 135, 144, 154, 155, 168, 172, 184, 187, 205, 217, 221, 229, 270, 274, 276, 280, 282, 306, 331
Kongo Central 18, 180, 185, 205, 220, 237, 306, 330
Kwango 4, 18, 35, 36, 119, 180, 183, 194, 237, 244, 247, 268, 272, 273, 274, 277, 306, 317, 329
Kwango-Kwilu 2, 22, 26, 148, 149, 175, 181, 185, 186, 205, 206, 247, 267, 275, 278, 282, 306, 309
Kwilu 18, 26, 35, 36, 82, 101, 119, 135, 136, 138, 139, 141, 142, 147, 173, 175, 183, 186, 205, 209, 238, 247, 268, 273, 274, 275, 276, 277, 278, 284, 306, 329, 336

L

Lele (pays) 140, 268, 278
Lemba (Kinshasa) 129, 306, 329
Léopoldville 65, 66, 119, 168, 184, 267, 271, 306
Likasi 154, 155, 168, 183, 187, 217, 281, 306, 331
Likinda (bassin) 154, 218, 282, 306
Limete (Kinshasa) 129, 306, 329
Lisala 180, 183, 306, 330
Logo (pays) 119, 268, 306
Lomami 18, 180, 183, 238, 306, 331
Luaf (bassin) 276, 306
Lualaba 18, 180, 184, 238, 306, 331
Luanza 187, 306
Luba-Kasayi (espace) 144, 175, 183, 186, 236, 306
Lubero 151, 184, 187, 224, 238, 281, 306, 332
Lubumbashi 24, 50, 52, 55, 82, 88, 99, 100, 101, 107, 109, 114, 136, 137, 138, 140, 141, 144, 145, 146, 151, 152, 153, 154, 155, 160, 161, 163, 168, 172, 178, 180, 183, 187, 198, 199, 201, 203, 205, 212, 213, 214, 215, 216, 217, 218, 219, 220, 221, 222, 226, 227, 228, 229, 234, 236, 251, 266, 268, 269, 270, 271, 272, 273, 274, 275, 276, 277, 278, 279, 280, 281, 282, 284, 285, 286, 304, 306, 310, 317, 323, 324, 325, 326, 327, 328, 331, 337
Lukemi (Kikwit) 129, 131, 306
Lukolela (Kikwit) 129, 131, 306
Lumbi (Kikwit) 129, 131, 306

INDEX DES TOPONYMES

Lunia (Kikwit) 129, 131, 306
Luozi 119, 147, 174, 205, 216, 237, 268, 281, 306, 330
Lusambo 183, 306, 331

M

Mai-Ndombe 18, 128, 180, 183, 306, 330
Makala (Kinshasa) 130, 306, 329
Makiso (Kisangani) 269, 306
Maluku (Kinshasa) 129, 130, 306, 329
Maniema 18, 92, 94, 96, 97, 99, 100, 120, 180, 184, 194, 238, 247, 268, 306, 332
Manono 140, 141, 172, 184, 187, 220, 277, 284, 306, 332
Masina (Kinshasa) 129, 306, 329
Matadi 180, 183, 220, 306, 330
Matete (Kinshasa) 129, 306, 329
Mayombe 119, 273, 306
Mbandaka 99, 141, 168, 173, 183, 186, 201, 235, 269, 280, 306, 330
Mbanza-Ngungu 140, 141, 186, 207, 237, 283, 306, 330
Mbuji-Mayi 99, 137, 155, 169, 172, 183, 186, 194, 204, 216, 217, 218, 219, 221, 222, 223, 224, 227, 228, 229, 234, 236, 248, 268, 270, 272, 273, 285, 306, 325, 328, 331
Misengi (Kikwit) 131, 306
Mongala 18, 180, 183, 194, 238, 247, 268, 306, 330
Mont-Ngafula (Kinshasa) 129, 306, 329
Mudikwiti (Kikwit) 131, 306
Muene Ditu (Mwene-Ditu) 148, 186, 283, 307, 331
Mufuvya-Lufira 119, 135, 136, 144, 187, 268, 285, 307
Mweru 153, 154, 178, 184, 187, 218, 282, 307

N

N'Djili (Kinshasa) 130, 307, 329
N'Sele (Kinshasa) 130, 307, 329
Nande (pays) 154, 155, 175, 184, 187, 203, 238, 270, 282, 307
Ndangu (Kikwit) 131, 307
Ndeke-Zulu (Kikwit) 129, 131, 307
Ngaba (Kinshasa) 129, 307, 329
Ngaliema (Kinshasa) 129, 307, 329
Ngiri-Ngiri (Kinshasa) 130, 329
Ngulu-Nzamba (Kikwit) 129, 131, 307
Nord-Kivu 18, 90, 91, 92, 94, 96, 97, 99, 100, 144, 145, 184, 220, 224, 229, 238, 270, 272, 283, 307, 332
Nord-Ubangi 18, 180, 183, 238, 307, 330
Nzinda (Kikwit) 129, 131, 307
Nzundu (Kikwit) 131, 307

P

Paulis (Isiro) 236, 270, 307
Province Orientale 18, 91, 94, 96, 97, 99, 100, 180, 184, 188, 200, 202, 267, 307

R

RD Congo 5, 8, 11, 13, 15, 17, 23, 24, 25, 26, 29, 31, 33, 35, 36, 44, 48, 49, 50, 52, 53, 55, 67, 70, 77, 81, 82, 83, 88, 96, 117, 121, 145, 148, 156, 166, 167, 177, 183, 189, 192, 226, 234, 235, 240, 242, 247, 254, 255, 259, 260, 265, 268, 271, 272, 273, 275, 277, 281, 282, 289, 303, 307, 309, 311, 312, 313, 315, 316, 317, 319, 321, 322, 329, 335, 336, 337, 338
Rift (est-africain) 144, 145, 148, 154, 170, 178, 216, 225, 271, 280, 283, 285, 307
Rutshuru 147, 148, 177, 225, 285, 307, 332
Ruzizi (plaine) 147, 177, 216, 217, 271, 281, 307

S

Sacré-Cœur (Kikwit) 131, 307
Sankuru 18, 180, 183, 238, 307, 331
Selembao (Kinshasa) 129, 219, 272, 307, 329
Shaba 145, 151, 153, 154, 187, 210, 213, 215, 216, 217, 221, 269, 270, 274, 276, 278, 279, 281, 284, 285, 307
Sud-Kivu 18, 92, 94, 96, 97, 99, 100, 184, 216, 239, 271, 307, 332
Sud-Ubangi 18, 180, 183, 185, 194, 239, 247, 268, 307, 330

T

Tanganyika 18, 180, 181, 184, 194, 239, 247, 268, 271, 332
Tshikapa 99, 156, 157, 158, 183, 186, 207, 228, 229, 236, 283, 307, 331
Tshopo 18, 180, 184, 239, 307, 333
Tshuapa 18, 180, 183, 239, 307, 330

U

Uele 225, 267, 307
Uvira 119, 217, 268, 271, 307, 332

Y

Yonsi (Kikwit) 129, 131, 307

Z

Zaïre 2, 7, 16, 21, 26, 27, 59, 82, 118, 119, 135, 137, 138, 141, 142, 145, 147, 148, 151, 153, 154, 166, 169, 194, 202, 205, 206, 207, 210, 211, 212, 215, 216, 217, 219, 220, 221, 223, 224, 225, 247, 248, 265, 266, 267, 268, 269, 270, 271, 272, 273, 274, 275, 276, 277, 278, 279, 280, 281, 282, 283, 284, 285, 286, 287, 289, 292, 304, 305, 307

Index des encadrés

Encadré 1.1.
Les différentes acceptions de la géographie :
Les fondamentaux d'une discipline et l'espace des sociétés 31
Encadré 1.2.
L'essence première de la géographie comme discipline de terrain 33
Encadré 1.3.
Vue comparative de quelques études géographiques actualisées
sur des provinces de la RD Congo 35
Encadré 2.
Géographe et société. Vers une géographie citoyenne 43
Encadré 3.
Exploration et géographie coloniale : Le Congo belge 60
Encadré 4.
Observations formulées sur le programme de l'enseignement
de la géographie par un expert pédagogique (1963) 65
Encadré 5.
Programme national de géographie en RD Congo (2005).
Note introductive, finalités et objectifs éducationnels 68
Encadré 6.
Procès de la géographie coloniale belge 85
Encadré 7.
Les thèses de doctorat présentées dans les Universités étrangères
par des géographes non congolais 135
Encadré 8.
Les thèses de doctorat en géographie présentées à l'Université
de Bordeaux III (1963, 1973-2014) 141
Encadré 9.
Les thèses de doctorat en géographie présentées à l'Université
de Liège (1956-1961, 1990-2011) 144
Encadré 10.
La géographie à l'Université de Liège et la coopération outre-mer
à travers les thèses de doctorat 146
Encadré 11.
Les thèses de doctorat en géographie et sciences connexes
présentées à Bruxelles (ULB et VUB, 1984-2012) 147
Encadré 12.
Problématique du développement régional vue par un géographe :
l'exemple de l'étude du Kwango-Kwilu 149

Encadré 13.
Les thèses de doctorat en géographie présentées dans
les autres Universités occidentales (1958-2006) 151

Encadré 14.
Les thèses de doctorat en géographie présentées à l'Université
de Lubumbashi (1982-2013) 154

Encadré 15.
Les thèses de doctorat en géographie présentées à Kinshasa
(UNIKIN et UPN, 2011-2016) 156

Encadré 16.
Projet d'ouvrage sur la géographie du Congo (RDC).
Les principaux axes d'analyse de l'espace national 188

Encadré 17.
Les tâches pour une gouvernance territoriale :
Les rôles des géographes 240

Encadré 18.
Perspectives offertes par le Centre d'Information et
de Documentation de la Géographie du Congo (CIDGC) 254

Index des tableaux

Tableau 1.
Les géographes contemporains célèbres du monde francophone
(Lauréats du prix Vautrin Lud) 39
Tableau 2.
La part de la formation géographique au Congo belge
avec le concours des Sociétés de Missions nationales (1924-1929) 64
Tableau 3.
Grille horaire de géographie au cycle long du secondaire 69
Tableau 4.1.
Ventilation comparée du programme de géographie
(Programme en vigueur avant adaptation, 2005) 73
Tableau 4.2.
Ventilation comparée du programme de géographie
(Programme adapté, 2005) 73
Tableau 5.
Articulations et objectifs du programme de géographie
au cycle long du secondaire par année d'études 75
Tableau 6.
La géographie en 6ème année secondaire : la RD Congo et l'Afrique
dans le monde contemporain 77
Tableau 7.
Synthèse des compétences de base pour les classes
ayant pour mission en géographie la connaissance de la RDC 80
Tableau 8.
Statistiques des effectifs de l'Enseignement Supérieur
et Universitaire par type d'enseignement et qualité du personnel (2012-2013).
8.1. Effectifs totaux 89
8.2. Part des effectifs féminins par type de personnel 89
Tableau 9.
Distribution des établissements de l'Enseignement supérieur
et universitaire par province (2012-2013) 91
Tableau 10.
Distribution du nombre d'étudiants de l'Enseignement supérieur
et universitaire par province (2012-2013) 94
Tableau 11.
Effectifs des étudiants inscrits dans la filière géographie et
gestion de l'environnement (ISP, 2012-2013) 96

Tableau 12.
Effectifs des étudiants en géographie et gestion
de l'environnement par rapport au total de la branche des « Sciences »
dans les Universités (2012-2013) 97
Tableau 13.
Panorama des cours universitaires en géographie (UPN).................................. 103
Tableau 14.
Nombre total d'heures de formation en géographie
par groupe et catégorie de cours 106
Tableau 15.
Perspectives de formation postuniversitaire offertes à l'UPN
(DEA et doctorat en géographie) 108
Tableau 16.
Effectifs d'encadrement des études universitaires
en géographie (UNIKIN, UNILU et UPN, 2015) 111
Tableau 17.
Répartition des géographes universitaires et autres spécialisations
par grade (UPN, 2015) 112
Tableau 18.
Profil des géographes universitaires par âge,
sexe et grade (UPN, 2015) 114
Tableau 19.
La production des travaux de fin d'études en géographie
(UPN et ISP/ Kikwit, 1990-2015) 123
Tableau 20.
Thèmes d'études développés dans les travaux
de mémoire de géographie (UPN et ISP/ Kikwit, 1990-2015) 126
Tableau 21.
Répartition des régions d'étude dans les travaux
de mémoire en géographie (UPN, 1990-2015) 128
Tableau 22.
Fréquences des lieux étudiés dans les mémoires
de géographie par commune urbaine de Kinshasa (UPN, 1990-2015) 129
Tableau 23.
Distribution des lieux d'étude dans la ville de Kikwit
à travers les travaux en géographie (ISP/ Kikwit, 1990-2015) 131
Tableau 24.
Répartition des doctorats en géographie sur la RD Congo
par université d'encadrement et par période (1956-2016).............................. 161
Tableau 25.
Les travaux de doctorat en géographie sur le Congo (RDC),
essai de catégorisation par type d'écoles de recherche 162
Tableau 26.
Thématique des études en géographie sur le Congo (RDC)
sur base des thèses de doctorat (1956-2016) 169

Tableau 27.
Les études géographiques à travers les provinces en RD Congo 183
Tableau 28.
Les régions congolaises étudiées dans les thèses de doctorat
en géographie (1956-2016) 186
Tableau 29.
Évolution du nombre de publications géographiques
sur le Congo-Zaïre par période (1940-2017) 190
Tableau 30.
Ventilation des études référencées sur le Congo-Zaïre (1940-2017) 192
Tableau 31.
Essai de classification des géographes congolais par spécialisation
sur base de leurs thèses de doctorat 197
Tableau 32.
Les 26 entités provinciales de la RD Congo : État actuel de monographies
provinciales et des études géographiques antérieures 235
Tableau 33. Réflexions finales et prospectives sur la géographie congolaise 256

Index des figures

Carte de couverture.
Les aires territoriales couvertes par les études géographiques au Congo (RDC).
Figure hors-texte. La RD Congo : un espace géopolitique.
Découpage administratif et provinces actuelles 17

Figure 1.
Les principales étapes de la formation de l'espace congolais
(de l'État Indépendant au Congo belge, 1885-1960) 59

Figure 2.1.
Nombre d'heures totales de géographie comparées à celles
consacrées à la RDC. Situation avant adaptation des programmes 72

Figure 2.2.
Nombre d'heures totales de géographie comparées à celles
consacrées à la RDC. Situation après adaptation des programmes
w(à compter de 2005) 72

Figure 3.
Répartition en pourcentage du nombre des établissements de l'Enseignement
supérieur et universitaire selon les anciennes provinces (2013) 93

Figure 4.1.
Répartition des établissements de l'Enseignement supérieur et universitaire par
secteur et par ancienne province (2012-2013) 95

Figure 4.2.
Répartition des étudiants de l'Enseignement Supérieur et Universitaire
par secteur et par ancienne province (2012-2013) 95

Figure 5.1.
Effectifs des étudiants en géographie et gestion de l'environnement
par niveau dans les Instituts Supérieurs Pédagogiques (ISP, 2012-2013) 98

Figure 5.2.
Effectifs des étudiants en géographie et gestion de l'environnement
par rapport au total de la branche « Sciences » dans les Universités (2012-2013) 98

Figure 6.
Variation du pourcentage des effectifs des étudiants de l'Enseignement supérieur
et universitaire inscrits dans la filière géographie et gestion de l'environnement   99

Figure 7.
Part de la filière géographie et gestion de l'environnement par rapport
à la composante « sciences » (2012-2013) 101

Figure 8.
Nombre total d'heures de formation en géographie par catégorie des cours
enseignés (UPN, 2011) 101

Figure 9.
Effectifs des professeurs de géographie par Université et
par grade académique (UNIKIN, UNILU et UPN) 110

Figure 10.
Les différentes spécialisations des professeurs
de géographie (UPN, 2015) 111

Figure 11.
Pôles régionaux des géographes universitaires.
Mobilité et itinéraires d'encadrement 113

Figure 12.
Répartition du personnel académique en géographie par âge (UPN, 2015) 116

Figure 13.
Production des travaux des étudiants en géographie
(UPN et ISP/ Kikwit, 1990-2015) 125

Figure 14.
Évolution de la production des mémoires en géographie
par période et par sexe des étudiants (UPN, 1990-2015) 125

Figure 15.
Fréquences des régions d'étude dans les mémoires en géographie
(UPN, 1990-2015) 128

Figure 16.1.
Fréquences d'étude géographique des lieux dans les travaux de mémoire de
géographie pour les communes urbaines de Kinshasa (UPN, 1990-2015) 130

Figure 16.2.
Fréquence d'étude géographique des lieux à Kikwit
(ISP/ Kikwit, 1990-2015) 131

Figure 17.
Présentation cumulée des auteurs de thèses de doctorat
en géographie par année de production (1956-2016) 134

Figure 18.
Production des thèses de doctorat en géographie sur le Congo (RDC)
par période (1956-2016) 134

Figure 19.
Thèses de doctorat sur la géographie du Congo (RDC) par université
d'encadrement (1956-2016) 160

Figure 20.
Origine des thèses de doctorat sur la géographie du Congo (RDC)
par pays d'encadrement universitaire (1956-2016) 161

Figure 21.
Regroupement des travaux de géographie sur la RD Congo
par catégorie 171

Figure 22.
Ventilation du nombre d'études urbaines selon les villes dans
les travaux de géographie sur le Congo (RDC) 171

INDEX DES FIGURES

Figure 23.
 Les géographes et la fréquence d'étude des villes de la RD Congo.
 L'immensité du territoire face au vide des études urbaines 173
Figure 24.
 Les régions couvertes par les recherches géographiques 181
Figure 25.
 Ventilation des travaux de doctorat par région géographique
 et type d'études 182
Figure 26.
 Répartition des géographes congolais par spécialisation
 sur base de leurs thèses de doctorat 182
Figure 27.
 Les aires territoriales des études géographiques au Congo (RDC) 185
Figure 28.
 Production des travaux de géographie sur le Congo-Zaïre (1940-2017) 191
Figure 29.
 Évolution périodique du nombre de travaux sur le Congo-Zaïre (1940-2017) 191
Figure 30.
 Les géographes de l'école de Kinshasa (UPN, 1973-2017) 200
Figure 31.
 Les « Kasapards », les géographes de l'école de Lubumbashi (1982-2013) 213
Figure 32.
 Les autres géographes congolais non cités ailleurs et la nouvelle génération de
 l'Université de Kinshasa (2014-2017) 223
Figure 33.
 La gestion territoriale, un exemple de pistes d'aménagement.
 Esquisse de schéma d'aménagement. Province du Kwango 244

Index des annexes

Annexe 1.
Enquête documentaire auprès des géographes universitaires congolais.
Courrier d'appel à contribution 321
Annexe 2.
Liste générale des géographes universitaires congolais (RDC)...........................323
Annexe 3.
Liste des Provinces, Villes et Territoires de la RD Congo
(avec indication des données de population et de la superficie).........................329

Annexe 1
Enquête documentaire auprès des géographes congolais
(courrier d'appel à contribution)

Kinshasa, le ...../...../ 2016

Aux professeurs de géographie et sciences connexes
(Docteurs à thèse en géographie, avec au moins le grade de PA)

Concerne : La géographie universitaire en RD Congo

Chers Collègues,

Je me fais le devoir de vous contacter personnellement, par le présent courrier, pour me permettre de finaliser une recherche en cours portant sur « *La géographie et les géographes congolais* », entreprise sous le couvert du Centre d'Information et de Documentation de la Géographie du Congo (CIDGC), organe éditeur du *Bulletin Géographique de Kinshasa* — « *Géokin* ».

La fiche documentaire annexée à la présente vous permettra, par retour de courrier, de contribuer à la matérialisation de ladite recherche et par ricochet, à l'avancement de la connaissance par le monde universitaire de notre discipline scientifique.

Avec ma sympathique reconnaissance et mes remerciements anticipés pour votre collaboration.

Professeur Jean-Claude MASHINI D.M.

Docteur en Sciences géographiques
Département de Géographie-Sciences de l'environnement
Université Pédagogique Nationale (UPN)
Tél. (+243) 81 477 23 09 ou 0991000001
jeanclaude.mashini@gmail.com

Fiche d'identification - N° ...../ ..

Nom, prénom(s) :
Grade universitaire :
Institution actuelle d'attache :
Institution de recherche doctorale :
Année de soutenance :

Titre de la thèse doctorale :

Domaine(s) de recherche :

Cours universitaires dispensés (liste non exhaustive) :

Principales publications (liste non exhaustive) :

(Date et signature)

Fiche scientifique :

Appréciations sur la place de la géographie universitaire en RD Congo

1. Votre appréciation sur la géographie universitaire dans notre pays : contenu de la discipline, évolution des enseignements et de la recherche géographique.

2. Vos recherches personnelles : domaine(s) de compétence, apport souhaité, résultats attendus.

3. Comment rendre la géographie universitaire plus opérationnelle et plus compétitive sur le terrain de l'enseignement et de la recherche ?

4. Commentaires libres sur la recherche scientifique universitaire en géographie en RD Congo.

[Verso et/ou feuilles annexes si nécessaire]

(Date et signature)

Annexe 2

Liste générale des géographes universitaires congolais (RDC)

N°	Noms, Postnoms et prénoms	Institution d'origine	Doctorat	Spécialisation	Position Actuelle
1	AMISI MWANA YAMBA	Université de Lubumbashi (UNILU)	UNILU, Lubumbashi	Géographie économique	*Professeur associé*, Lubumbashi (UNILU)
2	ASSANI ALI ARKAMOZE	Université de Lubumbashi (UNILU)	Université de Liège (Ulg)	Hydrologie	*Professeur*, Université du Québec à Trois-Rivières (Canada)
3	ASUMANI SALIMINI	Université de Lubumbashi (UNILU)	UNILU, Lubumbashi	Géographie-environnement	*Professeur associé*, Lubumbashi (UNILU)
4	BALABALA SHIWANGA	Université de Lubumbashi (UNILU)	UNILU, Lubumbashi	Géomorphologie	
5	BATUBENGA KAYEMBE	Université de Lubumbashi (UNILU)	UNILU, Lubumbashi	Géographie économique	*Professeur associé*, Lubumbashi (UNILU)
6	BAYA KI-MALANDA (+)	Institut Pédagogique National (IPN)	Université de Bordeaux III	Géographie régionale	-
7	BIKOKO ESEKA	Institut Pédagogique National (IPN)	Bordeaux III	Géographie urbaine	*Professeur émérite*, Kinshasa (UPN)
8	BINZANGI KAMALANDUA, Lambert	Institut Pédagogique National (IPN)	UNILU, Lubumbashi	Géographie-environnement	*Professeur*, Kinshasa (UPN)
9	BUKOME ITONGWA	Université de Lubumbashi (UNILU)	ULg, Liège	Géographie économique	*Professeur ordinaire*, Lubumbashi (UNILU)
10	BUSHABU MBENGELE-MING	Université de Lubumbashi (UNILU)	ULg, Liège	Géographie urbaine	*Professeur*, ISP/Kananga
11	BYAMUNGU bin RUSANGISA	Université de Lubumbashi (UNILU)	UNILU, Lubumbashi	Géomorphologie	*Professeur*, Université de Bukavu
12	DHEUDJO NDAHORA SAVO (+)	Institut Pédagogique National (IPN)	Bordeaux III	Géographie urbaine	-

N°	Noms, Postnoms et prénoms	Institution d'origine	Doctorat	Spécialisation	Position Actuelle
13	DIABONDA M.(+)	Université de Lubumbashi (UNILU)	ULB, Bruxelles	Géographie régionale	
14	DIKUMBWA N'LANDU	Université de Lubumbashi (UNILU)	ULg, Liège	Biogéographie	*Professeur ordinaire*, Lubumbashi (UNILU)
15	EKOMBE ENDAM MANGUNGU		Bordeaux III	Géographie régionale	
16	HOLENU MANGENDA	Université de Kinshasa (UNIKIN)	UNIKIN, Kinshasa	Environnement	Université de Kinshasa (UNIKIN)
17	IDRING'I ADE NYORI	Institut Pédagogique National (IPN)	Bordeaux III	Géographie régionale	*Professeur*, Ituri (ISEAV)
18	ILUNGA LUTUMBA (+)	Université de Lubumbashi (UNILU)	VUB, Brussel	Géomorphologie	
19	IPANGA TSHIBWILA	Université de Lubumbashi (UNILU)	UCL, Louvain-la-Neuve		*Professeur*, Lubumbashi (UNILU)
20	KABAMBA KABATA, Joseph	Institut Pédagogique National (IPN)	ULg, Liège	Géographie régionale	*Professeur*, Kinshasa (UPN)
21	KABATUSUILA MPANU-PANU, Prosper	Institut Pédagogique National (IPN)	Bordeaux III	Géographie urbaine	*Professeur associé*, Kinshasa (UPN)
22	KABU ZEX KONGO NZEZA		Paris 1	Géographie économique	
23	KABWANA NGWEJI	Université de Lubumbashi (UNILU)	UNILU, Lubumbashi	Géographie urbaine	*Professeur associé*, Lubumbashi (UNILU)
24	KADIMA KAMUNUKAMBA, Célestin	Institut Pédagogique National (IPN)	Université Pédagogique Nationale (UPN), Kinshasa	Géographie-environnement	*Professeur*, Kinshasa (UPN)
25	KAKESE KUNYIMA BUZUDI	Université de Lubumbashi (UNILU)	UNILU, Lubumbashi	Géographie urbaine	*Professeur ordinaire*, Kinshasa (UNIKIN)
26	KAKULE VYAKUNO		Université de Toulouse-le-Mirail	Géographie-environnement	
27	KALOMBO KAMUTANDA, Donatien	Université de Lubumbashi (UNILU)	ULg, Liège	Hydrologie	*Professeur*, Lubumbashi (UNILU)

N°	Noms, Postnoms et prénoms	Institution d'origine	Doctorat	Spécialisation	Position Actuelle
28	KAMANDA wa KAMANDA, Jean-Claude	Université de Lubumbashi (UNILU)	UNILU, Lubumbashi	Géographie urbaine (services)	*Professeur associé*, Kinshasa (UPN)
29	KANENE MPALI SITELA, Esther	Institut Pédagogique National (IPN)	ULg, Liège	Géographie économique	*Professeur associée*, Kinshasa (UPN)
30	KASAY KATSUVA LENGA-LENGA, Alphonse	Institut Pédagogique National (IPN)	UNILU, Lubumbashi	Géographie régionale	*Professeur ordinaire*, Lubumbashi (UNILU) et Université de Goma
31	KASEREKA RAIS	Université de Lubumbashi (UNILU)	UNILU, Lubumbashi	Géomorphologie	
32	KATALAYI MUTOMBO, Hilaire	Institut Pédagogique National (IPN)	Bordeaux III	Géographie urbaine	*Professeur associée*, Kinshasa (UPN)
33	KAYEMBE MPINGUYABO, Célestin	Institut Pédagogique National (IPN)	UNIKIN, Kinshasa	Géographie régionale	Institut Supérieur Pédagogique, Mbuji-Mayi
34	KAYEMBE wa KAYEMBE, Matthieu	Université de Lubumbashi (UNILU)	Université Libre de Bruxelles (ULB), Bruxelles	Géomorphologie	*Professeur associé*, Lubumbashi (UNILU)
35	KISANGALA MUKE, Modeste	Université de Kinshasa (UNIKIN)	UNIKIN, Kinshasa	Climatologie	*Professeur associé*, Kinshasa (UNIKIN)
36	LELO NZUZI, Francis	Université de Lubumbashi (UNILU)	Université de Laval	Géographie urbaine	*Professeur ordinaire*, Kinshasa (UNIKIN)
37	LUKUSA MUKUNAY		UNIKIN, Kinshasa	Géographie économique	
38	MABOLOKO NGULAMBANGU, Cherry-Ernest	Institut Pédagogique National (IPN)	ULB, Bruxelles	Géographie économique	*Professeur émérite*, Kinshasa (UPN)
39	MAKANZU IMWANGANA, Fils	Université de Kinshasa (UNIKIN)	UNIKIN, Kinshasa	Géomorphologie	*Professeur associé*, Kinshasa (UNIKIN)
40	MANGALA MAPONDA, Georges	Institut Pédagogique National (IPN)	Université Louis Pasteur (Strasbourg)	Géographie régionale	*Professeur ordinaire*, Kinshasa (UPN)

N°	Noms, Postnoms et prénoms	Institution d'origine	Doctorat	Spécialisation	Position Actuelle
41	MANSILA FU KIAU	Université de Lubumbashi (UNILU)	UNILU, Lubumbashi	Géographie urbaine	
42	MASHINI DHI MBITA MULENGHE, Jean-Claude	Institut Pédagogique National (IPN)	ULB, Bruxelles	Géographie régionale	*Professeur*, Kinshasa (UPN)
43	MATADI PASA MAKINA, Jacques	Université Pédagogique Nationale (UPN)	UPN, Kinshasa	Géographie-environnement	*Professeur associé*, Kinshasa (UPN)
44	MATAND TWILENG		ULB, Bruxelles	Environnement	*Professeur*, Kinshasa (UPN)
45	MATEZO BAKUNDA, Honoré	Institut Pédagogique National (IPN)	Bordeaux III	Géographie régionale	*Professeur*, Kinshasa (ISP/Gombe)
46	MAWENGO MWALIBA, Marie-Jeanne	Institut Pédagogique National (IPN)	UPN, Kinshasa	Géographie régionale	*Professeur associée*, Kinshasa (UPN)
47	MBAFUMOJA PALUKU, Christophe	Institut Pédagogique National (IPN)	Bordeaux III	Géographie régionale	*Professeur*, Kinshasa (UPN)
48	MBENGA MPIEM-LEY	Institut Pédagogique National (IPN)	UNIKIN, Kinshasa	Géographie régionale	
49	MBENZA MUAKA	Université de Lubumbashi (UNILU)	ULg, Liège	Géomorphologie	*Professeur ordinaire*, Kinshasa (UNIKIN)
50	MBULUYO MOKILI K.	Institut Supérieur Pédagogique/ Bukavu	ULg, Liège	Géomorphologie	
51	MBUYU NUMBI	Université de Lubumbashi (UNILU)	ULg, Liège	Hydrologie	*Professeur*, Lubumbashi (UNILU)
52	MITI TSETSA	Université de Lubumbashi (UNILU)	Katholiek Universiteit Leuven (KUL), Leuven	Climatologie	*Professeur ordinaire*, Kinshasa (UNIKIN)
53	MONGA KASONGO, Claude	Université Pédagogique Nationale (UPN)	UPN, Kinshasa	Géographie-environnement	*Professeur associé*, Kinshasa (UPN)

N°	Noms, Postnoms et prénoms	Institution d'origine	Doctorat	Spécialisation	Position Actuelle
54	MPASI ZIWA MAMBU, Fidèle (+)	Institut Pédagogique National (IPN)	ULB, Bruxelles	Climatologie	-
55	MPURU MAZEMBE BIAS, René	Institut Pédagogique National (IPN)	Bordeaux III	Géographie urbaine	*Professeur*, Kinshasa (UPN, ISAU)
56	MUBALUTILA MBIZI-NE BANOTA	Institut Pédagogique National (IPN)	Bordeaux III	Géographie régionale	
57	MUHINDO SAHANI, W.	Université de Lubumbashi (UNILU)	ULg, Liège	Climatologie-Hydrologie	
58	MUKALAYI, L.		Bordeaux III	Géographie urbaine	
59	MUKENDI TAMBWE, Louis (+)	Institut Pédagogique National (IPN)	Bordeaux III	Géographie urbaine	-
60	MUKOKA ZEVO, Thomas	Institut Pédagogique National (IPN)	Université de Genève	Géographie économique	*Professeur associé*, Kinshasa (UPN)
61	MUSENGA TSHIEY, Virginie	Université Pédagogique Nationale (UPN)	UNIKIN, Kinshasa	Géographie-environnement	*Professeur associée*, Kinshasa (UPN)
62	MWANZA wa MWANZA, Hugo	Institut Pédagogique National (IPN)	ULB, Bruxelles	Géographie urbaine	*Professeur associé*, Kinshasa (UPN)
63	NGOY KITWA	Université de Lubumbashi (UNILU)	UNILU, Lubumbashi	Géographie économique	*Professeur associé*, Université de Kamina (UNIKAM)
64	NOTI N'SELE ZOZE, Joseph	Institut Pédagogique National (IPN)	ULg, Liège	Géographie régionale	*Professeur associé*, Bandundu (UNIBAND)
65	NSHIMBA LUBILANJI, Léopold	Institut Pédagogique National (IPN)	Bordeaux III	Géographie régionale	*Professeur ordinaire*, Kinshasa (UPN)
66	NSIAMI MABIALA, Catherine	Université de Lubumbashi (UNILU)	UNILU, Lubumbashi	Télédétection	*Professeur associée*, Lubumbashi (UNILU)

N°	Noms, Postnoms et prénoms	Institution d'origine	Doctorat	Spécialisation	Position Actuelle
67	NTOMBI MUEN KABEYA, Médard	Université de Lubumbashi (UNILU)	ULg, Liège	Climatologie	*Professeur ordinaire*, Kinshasa (UNIKIN)
68	NYOKA MUPANGILA, Frédéric	Institut Pédagogique National (IPN)	UPN, Kinshasa	Géographie régionale	*Professeur*, ISP/ Kananga et UPN/ Kinshasa
69	RAMAZANI AMADI (+)	Institut Pédagogique National (IPN)	Bordeaux III	Géographie urbaine	-
70	RUMUENGERI BONEZA TABAZI	Université de Lubumbashi (UNILU)	UNILU, Lubumbashi	Géomorphologie	
71	SOLOTSHI MUYUNGA, Pascal	Université de Lubumbashi (UNILU)	Université Catholique de Louvain (UCL), Louvain-la-Neuve	Géographie régionale	*Professeur ordinaire*, Kinshasa (UPN)
72	TSHIMANGA MULANGALA, Raymond Floribert	Université de Lubumbashi (UNILU)	UNILU, Lubumbashi	Géographie régionale	*Professeur*, ISP/ Mbuji-Mayi
73	TSHIUNZA KALALA, Christophe (+)	Institut Pédagogique National (IPN)	ULg, Liège	Géographie régionale	-
74	USASA U.	Institut Pédagogique National (IPN)	Université de Paris VII	Géographie urbaine	
75	VILIMUMBALO S.	Université de Lubumbashi (UNILU)	ULg, Liège	Géomorphologie	
76	YAMBA TSHISUNGU, Patrice	Institut Supérieur Pédagogique de Bukavu	VrijeUniversiteit Brussel (VUB), Bruxelles	Géomorphologie	
77	YINA NGUNGA, Didier	Université de Kinshasa (UNIKIN)	UNIKIN, Kinshasa	Géographie-environnement	Université de Kinshasa

Annexe 3
Liste des provinces, villes et territoires de la RD Congo

(L'ordre des provinces est fonction du regroupement
par rapport aux anciennes provinces)

Provinces Actuelles	Communes, Villes et territoires	Population (Hab.) (1)	Superficie (hab./km²) (2)
1. KINSHASA	(24 Communes) (3)	7.017.000	9.965,21
	Funa		
	1. Bandalungwa	202.341	6,82
	2. Bumbu	329.234	5,30
	3. Kalamu	315.342	6,64
	4. Kasa-Vubu	157.320	5,05
	5. Makala	253.844	5,60
	6. Ngiri-Ngiri	174.843	3,40
	7. Selembao	335.581	23,18
	8.		
	Lukunga		
	9. Barumbu	150.319	4,72
	10. Gombe	32.373	29,33
	11. Kinshasa	164.857	2,87
	12. Kintambo	106.772	2,72
	13. Lingwala	94.635	2,88
	14. Ngaliema	683.135	224,30
	Mont-Amba		
	15. Kisenso	386.151	16,60
	16. Lemba	349.838	23,70
	17. Limete	375.726	67,60
	18. Matete	268.781	4,88
	19. Mont-Ngafula	261.004	358,92
	20. Ngaba	180.650	4,00
	Tshangu		
	21. Kimbanseke	946.372	237,78
	22. Maluku	179.648	7.948,80
	23. Masina	485.167	69,93
	24. Ndjili	442.138	11,40
	25. Nsele	140.929	898,79
2. Kwango (3.517.188 hab.) (90.910km²)	1. Feshi	457.319	19.187
	2. Kahemba	896.985	20.000
	3. Kasongo-Lunda	119.430	26.648
	4. Kenge *(Chef-lieu)*	1.862.445	18.126
	5. Popokabaka	181.009	6.949
3. Kwilu (9.567.661 hab.) (79.385 km²)	6. Bandundu (Ville, *Chef-lieu*)	950.683	222
	7. Kikwit (Ville)	1.326.068	92
	8. Bagata	1.357.623	18.179
	9. Bulungu	1.207.737	12.000
	10. Idiofa	2.002.769	20.000
	11. Gungu	1.376.164	14.565
	12. Masi-Manimba	1.346.617	14.327

Provinces Actuelles	Communes, Villes et territoires	Population (Hab.) (1)	Superficie (hab./km²) (2)
4. Mai-Ndombe (2.970.078 hab.) (127.699 km²)	13. Bolobo	250.017	3.550
	14. Inongo *(Chef-lieu)*	620.975	24.149
	15. Kiri	283.384	12.000
	16. Kutu	849.276	18.000
	17. Kwamouth	212.232	13.945
	18. Mushie	144.720	10.505
	19. Oshwe	389.022	43.000
	20. Yumbi	220.452	2.550
5. Kongo central (3.733.414 hab.) (59.379 km²)	21. Matadi (Ville, *Chef-lieu*)	301.644	110
	22. Boma (Ville)	459.361	4.332
	23. Kasangulu	194.190	4.680
	24. Kimvula	116.444	3.371
	25. Lukula	258.221	3.270
	26. Luozi	193.752	7.722
	27. Madimba	463.132	8.260
	28. Mbanza-Ngungu	611.555	8.460
	29. Moanda	197.048	4.265
	30. Sekebanza	274.418	3.620
	31. Songololo	237.339	8.190
	32. Tshela	426.310	3.099
6. Équateur (3.817.788 hab.) (121.541 km²)	33. Mbandaka (Ville, *Chef-lieu*)	1.187.837	(30)
	34. Basankusu	641.925	21.239
	35. Bikoro	366.571	13.274
	36. Bolomba	553.650	24.280
	37. Bomongo	183.982	19.898
	38. Ingende	284.854	17.328
	39. Lukolela	428.969	17.952
	40. Makanza	170.000	7.570
7. Mongala (3.076.061 hab.) (67.927 km²)	41. Bongandanga	1.052.165	33.912
	42. Bumba	1.175.863	15.598
	43. Lisala *(Chef-lieu)*	848.033	18.417
8. Nord-Ubangi (1.436.260 hab.) (481.565 km²)	44. Gbadolite (Ville, *Chef-lieu*)	198.839	278
	45. Bosobolo	13.677	436.403
	46. Businga	649.943	17.441
	47. Mobayi-Mbongo	178.760	10.078
	48. Yakoma	395.041	17.365
9. Sud-Ubangi (3.653.052 hab.) (52.365 km²)	49. Zongo (Ville)	132.265	495
	50. Budjala	511.431	13.473
	51. Gemena *(Chef-lieu)*	1.683.350	11.488
	52. Kungu	858.906	14.076
	53. Libenge	467.100	12.833
10. Tshuapa (2.008.781 hab.) (132.952 km²)	54. Befale	168.674	16.797
	55. Boende *(Chef-lieu)*	318.531	19.718
	56. Bokungu	463.108	19.993
	57. Djolu	406.874	17.494
	58. Ikela	284.309	22.565
	59. Monkoto	367.285	36.385

Provinces Actuelles	Communes, Villes et territoires	Population (Hab.) (1)	Superficie (hab./km²) (2)
11. Kasaï central (8.480.960 hab.) (66.921 km²)	60. Kananga (Ville, *Chef-lieu*)	1.271.704	743
	61. Demba	1.013.001	8.825
	62. Dibaya	999.055	7.605
	63. Dimbelenge	1.945.020	22.165
	64. Kazumba	1.839.485	12.881
	65. Luiza	1.412.695	14.702
12. Kasaï (12.151.065 hab.) (125.932 km²)	66. Tshikapa (Ville, *Chef-lieu*)	3.450.615	660
	67. Dekese	152.447	25.173
	68. Ilebo	926.689	15.632
	69. Kamonia	5.976.288	26.602
	70. Luebo	887.217	37.750
	71. Mweka	757.809	20.115
13. Kasaï oriental (7.899.655 hab.) (9.939 km²)	72. Mbuji-Mayi (Ville, *Chef-lieu*)	3.367.582	135
	73. Mwene-Ditu (Ville)	1.252.469	200
	74. Kabeya-Kamwanga	189.132	1.480
	75. Katanda	515.889	1.856
	76. Lupatapata	1.002.710	2.500
	77. Miabi	801.194	1.747
	78. Tshilenge	770.679	2.021
14. Lomami (7.384.036 hab.) (56.793 km²)	79. Kabinda (*Chef-lieu*)	1.466.435	14.373
	80. Kamiji	141.495	2.340
	81. Lubao	1.580.069	22.480
	82. Luilu	2.819.637	11.874
	83. Ngandajika	1.376.400	5.726
15. Sankuru (4.169.698 hab.) (119.278 km²)	84. Katako-Kombe	923.209	25.949
	85. Kole	740.558	16.192
	86. Lodja	683.060	12.054
	87. Lomela	322.536	26.346
	88. Lubefu	334.000	12.229
	89. Lusambo (*Chef-lieu*)	1.166.335	16.508
16. Haut-Katanga (5.285.528 hab.) (131.149 km²)	90. Lubumbashi (Ville, *Chef-lieu*)	1.794.118	747
	91. Likasi (Ville)	635.463	245
	92. Kambove	514.901	21.178
	93. Kasenga	459.672	26.676
	94. Kipushi	349.004	12.059
	95. Mitwaba	360.478	25.894
	96. Pweto	714.198	22.673
	97. Sakania	457.694	21.677
17. Haut-Lomami (3.146.496 hab.) (120.346 km²)	98. Bukama	1.027.564	19.865
	99. Kabongo	556.487	20.621
	100. Kamina (*Chef-lieu*)	574.851	40.214
	101. Kaniama	325.970	13.400
	102. Malemba-Nkulu	661.624	26.246
18. Lualaba (2.306.081 hab.) (108.932 km²)	103. Kolwezi (Ville, *Chef-lieu*)	572.942	213
	104. Dilolo	451.554	24.963
	105. Kapanga	373.864	24.700
	106. Lubudi	331.919	14.860
	107. Mutshatsha	214.909	18.859
	108. Sandoa	360.893	25.337

Provinces Actuelles	Communes, Villes et territoires	Population (Hab.) (1)	Superficie (hab./km²) (2)
19. Tanganyika (3.035.852 hab.) (135.743 km²)	109. Kabalo	339.201	15.850
	110. Kalemie (Chef-lieu)	607.020	30.512
	111. Kongolo	601.607	13.408
	112. Manono	557.225	34.198
	113. Moba	609.406	24.500
	114. Nyunzu	321.393	17.275
20. Maniema (3.476.078 hab.) (237.367 km²)	115. Kindu (Ville, Chef-lieu)	453.941	101.295
	116. Kabambare	552.045	19.513
	117. Kailo	265.827	25.003
	118. Kasongo	650.000	16.201
	119. Kibombo	185.235	24.953
	120. Lubutu	550.000	16.055
	121. Pangi	553.353	14.542
	122. Punia	265.677	19.805
21. Nord-Kivu (7.095.839 hab.) (58.594 km²)	123. Goma (Ville, Chef-lieu)	(1.000.000)	(75,72)
	124. Beni (Ville + Territoire)	355.160	184
	125. Butembo (Ville)	2.018.421	7.484
	126. Lubero	(670.285)	(190,30)
	127. Masisi	1.286.661	17.095
	128. Nyiragongo	711.075	4.734
	129. Rutshuru	145.748	333
	130. Walikale	1.602.550	5.289
		976.224	23.475
22. Sud-Kivu (6.995.183 hab.) (63.520 km²)	131. Bukavu (Ville, Chef-lieu)	870.954	45
	132. Fizi	949.131	15.789
	133. Idjwi	285.997	310
	134. Kabare	756.558	1.960
	135. Kalehe	775.798	4.082
	136. Mwenga	786.961	11.172
	137. Shabunda	923.115	25.216
	138. Uvira	929.998	3.146
	139. Walungu	716.671	1.800
23. Bas-Uele (1.767.732 hab.) (148.461 km²)	140. Aketi	149.229	25.415
	141. Ango	153.117	34.734
	142. Bambesa	202.883	9.130
	143. Bondo	349.131	38.075
	144. Buta (Chef-lieu)	507.172	18.198
	145. Poko	406.200	22.909
24. Haut-Uele (3.029.672 hab.) (89.749 km²)	146. Dungu	347.480	32.446
	147. Faradje	538.693	13.138
	148. Isiro (Chef-lieu)	413.533	(nd)
	149. Niangara	166.807	9.240
	150. Rungu	377.226	8.605
	151. Wamba	439.287	10.305
	152. Watsa	746.646	16.015

Provinces Actuelles	Communes, Villes et territoires	Population (Hab.) (1)	Superficie (hab./km²) (2)
25. Ituri (9.570.030 hab.) (66.219 km²)	153. Aru	1.421.532	6.749
	154. Bunia *(Chef-lieu)*	900.666	576
	155. Djugu	2.829.280	8.730
	156. Irumu	1.234.382	8.183
	157. Mahagi	2.512.563	5.216
	158. Mambasa	671.607	36.785
26. Tshopo (4.177.574 hab.) (200.040 km²)	159. Kisangani (Ville, *Chef-lieu*)	1.602.144	1.910
	160. Bafwasende	413.545	47.087
	161. Banalia	464.416	24.430
	162. Basoko	331.642	22.436
	163. Isangi	676.490	15.770
	164. Opala	262.435	26.294
	165. Ubundu	233.133	41.360
	166. Yahuma	193.769	20.753

(Source : de SAINT MOULIN, L. et KALOMBO TSHIBANDA, J.-L.,*Atlas de l'organisation administrative de la République Démocratique du Congo*, 2ème édition revue et amplifiée, Kinshasa, CEPAS, 2011, 256 p.)

(1) Données de population : estimations, sur base des Rapports annuels 2015, repris dans la base des données de la Cellule d'Analyses des Indicateurs de Développement (CAID). Certaines données sont indisponibles.
(2) Idem pour la superficie des entités territoriales.
(3) Pour les 24 communes de la ville de Kinshasa, les données sont celles de l'Institut National de la Statistique (INS, 2004). Elles sont reprises ici de manière indicative.
N.B. Les données entre parenthèses sont issues des estimations renseignées par d'autres sources.

Table des matières

Dédicace 5
Avant-Propos 9
Sommaire 11
Préface 13

Prélude
    Parcours de géographe 19
    Le hasard de métier. Pour un parcours infatigable de géographe 20
    Le destin de géographe. Les méandres de la formation, de Kinshasa à Bruxelles... 21
    Et maintenant, et après ? En route vers l'application du savoir géographique 22
    En guise de fil conducteur 25
    Textes de références 26

Introduction 29
    Le monde de la géographie : les faits spatiaux versus faits sociaux 30
        La nature des études géographiques et les fondamentaux de la discipline 30
        Les interdépendances relationnelles entre les faits spatiaux et les faits sociaux .. 34
    Le virage vers la diversification des champs de la géographie 38
        Les géographes au service de la société contemporaine :
        les « Nobels » de la géographie 38
    Vers une géographie sociale et citoyenne, pistes applicables
    à la géographie congolaise 42
        Les mutations dans la formation universitaire de géographie
        dans le monde francophone 44
            Le monde occidental et la diversité des pistes de formation en géographie.
            Quelques exemples 45
            En Afrique noire francophone et en RD Congo :
            les nécessaires connexions 50
    En guise de conclusion 52
    Textes de références 53

Chapitre 1.
La géographie scolaire
    Le B.A.-BA pour la connaissance de l'espace national congolais ? 57
        A. La formalisation des connaissances géographiques et la faiblesse
            des encadrements 58
        B. L'évolution des programmes scolaires dans la formation géographique 62
            Les différents niveaux de formation et l'enseignement
            de la géographie au Congo belge 62
            La réforme des structures scolaires et les péripéties
            de l'enseignement de la géographie 65
        C. Les bases actuelles de la formation scolaire en géographie,
            vers la globalisation des connaissances ? 67
            La vision institutionnelle de l'enseignement de la géographie
            au niveau du secondaire 67
            Le recentrage des connaissances sur la RD Congo 70
            Les manuels scolaires sur la RD Congo : vers l'actualisation
            des connaissances en géographie ? 76
            La formation en géographie et les « socles de compétence »,
            une stratégie valide ? 79

En guise de conclusion 81
Textes de références 81

Chapitre 2.
La géographie universitaire
Le monde reclus des initiés en RD Congo ? 83
    A. Les fondements de la géographie universitaire
    et la place de géographie coloniale 84
        Le rôle de la géographie coloniale belge : vers un procès d'intention
        du monde scientifique ? 85
    B. Unité et diversité de la formation universitaire congolaise.
    La place de la filière de géographie 88
        Les statistiques universitaires face à de nouvelles dynamiques
        de redéploiement 89
        Le pôle universitaire de Kinshasa face à l'émergence de nouveaux noyaux ... 90
        La place marginale de la formation en géographie comparée
        à d'autres filières scientifiques 96
    C. Les perspectives de formation en géographie et les limites
    de l'encadrement scientifique 102
        Les bases de la formation en géographie et les perspectives offertes 102
        Les autres perspectives de formation et l'ouverture vers
        la recherche scientifique 107
        La faiblesse numérique du personnel académique face
        à la faible diversité des formations encadrantes 109
        L'encadrement des étudiants et le vieillissement
        du personnel de géographie 112
En guise de conclusion 117
Textes de références 118

Chapitre 3.
La recherche scientifique
L'éveil de la science géographique en RD Congo ? 121
    A. La production diversifiée des travaux universitaires.
    Une sélection sur base des travaux de mémoires 122
        L'évolution des travaux de fin d'études en géographie :
        vers une stagnation ou une régression ? 123
        Les thématiques des études et l'influence du milieu dans le choix
        des sujets de recherche 124
        L'étude des lieux géographiques choisis, vers une géographie localisée ? 127
    B. La recherche géographique à travers les thèses de doctorat 133
        Une recherche doctorale plus que cinquantenaire,
        évoluant vers quels horizons ? 133
    (1) Les géographes belges et français, pionniers et initiateurs
        de la recherche géographique 135
        Henri Nicolaï : pionnier de la géographie du Kwilu avec l'étude
        de la triple « personnalité » régionale 138
    (2) Université de Bordeaux : les pionniers des études régionales et urbaines
        et les prouesses de l'Institut de Géographie Tropicale 140
    (3) Université de Liège : la quasi prédominance de la géographie physique
        et la structuration spatiale de l'arrière-pays 143
    (4) Universités de Bruxelles : le « géopôle » de Kinshasa et du Sud-Ouest ? ... 147

    (5) Les autres Universités du monde occidental :
        la variabilité des champs d'étude 150
    (6) Université de Lubumbashi : des travaux de géographie
        sur le Katanga méridional et sur des régions voisines 153
    (7) Université de Kinshasa (UNIKIN) et Université Pédagogique Nationale
        (UPN) : vers des nouveaux champs d'intérêt géographique ? 156
  C. Vers quel bilan de la recherche géographique congolaise ? 159
    De l'encadrement universitaire et de l'externalisation toujours
    présente de la recherche géographique 159
En guise de conclusion 165
Textes de références 166

Chapitre 4.
Espaces géographiques
Progrès ou déclin de la connaissance sur la RD CONGO ? 167
  A. Les tendances des études sur la géographie congolaise 168
Les études urbaines et l'état de la connaissance
sur les principales villes congolaises 168
    Les études régionales et la tentative de couverture de l'espace congolais 174
    Les études écologiques et environnementales, en marche vers
    de nouvelles pistes d'analyse 176
    Les études de géomorphologie tropicale circonscrites
    dans les régions méridionales et orientales 177
    Les études de climatologie appliquée et leur place
    dans la recherche congolaise 178
  B. Les espaces différenciés de la recherche géographique congolaise 179
    Les régions géographiques congolaises,
    vers une géo-politique différenciée ? 180
La voie ouverte vers une « Géographie du Congo (RDC » :
quelques indications utiles 188
  C. Vers le progrès ou le déclin de la connaissance géographique
    sur le Congo (RDC) ? 189
En guise de conclusion 192
Textes de références 193

Chapitre 5.
Les acteurs de la géographie congolaise
profils et itinéraires 195
  A. Sélection globale des acteurs et focus par champs
    d'intérêt géographique 196
  B. Profils et itinéraires des géographes congolais :
    Unité et diversité dans la formation 198
Les géographes de l'école de Kinshasa ont connu
des itinéraires diversifiés 199
    Les « Kasapards » ou les anciens de Lubumbashi dont certains
    se sont« expatriés » 212
    Une dizaine d'autres géographes non classés ailleurs dont ceux
    de l'Université de Kinshasa 223
En guise de conclusion 226
Lexique alphabétique des géographes congolais 227

Liste des institutions universitaires et autres utilisant
les géographes congolais 229

Chapitre 6.
La géographie congolaise : enjeux et perspectives
Vers quelles dynamiques nouvelles ? 231
    A. Les géographes face aux enjeux de la gouvernance
       et du développement 232
       Les géographes et la gouvernance territoriale 232
    B. Les géographes et le renouveau territorial congolais 239
       Les tâches pour une gestion territoriale globale :
       les rôles possibles des géographes 240
En guise de conclusion 246
Textes de références 246

Conclusions générales 249
    A. La géographie congolaise à la croisée des chemins ! 250
       La formation des géographes congolais ou l'arbre qui cache la forêt 250
    B. Pour une société savante de géographie en RD Congo :
       Les voies de la refondation 252
       Les bases et l'essor du Centre d'Information et de Documentation
       de la Géographie du Congo (CIDGC) 254
    C. Synthèse en guise de conclusions et considérations finales 256
       De la nature hybride de la formation en géographie :
       Géographie scolaire v/s géographie universitaire 258
       De l'évolution de la recherche et la production scientifiques congolaises 258
       Une géopolitique différenciée des espaces géographiques congolais
       par le jeu des acteurs 258
       Des enjeux et perspectives liés aux voies multiples
       de la reconstruction nationale 259
En guise de conclusions finales... 260

Remerciements 261
Bibliographie sélective 265
    A. Ouvrages sur divers aspects liés à la territorialité congolaise 265
    B. Études et articles sur les aspects de la géographie congolaise 269
    C. Thèses de doctorat en géographie sur le Congo (RDC) 279
    D. Rapports et documents divers 285
Lexique alphabétique général des auteurs cités 289
Sites Internet consultés 293

Appendices
Index des noms 297
Index des abréviations 303
Index des toponymes 305
Index des encadrés 309
Index des tableaux 311
Index des figures 315
Index des annexes 319

Annexes 321
Table des matières 335

Du même auteur

MASHINI D.M., J.-C. (2014), *Gouvernance en RD CONGO. Regard et témoignage,* Collection « Espace Afrique », Academia-L'Harmattan, Louvain-la-Neuve, 332 p. ISBN : 978-2-8061-0164-8, www.editions-academia.be

MASHINI D.M., J.-C. (2013), *Le développement régional en République démocratique du Congo de 1960 à 1997. L'exemple du Kwango-Kwilu,* Collection « Études Africaines », L'Harmattan, Paris, 342 p. ISBN : 978-2-296-99773-8

En collaboration

NICOLAÏ, H., GOUROU, P., MASHINI D.M. (1996), *L'espace zaïrois. Hommes et Milieux (Progrès de la connaissance de 1949 à 1992),* Collection « Zaïre – Histoire & Société », L'Harmattan, Paris, Institut Africain – CEDAF, Bruxelles, 607 p. ISBN : 978-2-738-44144-7

WOLFF, E., MASHINI D.M., IPALAKA, Y., MASSART, M. (2001), *Organisation de l'espace et Infrastructure urbaine en République Démocratique du Congo,* I-MAGE Consult, Les dossiers de l'ADIE – Hors série, Synthèse réalisée avec l'appui de la Banque Africaine de Développement, Libreville, 47 p.

Autre publication

MASHINI DHI MBITA MULENGHE (1994, sous la direction de H. Nicolaï), *Développement régional et stratégies spatiales dans le Kwango-Kwilu (Sud-Ouest du Zaïre),* Thèse de doctorat en Sciences (géographie), Université Libre de Bruxelles (ULB), Laboratoire de Géographie humaine, 2 volumes, juin, 684 p.

La carte de couverture indique les aires géographiques congolaises en fonction des études menées sur le terrain.

Sauf indications contraires, les différentes cartes de cet ouvrage ont été initiées par l'auteur, et réalisées pour certaines par divers intervenants dont les coordonnées sont reprises au bas de chacune d'elles. Nous remercions aimablement ceux-ci pour leur collaboration.